古代建筑与园林研究

刘海涛　著

ⓒ吉林科学技术出版社

图书在版编目（CIP）数据

古代建筑与园林研究 / 刘海涛著. -- 长春 : 吉林
科学技术出版社，2022.9
ISBN 978-7-5578-9787-1

Ⅰ．①古… Ⅱ．①刘… Ⅲ．①古建筑－建筑艺术－研
究－中国②古典园林－园林艺术－研究－中国 Ⅳ.
①TU-092.2②TU986.62

中国版本图书馆 CIP 数据核字(2022)第 179539 号

古代建筑与园林研究

著　　　刘海涛
出 版 人　宛　霞
责任编辑　赵　沫
封面设计　南昌德昭文化传媒有限公司
制　　版　南昌德昭文化传媒有限公司
幅面尺寸　185mm×260mm
开　　本　16
字　　数　250 千字
印　　张　11.75
印　　数　1-1500 册
版　　次　2022 年 9 月第 1 版
印　　次　2023 年 3 月第 1 次印刷

出　　版　吉林科学技术出版社
发　　行　吉林科学技术出版社
地　　址　长春市南关区福祉大路 5788 号出版大厦 A 座
邮　　编　130118
发行部电话/传真　0431—81629529　　81629530　　81629531
　　　　　　　　　　81629532　　81629533　　81629534
储运部电话　0431-86059116
编辑部电话　0431-81629510
印　　刷　三河市嵩川印刷有限公司

书　　号　ISBN 978-7-5578-9787-1
定　　价　80.00 元

前言 PREFACE

　　中国是举世闻名的文明古国，在漫长的历史发展过程当中，勤劳智慧的中国人，创造丰富多彩、绚丽多姿的文化，可以说人创造了文化，文化创造了人，这些经过锤炼和沉淀的古代传统文化，凝聚着华夏各族人民的性格、精神、智慧，是中华民族相互认同的标志和纽带。在人类文化的百花园中摇曳生姿，展现着自己独特的风采，对人类文化的多样性发展做出了巨大贡献。中国传统民俗文化内容广博，风格独特，深深地吸引了着世界人民的眼光。

　　长期以来，我们关心更多的是建筑的使用价值，忽视了它的文化价值，忽视了它对我们完善自身精神世界的作用，致使我们的建筑教育仅仅是一种专业教育，而非一种民族文化的普及教育。从古代建筑形制构成与古代园林艺术的历史文化内涵入手，以中国古代建筑与古代园林发展的历史脉络，深入浅出地介绍了古代建筑的各种类型与古代园林发生发展的历史过程。

　　古代建筑与园林首先是一种文化遗存，一种旅游景观，其次才是一种建筑类型。从建筑专业的视角，通过形制结构生动讲解，引领人们拂去历史的尘埃，透过形象具体的斗拱、台基，楼榭、屋宇等，解读隐含在古代建筑与古典园林后面丰厚的文化历史审美内涵，感悟民族文化精神，较好地满足了旅游观赏活动中的文化需求，系统地向读者介绍关于古代建筑和园林的历史以及它们文化、技术方面的特征。

　　由于作者水平有限，书中难免会出现不足之处，希望各位读者及专家能够提出宝贵意见，以待进一步修改，使之更加完善。

目 录 CONTENTS

第一章 建筑的基础知识

第一节 建筑的组成要素

建筑是实用的艺术，它始终和使用要求、建筑技术水平、建筑艺术结合在一起。公元前 1 世纪，维特鲁威在他的《建筑十书》中曾经称实用、坚固、美观为建筑的基本要素。而事实上我们可以把建筑的基本构成要素分为建筑的功能、建筑的物质技术及建筑的形象三个部分。

一、建筑的功能

人们建造房屋，总有一定的目的和使用要求，这便是建筑的功能。建筑按照不同的使用性质可以分为商业建筑、住宅建筑、医疗建筑、工业建筑……许多类型，但是所有类型的建筑都应该符合下列几种基本的功能要求。

（一）人体的基本尺寸及活动尺度要求

建筑空间的大小和人体的基本尺寸，以及人体的活动尺寸有密切的关系，为了满足使用活动的需要，必须熟悉人体活动的基本尺度。

人体基本尺度是人体工程学研究的最基本的数据之一。它主要以人体构造的基本尺寸（又称为人体结构尺寸，主要是指人体的静态尺寸，如：身高、坐高、肩宽、臀宽、手臂长度等）为依据，在于通过研究人体对环境当中各种物理、化学因素的反应和适应力，分析环境因素对生理、心理以及工作效率的影响程度，确定人在生活、生产等活动中所处的各种环境的舒适范围和安全限度，并进行系统数据比较与分析。人体基本尺度也因国家、地域、民族、生活习惯等的不同而存在较大的差异。如：日本市民男性的身高平均值为 1 651 mm，美国市民男性身高平均值是 1 755 mm，英国市民男性身高平均值为 1 780 mm。

人体基本动作的尺度，是人体处于运动时的动态尺寸，因其是处于动态中的测量，在此之前，我们可先对人体的基本动作趋势加以分析。人的工作姿势，按其工作性质和活动规律，可分为站立姿势、坐倚姿势、跪坐姿势和躺卧姿势。坐倚姿势包括依靠、高坐、矮坐和工作姿势、稍息姿势、休息姿势等。平坐姿势包括盘腿坐、蹲、单腿跪立、双膝跪立、直跪坐、爬行、跪端坐等。躺卧姿势包括俯卧、撑卧、侧撑卧、仰卧等。

（二）人的生理要求

人的生理要求是人们对阳光、声音、温度等外界物理因素的要求，落实到建筑上主要包括对建筑物朝向、保温、防潮、隔热、隔声、通风、采光及照明等方面的要求，它们都是满足人们生产生活所必需的条件。

随着生活水平的不断提高，人们对建筑提出的可以满足生理需要的要求也越来越高。同样随着物质生产技术的不断提高，满足上述生理要求的可能性也会日益增大，比如使用新型的建筑材料，采用先进的建筑技术都有可能改善建筑的各项性能（图1-1）。

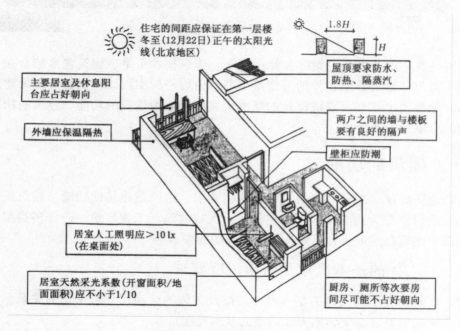

图1-1　人体对建筑的生理需求

（三）使用过程和特点的要求

建筑在使用过程中的特点对能否发挥建筑的功能也有很大影响，不同的使用性质使建筑在设计之初有不同的侧重点。

各类建筑在使用上常有某些特点。火车站必须以旅客的活动顺序来安排空间序列，合理安排售票厅、候车室、进出站口和其他交通的配合状况。展览场所要以参观者顺利参观所有展品为前提，不遗漏也不会过多重复。旅馆的设计要充分考虑公共空间和私人空间的互不干扰。电影院和歌剧院设计的重点则在声音效果上，务必确保完美的音质。一些实验室对于温度和湿度有特别的要求，它们直接影响了建筑的功能使用。

在工业建筑中，建筑的规模和高度往往取决于设备的数量和大小，而不是人的行为，一些设备和生产工艺对建筑的要求十分苛刻，而建筑的使用过程也常常以产品的加工顺序和工艺流程来确定，这些都是工业建筑设计中的关键点。

二、建筑的物质技术

建筑是人类社会的物质产物，建筑的物质技术是指和建造建筑有关的技术条件，包括建筑结构、建筑材料、施工技术和施工过程中用到各种设备等。

（一）建筑结构

人们建造房屋是为了围合室内空间来达到一定的使用目的，为了这个目的，人们一定要充分发挥建筑材料的力学性能，要通过多种材料的组合使之能够合理传递荷载，能抵御自然界的风霜雨雪及各种灾害现象，建筑结构的坚固程度直接影响着建筑的使用寿命与安全性。

建筑功能要求多种多样，不同功能要求都需要有相应的建筑结构来提供与之对应的空间形式。功能的发展和变化促进了建筑结构的发展。当然建筑结构的发展更受到社会生产力水平的制约，落后的生产力条件下不可能有先进的建筑结构体系。从原始社会至今，建筑的结构也经历了一个漫长的发展过程。

以墙和柱承重的梁板结构是最古老的结构体系，至今仍在沿用。这种结构体系由两类基本构件组成，一类构件是墙柱，一类是梁板（图1-2）。它的最大特点是：墙体本身既起到围隔空间的作用，同时又要承担屋面的荷载。受到结构的限制，一般不可能取得较大的室内空间。近代随着钢筋混凝土梁板的出现，梁板结构又开始发挥出它的潜力，预制钢筋混凝土构件的方式和大型板材结构及箱形结构（图1-3）都是在这种古老的结构上发展而来的。

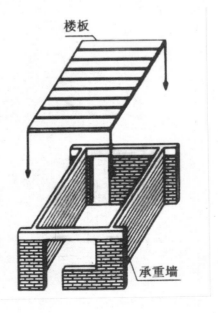

图1-2　以墙和柱承重的梁板结构

图1-3　箱体建筑

　　框架结构也是一种古老的结构体系。它的最大特点是把承重的骨架和用来围护和分隔空间的帘幕式的墙面明确分开。我国古代的木构架也是一种框架结构。除了木材，砖石也可以砌筑成框架结构，比如在13世纪至15世纪欧洲的高直式建筑。现代的钢筋混凝土框架结构更是一种最普遍采用的结构体系。

　　古代建筑结构中还有一种拱券结构，穹隆结构是古老的大跨度建筑也有许多令人叹为观止的作品遗存至今（图1-4）。人类在漫长的建筑发展过程中从来没有停息过对大跨度结构的探寻。近代材料科学的发展和结构力学的盛起，相继出现了桁架结构、刚架结构和悬挑结构（图1-5），这类结构大大增加了空间的体量。第二次世界大战结束以后，受到仿生学的影响，建筑结构体系中又迎来了新的一员——壳体结构。壳体结构正是因为合理的外形，不仅内部应力分布均匀，又可以保持极好的稳定性，壳体结构尽管厚度小却可以覆盖很大的面积。新型结构里还有悬索结构和网架结构。悬索结构用受拉的传力方式代替了传统的受压的传力方式，大大发挥了材料的强度。网架结构具有刚性大、变形小、应力分布均匀、可以大幅度减轻结构自重和节省材料的特点。

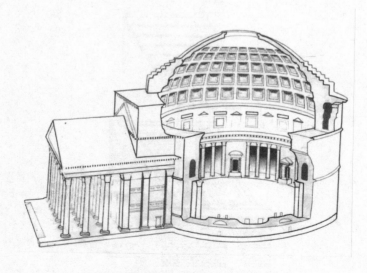

图1-4　罗马万神庙是最早的穹隆顶建筑

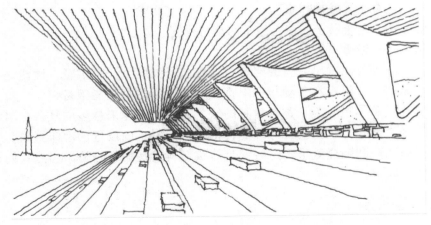

图 1-5 悬挑结构

今天我们所能看到的摩天大楼则采用了剪力墙结构或者井筒结构。高层建筑，特别是超高层建筑既要求有很大的抗垂直荷载的能力，又要求有相当高的抗水平荷载的能力。剪力墙结构和井筒结构很好地解决了这个课题。另外，像帐篷式建筑、充气式建筑也开始出现在人们的视野里。

除了以上的建筑结构形式外，在科学技术日新月异的今天，人类对建筑结构的创造还可以继续下去。

（二）建筑材料

仅从上面的描述中，我们就可以了解到建筑材料对建筑发展重大意义，有什么样的建筑材料才能有什么样的建筑。钢筋混凝土的出现才会带来了近代建筑的发展，而充气建筑则完全依赖塑胶材料的发明（表 1-1）。

表 1-1 几种材料特性的比较

材料种类	强度	防潮	膨胀	耐久性	装饰效果	维修	耐火程度	加工就位	重量	隔热隔声
木材	中	差	优	中	优	中	差	优	优	差
胶合木	优	差	优	中	优	差	差	优	优	好
砖砌体	优	好	好	好	中	优	优	中	中	差
钢筋混凝土	优	优	优	优	中	优	优	差	差	差
钢材	优	优	中	优	差	优	中	中	差	差
铝材	优	优	好	优	优	好	优	好	优	差

注：强度——抵抗各种应力条件的性能。

膨胀——在温度变化条件下的变形情况。

装饰效果——色彩、质感以及品种的多少。

耐火程度——属于哪类防火材料：易燃、难燃、不燃材料

重量——用人工还是机械移动。

防潮——在干湿变化条件下的变形情况。

耐久性——在长时间条件下是否发生变化。

维修——是否易于维护和修理。

加工就位——是否易于安装，加工的难易程度。

隔热隔声——保温声效方面的性能。

从上面的分析可以看出完美的建筑材料应该是强度大、自重轻、性能好且便于安装加工。而事实上，没有在各项指标上都能尽如人意的"全能型材料"。每种建筑材料都有它的优点和不足。为了弥补材料的缺陷，出现了越来越多的复合材料。在混凝土中加入钢筋，能获得较强的抗弯性能；铝材或混凝土内设置的泡沫塑料、矿棉等夹层材料能提高隔声和隔热效果。这些都是建筑材料发展的新趋势。当然我们也不能忽略材料的经济成本。

（三）建筑施工

建筑必须通过施工把设计变为现实。建筑施工一般分成施工技术和施工组织这两个环节。

施工技术——人的操作熟练程度、施工工具和机械、施工方法等。

施工组织——材料的运输、进度安排、人力的调配等。

建筑施工历来都是一个浩大的工程，尤其在生产力水平低下的古代，动不动就是动用上万人，花几年甚至几十年的时间。再加上建筑所特有的艺术性，建筑业的施工始终游离在手工业和半手工业状态之中。到20世纪初，建筑业才迎来了机械化、工业化和装配化的到来。

机械化、装配化和工厂预制化大大提高了建筑施工的速度，缩短了施工时间。当然这也和建筑逐步走向设计的定型化有关。我国大中城市的民用建筑基本都采用了设计与施工配套的全装配大板、框架挂板、现浇大模板等工业化体系，甚至出现了以整个房间作为基本单位在工厂预制，然后现场装配的箱形结构。

任何一个建筑的设计构思都有赖于最后的施工，建筑设计之前必须周密地考虑建筑的施工方案，保证设计最后的完成。在施工过程中还要深入现场，了解施工动向，和施工单位共同解决实际操作中出现的各种问题。

三、建筑的形象

所谓建筑的形象可以简单地认为是建筑的外观或者建筑的艺术形象。在相同的功能要求下，运用相同的物质技术手段，由于不同的设计构思能创造出完全不一样的建筑。我们身边有很多形式多样的建筑，给人们带来不同的感官体验。如果说音乐通过音阶、旋律和节奏来表现，绘画用色彩和线条来勾勒，那么建筑的形象又通过什么来传递呢？

首先，建筑是一个实体，一个拥有内部实用空间的实体。这是建筑区别于其他艺术最大的特点。空间是建筑最重要的表现。

其次，建筑的空间有赖于实体的线条和形状。许多建筑的形状和线条给人们留下了深刻的印象。第三，建筑表面的色彩和质感是它重要的表现，不同建筑材料也赋予建筑不同的表面纹理和色泽。

第四，建筑通过光线和阴影的配合，加强了自身形体起伏凹凸的效果，增添艺术表现力。

这些都是建筑表达自身形象的手段。从古到今，建筑师正是巧妙地运用这些表现方式创造出一个个经典的建筑。建筑形象并不是单纯的美学概念，它要与文化传统、风土人情、社会意识形态等多方面因素结合考虑。但不管怎样，一些基本的美学原则在建筑设计的过程中仍然受用，比如：比例、尺度、对比、韵律等。

（一）比例

一切造型艺术都存在比例的关系，建筑也不例外。建筑的比例是指建筑的各种大小、高矮、长短、厚薄、深浅等比较关系。建筑各部分之间以及各部分自身都存在比例关系。从理论的角度看，符合黄金分割的比例是最符合人们审美眼光的比例关系。但是并不能仅从几何的角度来判断建筑的比例关系。建筑的比例还和功能内容、技术条件、审美观点有着关联，很难用统一的数字关系来判定一个建筑。西方古典建筑的石柱和中国传统建筑的木柱都具有合乎各自材料特性的比例关系，都能带给人们美感。因此，建筑的比例并不是简单的长、宽、高之间的关系，而要结合材料、结构、功能等因素，参考不同文化民族的传统反复推敲才能确定。此外，人们在长期的实践当中创造了一些独特的建筑比例关系，也值得我们借鉴和运用。

（二）尺度

一般来讲，只要和人有关的物品都存在尺度关系。建筑是有尺度的。建筑与人体之间的大小关系和建筑各部分之间的大小关系，都会形成一种大小感，这就是建筑尺度。

人们日常生活中的家具、日用品、劳动工具，为使用必须与人体保持相应的大小和尺寸。日久天长，这种大小和尺度便成为一体铸入人们的记忆中，从而形成一种正常的尺度观念。但是对于建筑往往很难形成这种观点。一是建筑的体量较大，人们很难用自身的大小去作比较；二是建筑不同于日用品，许多要素并不只要单纯地依靠功能来决定。这些都给辨认尺度带来了困难。但建筑里也有一些构件的尺寸相对固定，比如门扇一般高为 2 ~ 2.5 m，窗台或栏杆的高度一般在 90 cm。

在某些特殊建筑里，缩小或放大了局部的构件，给人以错觉。例如一些纪念性的建筑，建筑师有意识地通过改变某些构件的大小给人超过真实大小的感觉，从而获得夸张的尺度感。相反，在一些庭院建筑中，建筑师就希望带给人小于真实的感觉，来达到亲切的尺度感。

（三）对比

对比是指建筑的各要素之间显著的差异；微差是指不显著的差异。就形式美而言，这两者都是必不可少的。对比可以借彼此之间的烘托来陪衬出各自的特点以求得变化；微差则借相互之间的共同性以求得和谐。建筑的对比可以通过形状——方与圆；材料——粗糙和细腻；方向——水平与垂直；光影——虚与实等来表现。但这都有一个前提，对比的双方都要针对建筑的某一共同要素来进行比较。适当的对比能消除建筑呆板的感觉，增加艺术的感染力。

（四）韵律

韵律本来是指音乐或诗歌中音调的起伏和节奏。在建筑里有许多部分或因结构的需要，或因功能的需要，常常按一定的规律不断重复，像窗户、阳台、柱子等等，都会产生一定韵律感，充分利用建筑的韵律感也是丰富建筑形象的一个重要手段。

（五）均衡

建筑的均衡是指建筑前后左右各部分的关系，应给人安定、平衡和完整的感觉。静态均衡最容易用对称的布置来取得，但也有不对称的均衡。对称的均衡体现了严肃庄重，能获得明显的、完整的统一性。不对称的均衡容易取得轻快活泼的效果。保持均衡本身就是一种制约关系。动态的均衡有很多是在运动中获得的。建筑设计中必须从立体的角度去考虑均衡的问题。

（六）稳定

稳定是指建筑在上下关系造型上的艺术效果。古代人类对自然的畏惧，对于重力的崇拜，使人们形成了上小下大、上轻下重、上虚下实的审美观念，根据日常经验产生了对建筑稳定感的判断。当然建筑的稳定感更多地来源于建筑结构理论的影响，受到材料和结构的限制只能采用这种方式。随着新型建筑材料的出现，新的建筑结构体系完全可以打破常规，无视这些原则。一般来说，纪念性的建筑中都采用上小下大的造型，稳定感强烈；而为了体现建筑的动感，也有很多建筑开始模仿一些自然形态，获得别致的造型。

具有强烈艺术感染力的建筑形象不胜枚举，它们带给人们或者庄严或雄伟，或神秘或亲切的感觉。人们从建筑形象上获得的情绪感染，正是建筑师想表达的。上述有关建筑形式美的原则，都是人们在长期实践中积累和总结的。这些原则为我们设计建筑提供了一些准则，但不是创作的全部。我们可借助这些原则来强调形式美，但真正的创作还要靠自己的日积月累。

第二节　形态构成与建筑构成

在建筑设计学习阶段中，为提高建筑艺术素养与创作技巧而进行一些专门针对形态构成方面的学习和训练是完全必要的。形态构成的原理是将客观形态分解为不可再分的基本要素，研究其视觉特性、变化与组合的过程。基本形态构成包括平面、立体一空间、色彩三大构成。形态构成的学习，是从抽象的点、线、面、体开始，以基本形为基础，通过各种"构形"方法进行形的创造，从而获得造型能力的提高。在建筑设计领域内，主要关注的是形态构成中高度抽象的形与形的构造规律和美的形。就建筑设计而言，大至平面、体型，小至梁、柱、门窗、花饰、铺地等细节，都可以作为造型要素，而运用平面构成和立体构成的方法把这些要素组织起来，使它们符合形态构成的规律，创造美的建筑从而提高造型能力，这就是我们学习形态构成的目的。

学习形态构成应从以下两个方面着手：一是研究形态构成的自身规律；二是找出符合审美要求的形态构成原则。前者是形态构成的造型问题，后者却是形态构成的审美问题。但从历史的发展中，可清晰地看到建筑作为一种独特的艺术形式，与审美观念之间具有密切的联系。简略概括如下。

第一，古代建筑所表达的乃是一种具有典型意味的程式美，一种经过千锤百炼、精雕细琢的美。生产力的落后、建筑技术的长期停滞，使得古代建筑匠师们能够在无数次的重复实践中，进行丰厚的艺术积累，造就了某种程式化风格的尽善尽美，体现出那个时代中人们的精神追求。古希腊罗马的柱式及其组合，便是这种程式美的具体体现，而隐含于其后的则是对完美与至纯这一审美理念的追求。在柱式的演变中，渗透着对人体自身的赞赏，而柱式中一系列的比例关系与线脚组合便构成了柱式这一建筑程式的重要内容。我国古代建筑中的开间变化，体现着中正至尊的传统观念；屋顶的出挑、起翘则是在排水功能的基础上，对"如鸟斯翼"般轻盈形态的艺术表达，它们同样以"法式"或"则例"的形式被固定下来，传承于世。"庭院深深深几许""风筝吹落画檐西"……这种通过建筑环境烘托和强化诗词意境的做法，也从一个侧面表示出人们对传统建筑的审美情结。

第二，工业时代的到来，为现代文明的发展提供了最为直接的动力，同时也引发了社会审美观念的重大改变。机器生产所表现出来的工艺美对传统的手工美产生着强烈的冲击，并直接影响到建筑领域。"少就是多"，"形式追随功能"……于是，人们从包豪斯校舍，从巴塞罗那展厅以及流水别墅等作品中，体验到了建筑的功能之美、空间之美、有机之美等等。在与现代哲学、文学、艺术等的广泛沟通中，现代建筑的发展更是各树一帜，流派纷呈：理性的与浪漫的、典雅的与粗野的、高技术的与人情味的、地方的与历史的等等。他们所呈现与形体艺术表现中的多姿多彩，也就成为现代建筑在其蓬勃发展中审美观最为直接的表达。

第三，时至今日，新功能、新技术、新材料的不断涌现，高度发展的信息传播，环境问题的凸现以及地区文化的兴起等等，促成了当代建筑多元化发展的大趋势、大潮流。现代建筑早期所提出的某些原则已经受到挑战，人们所惯于接受的建筑构图原则已难以解释建筑审美中一些新现象。人们不会再介意建筑形式上的稳定感，却从它的不稳定中获得了新的体验；一个从正中"开裂"的建筑形体，一个横平竖直的建筑平面中某一部分的"突然"扭转，会使人领略到特异和突兀之美；建筑师可以把复杂的古典柱式、线脚与现代的玻璃、金属材料并置，以求一定历史内涵的表现。这些现象说明：在新的社会条件下，建筑审美正在发生着新的变化。与过去相比，现代建筑在审美观念上，明显地表现出多样性和兼容性等特点；在造型手段上，更为注重几何形体的应用和它们在抽象意味上的表达。

由上可知，形态构成学习的核心内容就是抽象了的形以及形的构成规律。而形态构成通过物理、生理和心理等现代知识、对形的审美所进行的分析和解释，则对我们认识、把握现代建筑的审美特点与趋向具有重要的密切关系和发展意义。

本节主要述及平面构成、立体构成以及建筑造型方法。

一、平面构成

平面构成是研究二维空间内造型要素的视觉特性，形与形、形与空间的相互关系，形的特性与变化。它具有分析性与逻辑性，图形富有秩序感和机械美。平面构成的核心是使基本形依一定骨骼关系和美学法则进行编排，创造美图形。

平面构成形体的基本要素是点、线及面。

（一）点的构成

与几何点不同，点的构成可有一定大小与形状，但是不宜过大或包容其他形，以免产生面的感觉（图1-6、图1-7）。

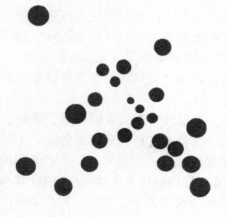

图1-6　点

图 1-7　点

（二）线的构成

线的构成可有一定宽度与不同线型，利用长度、粗细、线型、间距及排列方式的变化，构成各种图形或产生空间感（图 1-8、图 1-9）。

图 1-8　线

图 1-9　线

（三）面的构成

面的特征是形状，面的主要构成方式是面的分割与面的集聚两大类（图 1-10 ~ 图 1-11）。

图 1-10　面

图 1-11　面

图 1-12　面

1. 面的分割

研究面以线为界分割后的形状与大小的构成关系以及在不同分割面上施色的视觉效果。其方法有等形、等量分割，按比例、数列分割及自由分割等。

2. 面的积聚

以基本面形为基础延展组合，可同形组合或者异形组合，构成方式有并置与叠置两大类。

二、立体构成

立体构成即三维空间形态构成，没有一条固定的轮廓线可以表现其全貌，需研究其三个向度，从不同方位、角度去认知。立体形态要通过材料表现，对于不同的材料，有不同的视觉、心理感受效果。实体形态构成的同时，限定出一定的虚体形态，即空间形态。实体形态被感知的是实体自身，构成特点是以有限的实体向无限空间进行组合。空间形态是靠实体间相互作用而被感知的虚像，构成特点是从无限空间借助有形实体做有限的界定。

三、建筑构成

建筑形态是一种人工创作的物质形态，是在基本形态构成理论基础上探求建筑形态构成的特点和规律。建筑形态构成的核心是空间构成和体量构成。

（一）建筑空间构成

建筑空间构成方法可分为下面几种。

1. 单一空间

单一空间具有向心性且界限明确、形式规则，是建筑空间构成最基本单位，是构成复杂空间的基础。由空间构成要素所构成的空间，其形状、封闭与开放程度，影响所构成的空间特征以及人对空间的心理感受。如空间的形状、空间的尺度（绝对高度和相对高度、人体尺度和整体尺度）、空间的比例等。

2. 二元空间

二元空间构成时，除两空间自身的形状、大小、封闭与开放程度可影响构成效果外，更以其彼此间的相对位置、方向及结合方式等的不同关系，而构成空间上的变化、视觉上有联系的空间综合体。如连接、包容、接触、相交等。

3. 多元空间

第一，集中式构成为一种稳定的向心式构成，一般由一定数量的次要空间围绕一个大的主导空间，构成后的空间无方向性，主入口按环境条件可在其中任一个次要空间处。中央主导空间一般是规则式，尺寸较大，统帅次要空间，也可其形态的特异突出其主导地位。

第二，串联式构成由若干单体空间按一定方向相连接，构成空间系列，具有明显的方向性，并具有运动、延伸、增长的趋势，构成时，具有可变的灵活性，容易适应环境的条件，有利于空间的发展。按构成方式不同，分是下列多种不同的串联形式：直线式、折线式、曲线式、侧枝式、圆环式等。

第三，放射式构成集中式与串联式两种构成的结合。由主导的中央空间和向外辐射扩展的线式串联空间所构成，是外向性图式。中央空间一般为规则式，外伸的长度、方位按功能或场地条件而定，其与中央空间的位置、方向的变化而产生不同的空间形态。

第四，组团式组合一般将功能上类似的空间单元按照形状、大小或相互关系方面的共同视觉特征，构成相对集中的建筑空间，也可将尺寸、形状、功能不同的空间通过紧密的连接和诸如轴线等视觉上的一些规则手段构成组团。它具有连接紧凑、灵活多变、易于增减和变换组成单元而不影响其构成的特点。

（二）建筑体量构成

人们首先是从外部感知建筑的形体，而后才逐步体验到内部空间的构成。当构成建筑内部空间形态时，必然同时构成建筑的外部体量形态，建筑体量的相互联系又构成建筑的外部空间形态。所以，建筑体量是其内部空间构成的外部表象，是空间构成的成果。二者是共生的，不可分的，具有正面的反转关系。建筑基本形体有立方体、柱体、锥体、球体。任何复杂的建筑形体均可简化为基本形体的组合。建筑的基本形体为最简单的几何体，其特点是单纯、精确及完整，富有逻辑性。它们各自具有明显的不同的视觉表情和强烈的表现力，容易使人感知和理解。

建筑体量的构成方式可分为以下几种：

第一，基本形体自身在三个向度的变量，进行了大小、形状、方向的改变。

第二，基本形体之间相对关系的改变。

第三，多元基本形体组合方式的改变。

形体的视觉特性有下面几种。

第一，形状——体的表面和外轮廓的综合，体形式的主要辨认特征。

第二，尺寸——体在长、宽、高三维方向的度量值，确定体的比例关系。

第三，位置——体在环境中所处的地位。

第四，方位——体与地面、方向和观察者的相对地位。

第五，重心——体与支承面的相对关系，表达其稳定性的程度。

第六，色彩——体与周围环境区别的属性之一，包括色相、明度、彩度。

第七，质感——体表面的触觉和视觉特点、反射光线的能力。

在人类文明史的发展进程中，人们不断地通过各种方式征服自然、改造自然，以获得更好的物质和精神生活，建筑正是这一过程中的产物。从原始人为遮风避雨、抵御野兽侵袭搭起的简陋的窝棚开始，古往今来，建筑的形式和类型一直在不断地变化和丰富着，建筑的建造技术和所使用的建筑材料也经历极大的变化。但不论哪个时期的建筑，不论是何种建筑，究其根源，其最终的建造目的都是为了提供适合人们某种特定活动的场所——空间。因此从原始人类到现代人的建筑实质都是为了这一目的。

第三节　建筑的空间组成

一、人与空间

（一）人对空间的感受

对于空间的认知，最初源自于人类本能的寻求。例如，炎热的夏天里，人们自然会选择躲在树荫下；寒冷的冬天，人们则会靠在既背风又有阳光的这一侧墙上。人们的这些行为实际上就是对各种不同空间的利用。不论是在自然环境中还是在人工构筑物中，人们总能够利用各种不同的手段来获取自己需要的空间。在不同空间中人们将获得不同的感受。因此，空间中隐含着与人息息相关的性质，包括了人的行为、情感和灵性。

空间是与实体相对存在的，其形式受实体的影响。人们利用各种实体，以围合或分隔的方法来获得所需要的空间。建筑空间就是因人的需要设立的，它满足人多方面的需求，同时也构成了对人行为的规范限定，使人产生不同的感受。

（二）建筑空间

1. 建筑空间的界定

建筑是一种空间，但并不是所有的空间都是建筑。所谓空间，涉及的范围很广，大到整个宇宙，小到微观世界，都属于空间。建筑是一种人类社会所特有的事物。一般情况下，建筑空间是指供人们的各种具体的、特定的生活活动但用人为手段所限定的空间。其中，有人类的主观加工是一个关键。

人类最初建造建筑的目的是为了防止自然界的各类侵袭，以获得安全的室内环境。由此产生了室内外空间的区别。建筑物中的各个实体，包括墙体、柱子、栏杆等都可成为一种边界，构成空间延续中的某种限定。建筑物的内部空间是由屋顶、地面、四面墙壁等围合起来的六面体。由这六个界面界定出内外空间是比较明显的，但也有较为复杂的情况。就建筑空间中各界面对使用功能的影响而言，通常是人们将有无屋顶顶盖作为区分建筑内、外空间的重要标志，其原因大致有三：

第一，从满足基本物质功能来说，围合建筑空间的六个界面中，以顶界面对风、雨、雪等外界干扰的封闭性最强。

第二，从人类的心理来说，首先有了顶界面，人们便会对该空间产生安全感。另外，明度对于人的内外空间感觉影响极大，外界光线强烈，内部空间光线相对较弱，而顶界面的存在与否对光线的强弱起着决定性的作用。

第三，空间是界面之间相互作用产生的一种"场"，由于地面本身可以作为天然的底面，所以只要有一定的顶界面，自然就会产生一种"场"的感觉。

2. 建筑空间的构成要素

人类对客观事物的认知过程包括感觉、知觉、记忆、表象、思维等心理活动，顺应这一认知过程，一般事物都由表面形态、内部结构和内在含义等几个方面组成，建筑空间也不例外，包括形态、结构和含义等构成要素。

第一，形态建筑空间的形态是指空间的表面特征和外部形式。空间的方位、大小、形状、轮廓、虚实、凹凸、色彩、质感、肌理及组织关系等可感知的现象都属于建筑空间的形态。点、线、面和体是建筑空间造型的构成元素，建筑的整体造型就是这些元素在空间中的凝结与汇聚。另外，建筑空间形态根据其表面特征和呈现出来的态势，还有动态与静态、开放与封闭、确定与模糊等几种表现形式。作为建筑空间环境的基础，空间形态决定着空间的整体效果，对空间环境气氛的塑造起关键性作用。故此，建筑空间形态构成一直是建筑创作的焦点。建筑具体的形态构成与时代、地域、民族、服务对象以及建筑师个人等多方面因素有关，这些因素稍许不同，建筑空间形态也会表现各异。

第二，结构空间的结构，是指各功能系统间的一种组合关系，是隐含于空间形态中的组织网络，是支撑空间体系的几何构架。建筑空间结构不是自然形成的，而是人为构成的。它是设计师根据空间的逻辑关系和功能的要求，并结合社会、文化、艺术等诸多因素而综合、提炼、抽象出来的空间框架，并借助这种框架来诱导人在空间中的行为秩序。

第三，含义建筑空间的含义就是指空间的内在意义层面，属于文化范畴，主要反映了建筑空间的精神向度，是建筑空间的社会属性。建筑空间与其他的艺术形式不同之处在于，它主要通过自身存在的价值和满足人的需求程度来传递情感，是借助于非语言形式来表达意义的。

同时，建筑空间的含义是不断发展变化的，是一个动态因素，它既取决于环境的创造者——设计者、建设者以及使用者所赋予建成环境的意义之多少，又取决于在使用和体验中所发生的一系列行为。建筑空间被赋予的含义将作为诱导因素，对身处其中的人的行为产生影响，而建成环境中发生的行为也是动态因素，两种因素相互影响、相互作用，彼此关联、不可分割，共同地构成建筑空间的意义。

二、功能与空间

随着人类历史的发展，建筑的类型越来越繁多，功能更多样化。要解决好建筑的使用问题，就必须对其各个组成部分进行周密的分析，通过设计把它们转化为各种使用空间。从某种意义上说，不同的建筑类型，实际上是根据其功能关系的不同，对其内部各空间的形状、大小、数量、彼此关系等所进行的一系列全面合理的组织和安排。由此可以说，建筑的空间组织就是建筑功能集中体现。

（一）功能对单一空间的影响

房间是组成建筑的最基本单位，通常以单一空间的形式出现。根据不同的使用要求，空间的功能性各有不同。根据功能的要求确定空间的大小和形状是建筑设计中的基本任务之一。

1. 根据功能确定空间的大小

在设计的最初阶段，首先要确定房间的面积，即空间容积。不同功能的空间对应不同的人的活动尺寸和家具布置，从而产生相应的长、宽尺寸，同时，长宽的比例关系亦与该空间的使用内容有重要的联系。

矩形（包括方形）平面是建筑设计中采用最为普遍的一种，其优点是结构相对简单，易于布置家具或设备，面积利用率高。

圆形、半圆形、三角形、六角形、梯形等，以及某些不规则形状的平面多用于特定情况的平面设计中。同时，形状的选择也常与建筑的整体布局和结构柱网形式有关。

剖面设计中，一般情况下空间的剖面大多也以矩形为主。但由于某些特殊功能的要求或出于设计师对空间功能与艺术构思结合后的综合考虑，其剖面形状也会有特殊的设计。

需要注意的是，单一空间的大小和形状的确定还与整个建筑的朝向、采光、通风、结构形式以及建筑的整体布局等多种因素相关，应结合各相关要素综合考虑。

（二）功能对多空间组合的影响

建筑功能的合理性不仅要求单个空间具有合理的空间形式，同时还要求各空间之间必须保持合理的联系，即具有某种功能上的逻辑关系。作为一幢完整的建筑，其空间组合形式必须适合于该建筑的功能特点。因此，照何种方式把若干单一空间组织起来，构成完整的建筑是建筑设计中的核心问题。

1. 根据人的活动要求分类

在对若干单一空间进行组织的过程中，人在建筑中的活动特点是重要的依据之一。按照人的活动要求，可对不同的空间属性作如下划分。

第一，流通空间与滞留空间如办公楼设计中；走廊为流通空间，办公室为滞留空间，前者应保证通行便捷，后者则要求安静稳定，易于布置各类办公家具，有利于进行正常的办公活动。

第二，公共空间与私密空间如住宅建筑设计中，起居室、餐厅等为公共空间，卧室为私密空间，书房、视听间、走廊等根据具体功能要求可分为半公共或半私密空间。其中，属于私密区域的空间应避免外来人员的直接进入或者穿行，而公共空间则应具有良好的交通组织和适当的活动分区。

第三，主导空间与从属空间如教学楼设计中，教室是主导空间，走廊、门厅、卫生间、茶水间等是从属空间。教室作为师生活动的主要场所，其大小、形状、位置、数量的确定对整个设计起到决定性作用。各从属空间则视其和主导空间的关系来确定其在建筑布局中的位置。

（2）根据空间组织形式分类

多空间组织的形式千变万化，但就其所反映出的不同功能联系的特点，可作如下划分。

第一，并列关系各空间的功能相同或近似，彼此没有直接的依存关系，常采用并列式组织。由于多由走道将各空间联系起来，因此亦可称为走道式。这种组织形式将使用空间与交通空间明确分开，既保证各主要空间的独立使用，又可以通过走道连成一体，从而使它们之间保持必要的功能联系。宿舍楼、教学楼、办公楼等建筑常采用这种形式。

第二，序列关系各使用空间在功能上有明确的先后使用顺序，按照相应的程序依次排列，形成一定的序列关系，以便合理地组织人流，实现空间功能目标，进行有序地活动。如候车楼、博物馆、展示性建筑等。

第三，主从关系各使用空间在功能上既有相互依存又有明显的隶属关系，多采用此种方式。往往以体量较大的主体空间为中心，其他附属或辅助空间环绕四周布置。如图书馆的大厅与各阅览室和书库的关系等。

第四，综合关系在建筑设计过程中，由于功能的多样性和复杂性，各空间的组合形式和位置的安排往往综合运用几种组合形式。如旅馆建筑中，客房部分为并列关系，公共活动部分则为主从关系等。

三、建筑空间的处理

从功能与空间的关系中我们看到，在建筑设计中，根据功能需要来组织空间是十分必要的。但人对建筑不仅有物质功能方面的需求，还有精神感受和审美方面的需要。所以在同样的功能要求下，就需要采用不同的空间处理手法，用来表现出不同的结果和性格特征。

社会中的人的活动是多种多样的，那么人的行为与建筑所构成的空间环境之间就不仅仅只存在着一种关系；同时，建筑环境反过来又会影响人的行为。人与空间的相互影响使建筑空间尤其是内部空间的处理显得十分重要，它将直接影响到人们在使用建筑过程中是否方便和精神是否愉悦。因此，在符合功能要求的前提下，建筑师还应该具备对建筑空间的处理能力，以满足人们对建筑在精神感受和审美方面的要求。

（一）空间各要素的限定

建筑空间的形成是由各种不同形式的实体以不同的限定方式所构成的。实体与空间之间存在不可分割的联系，实体的形式及限定的方式的不同，会使空间产生不同的艺术效果。

1. 水平要素的限定

通过建筑的顶面或地面等不同形状、材质和高度的变化对空间进行限定，以取得水平界面的变化和不同的空间效果。

2. 垂直要素的限定

通过墙、柱、屏风、栏杆等垂直构件的围合形成空间，构件自身形式、材质等特点以及围合方式的不同可产生不同的空间效果。

3. 各要素综合限定

建筑空间作为一个整体，在通常情况下是同时由水平和垂直等各类要素综合实现空间形式的。因此，各要素应综合运用，相互分配，以取得特定的空间效果。其手法的表现是多种多样的。

（二）空间的围与透

在建筑空间中，围合与通透的处理是表达空间艺术的重要手段之一。围与透是相对的，围合程度越强，通透性则越弱。反之亦然。因此，根据单一空间自身或多个空间相互之间的关系，利用了不同程度的围透处理可以创造出生动的空间艺术效果。

（三）空间的穿插与贯通

1. 空间的穿插

处理相邻的空间或划分单一空间时，以界面在水平方向上的穿插、延伸，使各部分互相连通，彼此渗透，相互因借，可增强空间的层次感、流动感。被划分的各局部空间根据穿插中的交接部分的处理手法不同，获得各种强弱程度不同的联系，产生不同的效果。

2. 空间的贯通

空间的贯通是指根据建筑功能和审美的需要，对于空间在垂直方向所做的处理。现代建筑技术的进步为大型建筑空间在垂直方向的处理提供了充分的手段。空间的上与下多层次的融合与贯通已经成为建筑师处理大型空间的一种重要手段。

（四）空间的导向与序列

1. 空间的导向

空间导向是指在建筑设计中通过暗示、引导、夸张等建筑处理手法，把人流引向某一方向或某一空间，使人们可以循着一定的途径而达到预定的目标，从而保证人在建筑中的有序活动。空间导向的处理应自然、巧妙、含蓄，使人于不经意之中沿着一定的方向或路线由一个空间依次地走向另一个空间。建筑各构件，如墙、柱、门洞口、楼梯、台阶以及花坛、灯具等都可以作为其表现手段之一，举例如下：

第一，墙以弯曲的墙面把人流引向某个确定的方向，并暗示另一空间的存在。

第二，楼梯利用特殊形式的楼梯或特意设置的踏步，暗示出上一层空间的存在。

第三，顶面（地面）利用天花、地面处理，暗示出前进的方向。

就建筑艺术而言，导向处理是人与建筑的一种对话，人们在建筑师所采用的一系列建筑语言的启发引导下，产生了与建筑环境的共鸣，把他在建筑中的活动与建筑艺术欣赏有机地结合起来。

2. 空间的序列

正如一首大型乐曲一样，通过序曲和不同的乐章，逐步达到全曲的高潮，最后进入尾声；各乐章有张有弛，有起有伏，各具特色，同时又统一在主旋律之下，构成一个完美和谐的整体。在大型的建筑或较复杂的建筑群中，序列是建立空间秩序的重要手段之一，使建筑空间艺术在丰富变化中取得统一和谐。具体来说，空间序列组织是综合运用对比、重复、过渡、衔接、引导……一系列空间处理手法，把个别的、独立的空间组织成为一个有秩序、有变化、统一完整的空间集群。这种空间集群可以分为两种类型：一类呈对称、规整的形式；另一类呈不对称、不规则的形式。前一种形式能给人以庄严、肃穆和率直的感受；后一种形式则比较轻松、活泼与富有情趣。不同类型的建筑，可按其功能性质特点和性格特征而分别选择不同类型的空间序列形式。

建筑作为三维空间的实体，人们在其中活动时，是在连续行进的过程中，由一个空间走向另一个空间，逐一体验和感受，从而形成整体的印象。其中，时间是序列构成中一个极为重要的因素。因此，组织空间序列应把空间的变化与时间的连续有机统一起来，从而使人获得连续而又不断变化的视觉和心理体验。同时，正是这种时间上的连续和空间上的变化，构成了建筑艺术区别于其他艺术门类的最大特征，空间的导向和序列就是建筑这一时空艺术的具体体现。

第四节　建筑构造与结构

一、概论

（一）构造与结构

结构（structure）与构造（construction，composition，detail）虽然是不同的概念，两者之间却又有着一定的交叉和内在的关联。

通常，建筑构造被认为是研究建筑物的构造组成及各构成部分的组合原理与构造方法的学科。其主要任务是在建筑设计过程中，综合考虑使用功能、艺术造型、技术经济等诸多方面的因素，并运用物质技术手段，适当地选择并正确地决定建筑的构造方案和构配件组成以及进行细部节点构造处理等。另一方面，构造问题还与"营造"，或者说经营（设计）和建造（施工）这两个方面内容息息相关。因此可以说，构造设计不仅是建筑设计的一个重要组成部分，并且也是贯穿于整个建筑设计的过程之中。

无论是强调"构成"（composition）、细部（detail）还是"营造 construction），构造设计都是与建筑的实体紧密联系在一起的，是将构想中的物象加以物化和具体化，并用图示语言表达出来。如果说建筑空间是现代人类生存与活动的主要场所，那么建筑物的物质实体正是构筑和界定空间的依托。而从实体的角度看，一个建筑物通常是由屋盖、楼地层、墙或柱、基础、楼梯电梯、门窗等几大部分组成，这其中有些部分（如屋盖、楼地层、墙或柱、基础等）则是需要用来支撑荷载的——也就是说它们要确保建筑物在重力的作用下，在承受风吹雨打的情况下，也不能受到破坏或倒塌，并且还要使建筑物能持续保持良好的使用状态；这部分就是建筑的支撑结构，或者说承重结构。

当然，很多情况下建筑中的结构也不仅仅是在起着支撑作用，这就如屋盖和墙体既是承重结构，同时又起到分割室内外空间的围护作用。此外，我们还可能在日常生活中听到过诸如"房屋结构"和"围护结构"这样的说法，这其中的"结构"显然更应被理解为是在指代建筑物的整体或某种实体，是一种更为宽泛的结构概念。然而需要注意的是，结构最为基本的内涵则还是在于它是建筑物各构成部分之间抽象力学关系的反映，只是这种关系注定要通过具体的构造措施和建造活动来加以实现，并最终部分反映在建筑实体的可见形式之上。所以，建筑中的结构概念应该说是兼具抽象和具体这两方面的特点。

（二）建筑物的构造组成及其作用

建筑实体作为室内外空间的中间屏障，必须同时适应其外部自然或人工条件变化的影响以及满足其内部的各种使用需要，因而便形成了自身复杂的系统形式与构造组成。

第一，屋顶除了承受由于雨雪或屋面上人所引起了荷载外，屋顶（屋盖）主要起到围护的作用，因此防水性能及隔热或保温的热工性能是它必须解决的主要问题。此外，屋盖的外形往往会对建筑物整体形式的确立有着至关重要的作用。

第二，楼地层提供使用者在建筑物中活动所需要的各种平面，同时也将由此而产生的荷载传递到支承它们的垂直构件（如墙或柱）上去。其中地层（建筑物底层地坪）可以直接铺设在天然土上，也可以架设在建筑物的其他承重构件上。楼层则通常由梁和楼板所构成，它除了具有提供活动平面的作用外，还起着沿建筑的高度方向分隔空间的作用。

第三，墙（或柱）在不同的结构体系的建筑中，屋盖和楼层等部分所承受的荷载将分别通过墙体或柱子传递到基础上。虽然墙体不一定会承重（当然还是要承受自身的重量），但无论承重与否，它此还具有分隔空间和进行围护的功能。

第四，基础建筑物最下部的承重构件，是与支承建筑物的地基直接接触的部分。而基础的状况既与其上部的建筑的状况有关，也与其下部的地基状况有关。

第五，楼梯与电梯解决建筑物上下楼层之间联系的垂直交通工具，供人们上下楼和紧急疏散之用。

第六，门与窗门窗主要起通风、采光、分隔和围护的作用，而门还可以用来提供交通，有着特殊要求的建筑则还需要相应的门窗具有一定的保温隔热和防火防盗功能。

除上述几个基本部分以外，一座建筑物还会因不同功能需要而具有阳台、雨篷、台阶和排烟道等其他组成部分；而组成建筑物的各个部分，按其功能归纳起来，则又可以进一步被归入结构支撑系统和被支撑系统（包括围护和分隔等）这两个范畴。此外，还有许多与主体部分相关的其他系统，例如供水、照明、供气、供暖、空调和电信等。因此可以说建筑是一个由若干特定子系统组成的大系统。

（三）影响建筑构造的因素和设计原则

1.影响建筑构造的因素

建筑物处于自然环境和人为环境之中，必然会受到各类自然因素和人为因素的影响。为了提高建筑物的使用质量和耐久年限，在建筑构造设计时，必须充分考虑各种因素的作用，尽量利用其有利因素，避免或减轻不利因素的影响，提高建筑物对外界环境各种影响的抵御能力，并根据不同因素的影响程度和特定需求，而采取相应的、合理的构造方案和措施。影响建筑构造的因素很多，归纳起来主要有以下几个方面：

（1）自然与人工环境的影响

第一，外力作用的影响作用在建筑物上的各种外力统称为荷载，一般情况下可分为恒荷载（也称永久荷载，如建筑物自重等）和活荷载（如人、家具、风雪及地震荷载）这样两类。荷载的大小不仅是建筑结构设计的主要依据，也是结构选型及构造设计的重要基础，起着决定构件尺度、用料多少的重要作用。

第二，气候条件的影响建筑物处于不同的地理环境，各地的自然条件有很大的差异。而我国各地区地理位置及环境不同，气候条件有许多差异。太阳的辐射热，自然界的风、雨、雪、霜、地下水等构成了影响建筑物的多种因素。故在进行构造设计时，应该针对建筑物所受影响的性质与程度，对各有关构、配件及部位采取必要的防范措施，如防潮、防水、保温、隔热、设伸缩缝、设隔蒸汽层等等，以防患于未然。

第三，各种人为因素的影响人们在生产和生活活动中，往往遇到火灾、爆炸、机械振动、化学腐蚀、噪声等人为因素的影响，故在进行建筑构造设计时，必须针对这些影响因素，采取相应的防火、防爆、防振、防腐、隔声等构造措施，以防止建筑物遭受不应有的损失。

（2）建筑技术条件的影响

建筑技术条件通常是指建筑所处地区的建筑材料技术、结构技术和施工技术等条件。随着人类技术的发展，建筑构造和结构技术也在不断进步。而建筑构造措施一方面不能脱离一定的建筑技术条件，而另一方面却也没有一成不变的固定模式。因而在设计中就时常需要以构造原理为基础，在合理利用原有的、标准的及典型的建筑做法的同时，又不断发展或者创造出新的解决方案。

（3）社会条件的影响

随着社会的发展和人们生活水平的日益提高，人们对建筑的使用要求也不断提出新的要求，并更趋多样性。而使用要求的变化和多样性也对建筑构造设计提出了更高的要求，从而需要更加全面和综合地考虑各种社会因素和经济条件。例如，在材料选择和构造方式上既要降低建造过程中的材料、能源消耗，又要降低使用过程中的维护和管理费用，以满足建筑物的使用要求。此外，在建筑构造设计中，满足使用者的生理和心理需求也非常重要，如果说前者主要是人体活动对构造实体及空间环境与尺度的需求（如门洞、窗台及栏杆的高度；走道、楼梯、踏步的宽度；家具设备尺寸以及建筑构造所形成的内部使用空间热、声、光物理环境和尺度等），那么后者就主要是指使用者对构造实体、细部和空间尺度的审美心理需求等。

2. 建筑构造的设计原则

安全、适用、美观和经济是建筑物应达到的基本标准，是从整体到细节都应追求的综合目标。因此，在进行建筑构造设计时应遵循以下基本原则：

第一，将建筑物放到特定的环境和系统中去加以研究，注重系统各个层次相互间的联系，把握需要解决的主要矛盾和矛盾的主要方面。而这正是决定设计质量的关键所在。

第二，遵守现行的建筑法规和规范。法规和规范是针对行业中的普遍情况制定的最基本的要求和标准，而设计要满足规范要求则是最基本的准则。这是因为法规和规范可以帮助我们克服认识的局限性和片面性，避免不必要的疏漏，当然，随着社会的发展和科学技术的进步，法规和规范也会不断得以更新和发展。

第三，遵守一定的模数制度。模数制度是一种数字的组织原则和协调原则，它不仅是人为选定的尺寸单位和尺度协调中的增值单位，也是建筑设计和建造过程中各有关部门进行尺寸协调的基础。而遵守统一的模数制有利于构件的标准化生产和提高通用性，有利于设计中构件的定位及相互协调和连接，也有利于实现建筑的工业化和可维护性。

第四，注意可持续性的发展。可持续性的发展是当今人类用来解决自身长期生存问题所采取的重要对策。作为人工环境的重要组成部分以及与人类生活休戚相关的建筑物，也必须纳入这样的良性循环的轨道。在进行建筑物的构造设计时，应该综合考虑其在建造及长期使用过程中所涉及的相关问题，例如环保、节能、可重复改造使用等等。

（四）建筑与结构

在坚固、适用和美观的建筑三要素中，可以说满足"坚固"所需要的建筑物部分就是结构，并且结构是基础；因为没有"坚固"就无建筑物，因此也就没有"适用"，同样也不可能有"美观"。

事实上，所有的建筑物中都含有结构，结构的作用是通过传导施加在各种构件上的力来支撑整个建筑物，而这些力通常是从作用点一直传递到建筑物基础下的地基上去。应该看到的是，支撑系统和被支撑系统之间有时是完全分开的（如柱子与不承重的隔墙），有时则又是融为一体的（如承重墙），而更多的情况下一个建筑物正是由结构构件、非结构构件和具有综合功能的构件所组成的综合体。因此，能够说结构形式与整体意义上的建筑形式密切相关。

除此之外，建筑创作的过程与结构也是分不开的。一名成熟的设计师在建筑方案的起始阶段就会考虑这样一些问题：该建筑采用什么结构类型，这样的结构形式是否满足建筑功能方面的各种要求，它本身是否经济合理，对建筑空间体型及其建筑风格的艺术表现又会带来什么影响。而在现代建筑设计中，结构的运用会遇到来自各个方面的矛盾，如建筑的使用空间大小与形状组合方式之间的矛盾，与建筑的采光、通风、排水、排气等要求之间的矛盾，与建筑物给排水、电气照明及工艺等设备布置之间的矛盾，与建筑材料、施工条件及其技术水平之间的矛盾，与建筑工程的投资、建筑经济要求之间的矛盾，与建筑体系及其工业化生产方式之间的矛盾，与建筑构图中对空间、体量、比例、尺度等美学要求之间的矛盾等。然而需要注意的是，解决矛盾的过程既是一种挑战，也是设计创作的前提和机遇。归根结底，结构的配置和运用会影响到建筑设计与建造的各个方面。

二、建筑材料与结构体系

（一）常用建筑材料

建筑材料是用于建筑物的各个部位及各种构件上的材料。正因为任何建筑都是由若干类型的材料所组成，因此材料是一切设计和建造活动的基础，它不仅赋予建筑物各种功能，同时也能带给人一系列感官体验——或坚硬，或柔软，或冰冷，或温暖，或粗糙，或光滑，或灰暗沉闷亦或光彩夺目。

而从建筑构造和结构的角度出发，需要对各种常用的建筑材料的基本性能作如下了解：

材料的力学性能——有助于判断其使用及受力情况是否合理。

材料的其他物理性能（防水、防火、导热、透光等）——有助于判断是否有可能符合使用场所的相关要求或采取相应的补救措施。

材料的机械强度以及是否易于加工（即易于切割、锯刨、钉入等特性）——有助于研究用何种构造方法实现材料或构件间的连接。

1. 砖石

砖是块状的材料，一般分为烧结砖和非烧结砖两类。前者是以黏土、页岩、煤矸石等为主要原料，经烧制成的块体；后者则以石灰和粉煤灰、煤矸石、炉渣等为主要原料，加水拌和后压制成型，再经蒸汽养护而形成块材。

石材是一种天然材料，其品种非常多，最常见的有花岗石、玄武岩、大理石、砂岩、页岩等；而按其成因则可分为火成岩、变质岩与沉积岩。其中火成岩（以花岗石为代表）系由高温熔融的岩浆在地表或地下冷凝所形成；变质岩（以大理石为代表）系为先期生成的岩石因地质环境的改变，发生物质成分的迁移和重结晶而形成新的矿物组合；而沉积岩（以砂岩和页岩为代表）系由经风化作用、生物作用和火山作用而产生的地表物质，经水、空气和冰川等外力的搬运、沉积固结而形成。

砖、石都是刚性材料，抗压强度高而抗弯、抗剪性能较差。长期以来，砖都是低层和多层房屋的墙体砌筑材料的主要来源。但因普通黏土砖的生产需大量消耗土地资源，因此用新型墙体材料来取代它正成为当前设计和建造工作中的一个主要趋势。而石材经人工开采琢磨，可用作砌体材料或用作建筑面装修材料。其中火成岩质地均匀，强度较高，适宜用在楼地面；变质岩纹理多变且美观，但容易出现裂纹，故适宜用在墙面等部位；沉积岩质量较轻，表面常有许多孔隙，最好不要放在容易受到污染，需要经常清洗的部位。还要注意的是，天然石材在使用前应该通过检验，令放射物质的含量在法定标准以下，此外，碎石料经与水泥、黄砂搅拌制成混凝土，在建筑上有更为广泛的用途。

2. 混凝土

混凝土是用胶凝材料（如水泥）和骨料加水浇注结硬后制成的人工石，在建筑行业中也常常将其写作"砼"（音同"同"）。其中的骨料包括细骨料（如黄砂）和粗骨料（如石子）两种。在工程中，内部不放置钢筋的混凝土叫做素混凝土，内部配置钢筋的混凝土叫做钢筋混凝土。而这两种材料的力学性能却有着很大的差别。

由于素混凝土也是一种刚性材料,因此其抗压性能良好,而抗拉和抗弯的性能较差。而钢筋混凝土则是一种非刚性材料,因为钢筋和混凝土有良好的黏结力,温度线膨胀系数又相近,所以可共同作用并发挥各自良好的力学性能——钢筋主要用于抗拉,混凝土则用于抗压。

混凝土的耐火性和耐久性都好,且通过改变骨料的成分以及添加外加剂,可以进一步改变其他方面的性能。例如将混凝土中的石子改成其他轻骨料,像蛭石、膨胀珍珠岩等,可制成轻骨料混凝土,改善其保温性能。又如在普通混凝土中适量掺入氯化铁、硫酸铝等,可增加其密实性,提高防水的性能。

正是由于素混凝土抗压性能良好,故常用于道路、垫层或建筑底层实铺地面的结构层。而钢筋混凝土可以抗弯.抗剪和抗压,故作为结构构件被大量应用在建筑物的支撑系统中。

3.钢材和其他金属

常用的钢材按断面形式可分为圆钢、角钢、H型钢、槽钢,以及各种钢管、钢板和异型薄腹钢型材等。

虽然钢材有良好的抗拉伸性能和韧性,但若暴露在大气中,则很容易受到空气中各种介质的腐蚀而生锈。同时,钢材的防火性能也很差,一般当温度到达600℃左右时,钢材的强度就会几乎降到零。因此,钢构件往往需要进行表面的防锈和防火的处理,或将其封闭在某些不燃的材料如混凝土中,才能很好地被利用。

钢材在建筑中主要是用作结构构件和连接件,特别是需要受拉和受弯的构件。某些钢材如薄腹型钢、不锈钢管和钢板等也可用于建筑装修。

除了钢材以外,常用的金属建筑材料还有铝合金、铸铁、铜和铅等。其中,铝合金在建筑中主要用来制作门窗、吊顶和隔墙龙骨以及饰面板材;铸铁则可以被浇铸成不同的花饰,主要用于制作装饰构件如栏杆等(因为耐气候性较好,可以长期暴露于室外而少有锈蚀);铜材除用作水暖零件和建筑五金外,还可用作装饰构件;而铅可用作屋面有突出物或管道处的防水披水板。

4.天然木材

众所周知,木材是一种天然材料。由于树干在生长期间沿其轴向(生长方向)和径向(年轮的方向)的细胞形态、组织状态都有较大的差别,因此树木开采加工成木材后,明显地具有各向异性的特征。

天然木材的顺纹方向,即沿原树干的轴向,具有很大的受拉强度,顺纹受压和抗弯的性能都较好。但树木顺纹的细长管状纤维之间的相互联系比较薄弱,因此沿轴向进入的硬物容易将木材劈裂,即便是在木材近端部的地方钉入一颗钉子,也可能使该处的木材爆裂。此外,这些管状纤维的细胞壁受到击打容易破裂,因此重物很容易在木材上面留下压痕。木材的横纹方向,即沿原树干的径向,强度较低,受弯和受剪都容易破坏,再加上一般树木的径围都有限,沿径向取材较难,因此,建筑工程中一般都不直接使用横纹的木材。

作为天然材料,木材本身具有一定的含水率,加工成型时除自然干燥外,还可以进行浸泡、蒸煮、烘干等处理，使其含水率被控制在一定范围内。尽管如此，木材的制品往往还是会随空气中湿度的变化而产生胀缩或翘曲，如木地板在非常干燥的天气里会发生"拔缝"的现象就是由于这个原因。一般来讲，木材顺纹方向的胀缩比横纹方向的要小得多。此外，木材是易燃物，长期处在潮湿环境中又易霉烂，同时还有可能产生蚁害，因此木材在设计使用时应注意防火、防水和防虫害等方面的处理。

由于树种不同，各种不同的木材硬度、色泽、纹理均不相同，在建筑中所能发挥的作用也不同。在过去很长一段时间内，现代建筑中的木材多用来制作门窗、屋面板、扶手栏杆以及其他一些支撑、分隔和装饰构件；但目前采用木材作为主体结构材料的建筑则越来越多。

5. 玻璃和有机透光材料

玻璃是天然材料经高温烧制的产品，具有优良的光学性质，透光率高，化学性能稳定，但脆而易碎，受力不均或遇冷热不匀都易破裂。

为了提高玻璃使用时的安全性，可将玻璃加热到软化温度后迅速冷却制成钢化玻璃，钢化玻璃强度高，耐高温及温度骤变的能力好，即便破碎，碎片也很小且无尖角，不易伤人。此外，还可在玻璃中夹入金属丝做成夹丝玻璃，或在玻璃片间加入透明薄膜后热压黏结成夹层玻璃，这类玻璃破坏时裂而不散落。钢化玻璃、夹丝玻璃和夹层玻璃都是常用的安全玻璃。

玻璃在几何形态上则可分为平板、曲面、异形等几种。除最常用的全透明的玻璃外，还可通过烤漆、印刷、扎花、表面磨毛或蚀花等方法制成半透明的玻璃。此外，为装饰目的研制的玻璃产品有用实心或空心的轧花玻璃做的玻璃砖，以及用全息照相或者激光处理，使玻璃表面带有异常反射特点而在光照下出现艳丽色彩的镭射玻璃等。另一方面，由于玻璃往往会在建筑外围护结构中占据相当的比例，因此，为改善其热工性能和隔声效果而研制出的产品有镀膜的热反射玻璃、带有干燥气体间层的中空玻璃等。

而有机合成高分子透光材料包括丙烯酸酯有机玻璃、聚碳酸酯有机玻璃、玻璃纤维增强聚酯材料等。它们的共同特点是具有重量轻、韧性好、抗冲动力强、易加工成型等优点，但硬度则不如玻璃，易老化，并且表面还易划伤。这类材料其成品可制成单层板材，也可制成管束状的双层或多层板，还可制成穹隆式的采光罩或其他异型透明壳体。

正是由于具有上述的特点和性能，玻璃和有机透光材料在建筑中广泛应用于门窗、幕墙、隔断、采光天棚、雨篷和装饰等部分。

6. 其他常用建筑材料

建筑中常用的材料还包括各类黏结材料（如砂浆、803胶、环氧树脂胶粘剂），人造块材和板材（如加气水泥制品、加纤维水泥制品、轻骨料水泥），装饰材料（如装饰卷材、装饰块材、涂料、油漆），防水及密封材料，保温和隔声材料（两者同属容重小、内部富含空气的材料），以及其他高分子合成材料（轻质高强，导热系数小，如聚丙烯、聚乙烯、聚氯乙烯）等。

（二）材料与结构分类

通常情况下，一个建筑物可以按其主体承重结构所用材料之不同进行归类，例如：混凝土结构、砌体结构、钢结构、木结构和混合结构等。

1. 砌体结构

如果一个建筑的竖向主体承重结构是用砖、天然石材和人造砌块等为块材，用砂浆等进行黏结砌筑，那么就可以称之为砌体结构。可以说，这种结构形式不仅有着悠久的历史，在当代建筑中仍然得到普遍而大量的应用。由于砌体构件大多是由抗压强度高的刚性材料制作而成，因此它常常又会是用墙承重体系的面貌出现。砌体结构的主要优点有：

第一，由于砌体结构材料来源广泛（黏土、石材等天然材料分布广，并且价格较水泥和钢材等更为低廉，而且煤矸石和粉煤灰等工业废料也同样可以直接用来制作块材），便于就地取材，因此在经济性和地域性等方面具有显著优势。

第二，一般来说，砌体的保温和隔热性能等均比普通混凝土结构为好，节能效果显著。

第三，在一定范围内，采用砌体结构可大量节约钢材、水泥和木材等，故而也降低了造价，拓宽了应用范围。

第四，砌体结构具有良好的耐火性和耐候性，使用年限较长。

第五，砌体结构的施工工艺简单，不需要过高的技术要求和特殊的施工设备，因此更具有普遍意义。尽管具有上述诸多优点，砌体结构的缺点也很明显，例如：

①砌体材料的强度低，需要的构件截面尺寸较大，因此结构自重大。故而应尽可能采用轻质高强的新型块材。

②砌体结构不仅是砌块材料自身耐压不耐拉，且砌块与砌筑砂浆之间的黏结力也相对较弱，因此结构整体的抗拉、抗剪和抗弯等方面的强度较低，抗震性能较差。若要改进则可采用高黏结度的砂浆，以及采取配筋或施加预应力等措施。

③同样是受砌体材料特性的影响和抗震的要求，现行规范对于采用砌体结构的建筑的布局、开间、洞口设置、纵横墙定位以及上下层墙体对位关系等都有着严格的限制。

④砌筑技术虽然简单，但工作繁重，劳动量大，生产效率低，故而更适用于劳动力资源丰富的地区。

2. 钢筋混凝土结构

钢筋混凝土是目前建筑工程中应用最为广泛的建筑材料，通常是和框架结构体系紧密联系在一起的。

钢筋混凝土这种混合材料让性能不同却具有互补性的钢材和混凝土得以各抒己长并协同工作，因此具备了以下优点：

第一，因为主体材料是混凝土，而其中大量使用的砂及石等材料能够方便地就地取材，甚至还可以将诸如粉煤灰、矿渣等工业废料进行再利用，因此具有较好的经济性。

第二，相对于砌体结构而言，现浇的钢筋混凝土结构的整体性好，又具有较好的延性，适用于抗震、抗暴结构；并且钢筋混凝土结构刚度较大，受力后变形也小。此外，钢混框架结构设计自由度大，房间的开间、布局、开窗以及立面形式比较灵活。

第三，与钢结构和木结构相比，钢筋混凝土结构有较好的耐久性和耐火性，维护费用也较低。

第四，可以形成具有较高强度的结构构件，特别是在现代预应力技术应用以后，可以在更大的范围内取代钢结构，进而降低了工程造价。

第五，一般情形下，钢筋混凝土比其他材料更易于做成具有不规则形状的构件和结构，因此我们可以根据设计的需要而将混凝土结构塑造成各种类型的建筑形式。

当然，钢筋混凝土结构也相应存在一些缺点，例如：

第一，自重大。可以采用轻骨料、高强度水泥、预应力等技术措施进行改进，或者选用拱和薄壳等受力更合理的结构形式以减小自重。

第二，抗裂性差。混凝土结构抗拉强度很低，虽然配置了钢筋，但对于构件局部的抗裂能力而言提高有限，因此受力后容易产生裂缝（虽然一般对安全性不会产生直接影响，但却给构件的耐久性等带来不利影响）。改进措施可以采用预应力混凝土。

第三，费工费模。是因为浇筑混凝土需要大量的模板，特别是以前多采用木模板，更是耗费大量木材，以及施工时工序多、受季节气候条件限制和影响大等。现在则可通过采用钢模板、预制塑料模具，甚至是在工厂批量预制等措施加以改进。

3. 钢结构

钢结构是指由各类热轧或冷加工而成的钢板、钢管和型材构件通过适当的连接而组成的整体结构。由于钢结构具有强度高、容重小，以及加工和建造要求较为严格等方面的显著特点，因此它往往成为轻质高强结构的代表，具体而言，钢结构主要具有以下优点：

第一，材料强度高，自重轻，塑性和韧性好，材质均匀，便于精确设计和施工控制。

第二，具有优越的抗震性能。

第三，便于工厂生产和机械化施工，便于拆卸，施工工期短。

第四，建造过程污染较小，并且钢材可再生利用，所以在一定程度上符合建筑可持续发展的原则。

钢结构也有缺点，主要是：

第一，易腐蚀，需经常油漆维护，故日常维护费用较高。

第二，钢结构的耐火性差，当温度达到250℃时，钢结构的材质将会发生较大变化；当温度达到500℃时，结构会瞬间崩溃，完全丧失承载能力。

第三，一次性投资相对较大，技术要求较高。

4. 木结构

顾名思义，木结构就是指单纯或主要用木材制作的结构。正由于木材是一种天然的有机材料，往往可以就地取材，并且具有较好的弹性和韧性，也易于加工，因此木结构在古今中外的建筑中得到了广泛应用，更是中国传统建筑中最重要的结构类型。但是很长一段时间以来，由于森林资源匮乏等原因，木结构的应用也受到极大限制，甚至退出了主流建筑的舞台。而随着现代林产业和工业技术的发展，木材的持续供应问题得以解决，深加工能力也大大提高，木结构又重新在世界范围内得以崛起。

与传统木结构以及其他结构类型相比，现代木结构具有以下特点：

第一，从选材到建造的过程若严格按照科学方法进行，可以有效地解决防虫、防潮和防火问题。

第二，木质材料和木结构韧性较大，抗震效果好；并且因自重较轻，震后危害也较小。

第三，相对钢筋混凝土结构等类型而言，木结构建筑在节能环保方面也具有很大优势；而若考虑建筑物的整个生命周期——即从建筑的原料开发、制造、运输、建造、使用，一直到拆除改造的全过程，那么几乎还能逐一验证这种优越性所在。

第四，此外，木结构建筑还具有施工周期较短、保温隔热与隔声性能较好等优点。

5. 混合结构及其他

在另外一些情形下，设计师们还会将铝型材、玻璃、竹子甚至纸等作为建筑主体承重结构的主要材料。而这些结构类型虽然没有得到广泛应用，但却具有各自的优势和特定价值，并且正是人类生活之多样性和复杂性的具体反映。

如若一个建筑的主要承重结构材料是由两种及两种以上材料所构成，那么我们则可以称之为混合结构（在有些情形下，"混合结构"会被用来特指由砌筑墙和钢筋混凝土梁板柱所组成的建筑）。不难设想，一个真正意义上的混合结构不仅可以充分发挥不同材料的所长，并且还能够（至少在某种程度上）有效弥补相应结构类型原有的缺陷。

（三）结构构件与单元

任何一个现实存在的建筑结构不但是由若干种材料所组成，它必须还能够胜任相应的支撑作用——即完成力的传递，最终会以某种特定的几何形式呈现在世人面前；因此从这个角度来说，"材料""力""几何"正是结构的三个基本要素，也说明我们还可以从材料以外的其他角度入手对于建筑结构进行归类认识。

这正如人们通常还会从"构件"的层面出发，也就是根据一个结构体所具有的几何与刚性特征（一种物理性能，以构件是刚性的还是柔性的为区分标准）来进行分类和命名。常见的结构构件包括梁、板、柱和拱，此外还有框架、桁架、薄膜、缆索等多种类型。而这些结构构件虽然可以单独进行承重，但往往还需要通过相互组合而形成更高一级的"结构单元"。例如，用四根立柱支撑一块平板就是一个典型的结构单元，类似的组合也会有很多种形式。一个结构单元还可被进一步划分为水平跨系统、竖向支承系统、侧向支撑系统这三个部分。一般情形下会先由水平系统承受荷载（特别是屋面和楼板上的重力），再传递给竖向系统的墙或柱、基础等；而侧向系统的存在则是主要用来抵抗侧向荷载（如风力和地震作用）。

当然，更大和更复杂的建筑物还需要将若干结构单元集合在一起才能形成，但是从一个典型的结构单元身上我们就能看到建筑结构作为一个体系所具有的一些特点：由各种构件组成的，具有某种特征的有机体——这种整体特征不仅是由其各个组成部分所共同缔造，同时也决定了这些组成部分之间的相互关系。因此，如果要进一步认识和处理结构问题，就不仅需要了解各种构件本身的特性，还要学会辨别它们之间的差异与联系，并抓住结构的整体特征。

从某种意义上讲，上述这些内容可以归结为是对于各种结构体系的辨别、认识和运用。事实上，关于结构体系的分类模式同样有很多，人们会根据不同的目的（如突出某一范畴内的主要特征）而将形形色色的结构类型加以区分、归类和命名，来便于比较和探讨。正如前述的根据主体结构材料进行划分就是一种常见的分类模式，而从结构构件和单元的角度来看，则可以大致区分出水平系统（构件）和竖向系统（构件）这两个部分——后面我们也将根据这种分类方式来逐一认识房屋的各个组成部分。

三、水平系统

（一）屋顶

1. 屋顶的类型

第一，平屋顶平屋顶通常是指排水坡度不大于10%的屋顶，常用坡度为2%～3%。

第二，坡屋顶屋面坡度大于10%的屋顶被称为坡屋顶。

第三，其他形式的屋顶除平屋顶和坡屋顶之外，还有一些常用于较大跨度的建筑上的屋顶形式，如拱结构、薄壳结构、悬索结构及网架结构屋顶等。

2. 屋顶的设计要求

第一，要求屋顶起良好的围护作用，具有防水、保温和隔热性能。其中防止雨水渗漏是屋顶的基本功能要求，也是屋顶设计的核心。

第二，要求具有足够的强度、刚度和稳定性。能承受风、雨、雪、施工、上人等荷载，地震区还应考虑地震荷载对它的影响，满足抗震的要求，并力求做到自重轻、构造层次简单；就地取材、施工方便；造价经济、便于维修。

第三，满足人们对建筑艺术即美观方面的需求。屋顶是建筑造型的重要组成部分，中国古建筑的重要特征之一就是有着显著而多样的屋盖外形和精美的屋顶细部，现代建筑也非常注重屋顶的结构形式及其构造设计。

3. 屋顶排水设计

为了迅速排除屋面雨水，需进行周密的排水设计，其内容包括：选择屋顶排水坡度，确定排水方式，进行屋顶排水组织设计。

（1）屋顶坡度选择

影响屋顶坡度的因素有很多，其中的主要两条是：

第一，屋面防水材料与排水坡度的关系。防水材料如尺寸较小，接缝必然就较多，容易产生缝隙渗漏，因而屋面应有较大的排水坡度，以便将屋面积水迅速排除。如果屋面的防水材料覆盖面积大，接缝少而且严密，屋面的排水坡度就可选择更小一些的角度。

第二，降雨量大小与坡度的关系。降雨量大的地区，屋面渗漏的可能性较大屋顶的排水坡度应适当加大；反之，屋顶排水坡度则宜小一些。

（2）屋顶坡度的形成方法

第一，材料找坡。材料找坡是指屋顶坡度由垫坡材料形成，通常用于坡向长度较小的屋面。为了减轻屋面荷载，应选用轻质材料找坡，如水泥炉渣、石灰炉渣等。

第二，结构找坡结构。找坡是屋顶结构构件自身具有一定斜度，因此可直接作为排水坡度。

（3）屋顶排水方式

第一，无组织排水。无组织排水是指屋面雨水直接从檐口滴落至地面的一种排水方式，因为不用天沟、雨水管等导流雨水，故又称作自由落水。主要适用于少雨地区或一般低层建筑，不宜用于临街建筑和较高的建筑。

②有组织排水。有组织排水是指雨水经由天沟、雨水管等排水装置被引导至地面或地下管沟的一种排水方式。在建筑工程中应用广泛。

（4）屋顶排水组织设计

屋顶排水组织设计的主要任务是将屋面划分成若干排水区，分别将雨水引向雨水管，做到排水线路简捷、雨水口负荷均匀、排水顺畅、避免屋顶积水而引起渗漏。一种常见的设计步骤为：①确定排水坡面的数目（分坡）；②划分排水区；③确定天沟所用材料和断面形式及尺寸；④确定水落管规格及间距。

4.平屋顶构造

（1）卷材防水屋面

卷材防水屋面，是指以防水卷材和黏结剂分层粘贴而构成防水层的屋面。卷材防水屋面所用卷材有沥青类卷材、高分子类卷材、高聚物改性沥青类卷材等。适用于防水等级为Ⅰ～Ⅳ级的屋面防水。

（2）刚性防水屋面

刚性防水屋面是指以刚性材料作为防水层的屋面，如防水砂浆、细石混凝土、配筋细石混凝土防水屋面等。这种屋面具有构造简单、施工方便、造价低廉的优点，但对温度变化和结构变形较敏感，容易产生裂缝而渗水。故多用于我国南方地区的建筑。

（3）涂膜防水屋面

涂膜防水屋面又称涂料防水屋面，是指用可塑性和黏结力较强的高分子防水涂料，直接涂刷在屋面基层上，从而形成一层不透水的薄膜层以达到防水目的的一种屋面做法。防水涂料有塑料、橡胶和改性沥青三大类，常用的有塑料油膏、氯丁胶乳沥青涂料和焦油聚氨酯防水涂膜等。这些材料多数具有防水性好、黏结力强、延伸性大、耐腐蚀、不易老化、施工方便、容易维修等优点。近年来应用较为广泛。这种屋面通常适用于不设保温层的预制屋面板结构，如单层工业厂房的屋面，在有较大震动的建筑物或寒冷地区则不宜采用。

（4）平屋顶的保温与隔热

①平屋顶的保温

保温材料多为轻质多孔材料，一般可分为这样三种类型：散料类、整体类及板块类。

保温层通常设在结构层之上、防水层之下。保温卷材防水屋面与非保温卷材防水屋面的区别是增设了保温层后，需要特别增加隔汽层。而设置隔汽层的目的是防止室内水蒸气渗入保温层，使保温层受潮而降低保温效果。

②平屋顶的隔热

常见的平屋顶的隔热方式有三种：通风隔热屋面、蓄水隔热屋面、种植隔热屋面。

通风隔热屋面是指在屋顶中设置通风间层，使上层表面起着遮挡阳光的作用，利用风压和热压作用把间层中的热空气不断带走，以减少传到室内的热量，从而达到隔热降温的目的。通风隔热屋面一般有架空通风隔热屋面和顶棚通风隔热屋面两种做法。

蓄水屋面是指在屋顶蓄积一层水，利用水蒸发时需要大量的汽化热，从而大量消耗晒到屋面的太阳辐射热，以减少屋顶吸收的热能，从而达到降温隔热的目的。

种植屋面是在屋顶上种植植物，利用植被的蒸腾和光合作用，吸收了太阳辐射热，从而达到降温隔热的目的。

5. 坡屋顶构造

（1）坡屋顶的承重结构类型

坡屋顶中常用的承重类型有横墙承重、屋架承重和梁架承重。

（2）承重结构布置

以屋架承重为例，结构布置需要综合考虑屋架和檩条的设置，通常视屋顶形式而定。

（3）瓦屋面做法

虽然现代社会中坡屋顶的防水措施越来越多元化，但被广泛使用的瓦屋面无疑还是一个重要的选择。

一般而言，瓦屋面的名称会随瓦的种类而定，如块瓦屋面、油毡瓦屋面、块瓦形钢板彩瓦屋面等。基层的做法则会根据瓦的种类和房屋质量要求等因素综合决定，下面简单介绍三种不同的基层做法。

第一，冷摊瓦屋面。冷摊瓦屋面是在檩条上钉固椽条，然后在椽条上钉挂瓦条并直接挂瓦。这种做法构造简单，但雨雪易从瓦缝中飘入室内，通常用于南方地区质量要求不高的建筑。

第二，木望板瓦屋面。木望板瓦屋面是在檩条上铺钉约 15 ～ 20 mm 厚的木望板（亦称屋面板），望板可采取密铺法（不留缝）或稀铺法（望板间留 20 mm 左右宽的缝），在望板上平行于屋脊方向干铺一层油毡，在油毡上顺着屋面水流方向钉 10 mm × 30 mm、中距 500 mm 的顺水条，然后在顺水条上面平行于屋脊方向钉挂瓦条并挂瓦，挂瓦条的断面和间距与冷摊瓦屋面相同。这种做法比冷摊瓦屋面的防水、保温隔热效果要好，但耗用木材多、造价高，多用于质量要求较高的建筑。

第三，钢筋混凝土板瓦屋面由于保温、防火、经济和造型等方面的需要，现在的房屋常常会将钢筋混凝土板作为瓦屋面的基层。盖瓦的方式有两种：一种是在找平层上铺油毡一层，用压毡条钉在嵌在板缝内的木楔上，再钉挂瓦条挂瓦；另一种是在屋面板上直接粉刷防水水泥砂浆来粘贴平瓦。

第四，坡屋顶的保温与隔热坡屋顶的保温层普通布置在瓦材与檩条之间或吊顶棚上面。保温材料可根据工程具体要求选用松散材料、块体材料或板状材料。

而在炎热地区还需要考虑隔热措施。人们会在坡屋顶中设进气口和排气口，利用屋顶内外的热压差和迎风面的压力差，组织空气对流，形成屋顶内的自然通风，以减少由屋顶传入室内的辐射热，从而达到隔热降温的目的。进气口一般设在檐墙上、屋檐部位或室内顶棚上；出气口最好设在屋脊处，以增大高差，有利加速空气流通。

6.其他屋面构造

第一，金属瓦屋面金属瓦屋面是用镀锌铁皮或铝合金瓦做防水层的一种屋面，金属瓦屋面自重轻、防水性能好、使用年限长，主要用在大跨度建筑的屋面。

金属瓦的厚度很薄（往往厚度会在1 mm以内），铺设这样薄的瓦材必须用钉子固定在木望板上，木望板则支撑在檩条上，为防止雨水渗漏，瓦材下应干铺一层油毡。所有的金属瓦必须相互连通导电，并与避雷针或避雷带连接。

第二，彩色压型钢板屋面彩色压型钢板屋面简称彩板屋面，是近年来在大型建筑中广泛采用的高效能屋面。它不仅自重轻强度高且施工安装方便。彩板的连接主要采用螺栓连接，不受季节气候影响。彩板色彩绚丽，质感好，大大增强了建筑的艺术效果。彩板除用于平直坡面的屋顶外，还可根据造型和结构的形式需要，在曲面屋顶上使用。

（二）楼地层

1.楼板层的构造组成

（1）面层

面层位于楼板层的最上层，起着保护楼板层、分布荷载和绝缘的作用，同时对室内起美化装饰作用。

（2）结构层

结构层主要功能在于承受楼板层上的全部荷载并将这些荷载传给墙或柱，同时还对墙身起水平支撑作用，以加强建筑物的整体刚度。

（3）附加层

附加层又称功能层，根据楼板层的具体要求而设置，主要作用是隔声、隔热、保温、防水、防潮、防腐蚀、防静电等，根据需要，有时和面层合二为一，有时又和顶棚层合为一体。

（4）楼板顶棚层

顶棚位于楼板层最下层，主要作用是保护楼板、安装灯具、遮挡各种水平管线、改善使用功能、装饰美化室内空间。

2.地坪层的构造组成

地坪层的构造通常由面层、附加层、垫层及素土夯实部分等组成。

3.楼板的类型

根据所用材料不同，楼板可分为木楼板、钢筋混凝土楼板和钢衬板组合楼板等多种类型。

（1）木楼板

木楼板自重轻，保温隔热性能好，舒适，有弹性，只在木材产地采用较多，但耐火性和耐久性均较差，且造价偏高，为节约木材和满足防火要求，现采用较少。

（2）钢筋混凝土楼板

钢筋混凝土楼板具有强度高，刚度好，耐火性和耐久性好，还具有良好的可塑性，在我国便于工业化生产，应用最广泛。按其施工方法不同，可分为现浇式、装配式和装配整体式三种。

（3）压型钢板组合楼板

组合楼板是在钢筋混凝土楼板基础上发展起来的，利用钢衬板作为楼板的受弯构件和底模，既提高了楼板的强度和刚度，也加快了施工进度，是目前正大力推广的一种新型楼板。

4. 楼板层的设计要求

（1）具有足够的强度和刚度

强度要求是指楼板层应保证在自重和活荷载作用下安全可靠，不发生任何破坏。这主要是通过结构设计来满足要求的。刚度要求是指楼板层在一定荷载作用下不发生过大变形，以保证正常使用状况。结构规范规定楼板的允许挠度不大于跨度的 1/250，可用板的最小厚度（1/40 ~ 1/35 L，L 为构件的跨度）来保证其刚度。

（2）具有一定的隔声能力

楼板主要是隔绝固体传声，如人的脚步声、拖动家具、敲击楼板等都属于固体传声，防止固体传声可采取以下措施：

第一，在楼板表面铺设地毯、橡胶、塑料毡等柔性材料。

第二，在楼板与面层之间加弹性垫层以降低楼板的振动，即"浮筑式楼板"。

第三，在楼板下加设吊顶，让固体噪声不直接传入下层空间。

（3）具有一定的防火能力

保证在火灾发生时，在一定时间内不至于是因楼板塌陷而给生命和财产带来损失。

（4）具有防潮、防水能力

对有水的房间，都应该进行防潮防水处理。

5. 钢筋混凝土楼板构造

钢筋混凝土楼板按其施工方法不同，可分为现浇式、装配式和装配整体式三种。

（1）现浇钢筋混凝土楼板

现浇钢筋混凝土楼板整体性好，特别适用于有抗震设防要求的多层房屋和对整体性要求较高的其他建筑，对有管道穿过的房间、平面形状不规整的房间、尺度不符合模数要求的房间和防水要求较高的房间，都适合采用现浇钢筋混凝土楼板。

第一，平板式楼板。楼板根据受力特点和支承情况，分为单向板和双向板。为满足施工要求和经济要求，对各种板式楼板的最小厚度和最大厚度，一般规定是

单向板时（板的长边与短边之比＞2）：屋面板板厚 60 ~ 80 mm；民用建筑楼板厚 70 ~ 100 mm。

双向板时（板的长边与短边之比≤2）：板厚为 80 ~ 160 mm。

此外，板的支承长度规定：当板支承在砖石墙体上，其支承长度不小于 120 mm或板厚；当板支承在钢筋混凝土梁上时，其支承长度不小于 60 mm；当板支承在钢梁或钢屋架上时，其支承长度不小于 50 mm。

第二，肋梁楼。板肋梁楼板有单向板肋梁楼板及双向板肋梁楼板。

单向板肋梁楼板由板、次梁和主梁组成。其荷载传递路线为板→次梁→主梁→柱（或墙）。

主梁的经济跨度为 5 ~ 8 m，主梁高为主梁跨度的 1/14 ~ 1/8；主梁宽为高的 1/3 ~ 1/2。次梁的经济跨度为 4 ~ 6 m，次梁高为次梁跨度的 1/18 ~ 1/12，宽度为梁高的 1/3 ~ 1/2，次梁跨度即为主梁间距。板的厚度的确定同平板式楼板，由于板的材料用量占整个肋梁楼板混凝土用量的 50% ~ 70%，所以板厚宜尽量取薄些，而通常板跨不大于 3 m，其经济跨度为 1.7 ~ 2.5 m。

双向板肋梁楼板（井式楼板）常无主次梁之分，由板和梁组成，荷载传递路线为板→梁→柱（或墙）。

当双向板肋梁楼板的板跨相同，并且两个方向的梁截面也相同时，就形成了井式楼板。井式楼板适用于长宽比不大于 1.5 的矩形平面，井式楼板中板的跨度在 3.5 ~ 6 m 之间，梁的跨度可达 20 ~ 30 m，梁截面高度不小于梁跨的 1/15，宽度为梁高的 1/4 ~ 1/2，且不少于 120 mm。井式楼板可与墙体正交放置或斜交放置。由于井式楼板可以用于较大的无柱空间，而且楼板底部的井格整齐划一，很有韵律，稍加处理就可形成艺术效果很好的顶棚。

第三，无梁楼板。无梁楼板为等厚的平板直接支承在柱上，分为有柱帽和无柱帽两种。当楼面荷载比较小时，可采用无柱帽楼板；当楼面荷载较大时，必须在柱顶加设柱帽。无梁楼板的柱可设计成方形、矩形、多边形和圆形；柱帽可根据室内空间要求和柱截面形式进行设计；板的最小厚度不小于 150 mm，且不小于板跨的 1/35 ~ 1/32。无梁楼板的柱网一般布置为正方形或矩形，间跨一般不超过 6 m。

第四，压型钢板组合。楼板压型钢板组合楼板是利用截面为凹凸相间的压型钢板做衬板与现浇混凝土面层浇筑在一起支承在钢梁上的板成为整体性很强的一种楼板。

（2）装配式钢筋混凝土楼板

装配式钢筋混凝土楼板系指在构件预制加工厂或者施工现场外预先制作，然后运到工地现场进行安装的钢筋混凝土楼板。预制板的长度一般与房屋的开间或进深一致，为 3 M 的倍数；板的宽度一般为 1 M 的倍数；板的截面尺寸需经结构计算确定（基本模数的数值规定为 100 mm，以 M 表示，即 1 M=100 mm）。

（3）装配整体式钢筋混凝土楼板

装配整体式楼板，是楼板中预制部分构件，之后在现场安装，再以整体浇筑的办法连接而成的楼板。

6. 顶棚构造

（1）直接式顶棚

直接在钢筋混凝土屋面板或楼板下表面直接喷浆、抹灰或粘贴装修材料的一种构造方法。当板底平整时，可直接喷、刷大白浆或 106 涂料；当楼板结构层为钢筋混凝土预制板时，可用 1：3 水泥砂浆填缝刮平，再喷刷涂料。这类顶棚构造简单，施工方便，具体做法和构造与内墙面的抹灰类、涂刷类、裱糊类基本相同，常用于装饰要求不高的一般建筑。

（2）悬吊式顶棚

悬吊式顶棚又称"吊顶"，它离开屋顶或楼板的下表面有一定的距离，通过悬挂物与主体结构联结在一起。

根据结构构造形式的不同，吊顶可分为整体式吊顶、活动式装配吊顶、隐蔽式装配吊顶及开敞式吊顶等。但根据材料的不同，吊顶也可分为板材吊顶、轻钢龙骨吊顶及金属吊顶等。

第二章 古代建筑的特征

第一节 中国古代建筑的类型和风格

一、中国古代建筑的主要式样、形式及其特点

所谓式样，是指建筑的外观造型。中国古建筑的式样主要是屋顶式样，包括庑殿、歇山、悬山、硬山、攒尖、卷棚、盝顶、盔顶等。另外，还有些地方特色的式样，如西北地区的单坡、东北地区的囤顶、南方各地的封火山墙等。中国古代建筑的重要特点之一是建筑的等级制度，即按照建筑的主人的社会地位来决定建筑的等级差异，而建筑式样（屋顶式样）是建筑等级最突出的标志。最高等级是庑殿，其次是歇山，再次是悬山，然后是硬山，而庑殿和歇山又按重檐和单檐划分等级。

所谓形式，不仅包括建筑的式样，还包括建筑的高度、体量、空间关系等，它与建筑的功能有着密切的关系。中国古代的建筑形式主要有殿堂、楼阁、塔幢、台、亭、榭、轩、廊及舫等。

（一）中国古代建筑的式样

1. 庑殿

庑殿也称"四阿顶"，即四坡屋顶，一条正脊、四条垂脊。它是中国古代屋顶式样中最隆重、最庄严、等级最高的一种，只有皇宫和皇家寺庙才能使用。庑殿有重檐和单檐之分，重檐的等级高于单檐。例如，现存中国古建筑中规模最大、等级最高的故宫太和殿就是重檐庑殿式。

2. 歇山

歇山又称为"九脊殿"，所谓九脊，即一条正脊、四条垂脊、四条戗脊。从形态来看，歇山的上半部分与硬山或悬山顶类似，下半部分又与庑殿类似，是上述屋顶的组合；从做法来看，当建筑物的面阔与进深接近时，采用庑殿就会使其正脊过短，既有碍美观又在结构上不好处理，采用歇山则可以避免上述问题。在等级上，歇山仅次于庑殿，因其造型优美，所以使用较为普遍。歇山也有重檐和单檐之分。著名的天安门城楼就

是重檐歇山式。

3. 悬山

悬山是两坡式，屋顶两端悬出山墙之外。悬山式主要用于宫殿和寺庙中比较次要的厢房廊道和一般民居建筑，在北方，悬山常有"五花山墙"的做法。

4. 硬山

硬山也是两坡，与悬山不同之处是两端山墙升起，高出屋顶，屋顶两端到山墙为止，不悬出山墙之外。南方地区在城市和村镇房屋密集的地方为了防火而做出的封火山墙也属于硬山，而且由于封火山墙的造型多样，成为南方民间建筑最显著的地方特色，硬山式建筑广泛应用于民居、宅第、祠堂、庙宇、书院、会馆、店铺等建筑上。

5. 攒尖

攒尖有四角攒尖、六角攒尖、八角攒尖、圆形攒尖等多种式样，多用于亭、阁等建筑，有时也用于宫殿。其在建筑群体组合中起两种作用：大型攒尖顶突出中心，如北京故宫的中和殿、颐和园的佛香阁、天坛祈年殿、沈阳故宫勤政殿等；小型攒尖顶（亭子）用于点景，如很多园林中的小亭子。

6. 卷棚

卷棚式是两面坡屋顶在顶部相交处形成弧面，没有正脊。由于没有正脊，所以卷棚顶看上去较为柔和，造型轻快秀丽，因此多用于园林和风景建筑，很少用于庄重宏伟的大型殿堂。卷棚式屋顶常见的有卷棚歇山和卷棚悬山两种，卷棚歇山一般用于比较华丽的楼阁，而卷棚悬山一般用于一层的普通建筑与连廊等。

7. 盔顶

盔顶不同于一般中国建筑屋面的凹曲形式，而是凹曲面和凸曲面的结合，造型奇特而华丽，类似古代将军的头盔。由于其外形上的独特性，所以常用于重要的风景建筑和纪念建筑。湖南岳阳楼、重庆云阳张飞庙等，是盔顶建筑的代表作品。

8. 盝顶

盝顶从形象上看是坡屋顶和平顶的结合，中央平顶、四周围绕坡屋面。盝顶的特点是可以扩大建筑的进深而无须增加屋顶高度。然而，盝顶上有平顶，在古代建筑材料的条件下，排水问题不容易处理。因此，古建筑中做盝顶的较少，现在能看到的实例也不多。

这些屋顶式样在全国范围内都是普遍的。除此之外，还有一些具有地方特点的屋顶式样，如东北的囤顶，西北的平顶，山西及陕西地区的单坡顶等。

（二）中国古代建筑的形式

1. 殿堂

殿堂指皇宫、衙署、庙宇、祠堂、会馆等建筑群中轴线上的主体建筑，是建筑群的中心。在通常情况下，"殿"和"堂"又有所差别。一般按规模和等级来区分，大的称为"殿"，小的称为"堂"。如故宫太和殿、乐寿堂。其建筑宏伟壮观、装饰华贵。一般面阔为单数，台阶、屋顶一般为歇山、庑殿等式样，规模较小的也用悬山、硬山。且殿前多有广庭，其大小视建筑性质而定。

2. 楼、阁

楼和阁指多层重叠的房屋，出现于战国晚期，主要用于军事，供登高瞭望。汉至南北朝时，文人墨客多有登高习俗，楼渐渐成为风景园林建筑。从此，凡用来登高远眺的建筑均以楼、阁命名。古代城墙上多建楼阁，叫"城楼"。此外，文人住宅和寺院内也多建楼阁，住宅的楼阁多用于藏书、读书，或者为闺楼、绣楼，寺院楼阁多用于藏经。

3. 台

我国古代春秋至秦汉时期，皇家宫苑营建中盛行高台之风，其上进行祭祀、观赏、娱乐等许多活动。其基本形制是夯土筑高台，外砌砖石，上建殿堂或楼阁。台成为上面殿堂或楼阁的一个巨大基座，使其更为高耸、壮丽。我国古代宫殿常建于高台之上，以显示帝王至高无上的地位，如著名的秦代阿房宫主殿、唐朝大明宫含元殿等。

4. 亭

在我国古代，亭的种类很多，按功能来划分，数量和式样最多的是园林和风景区的"景亭"。此外，还有用于其他目的的，如立碑的碑亭，路边供人休息的凉亭，护井的井亭，悬挂钟鼓的"钟亭""鼓亭"等。按平面和屋顶式样来划分，有四方、六方、八方、圆形等。此外，还有各种特殊的形式，如扇面、套方等。

在古建筑设计中不仅要考虑好亭子本身的造型，亭子位置的选择也尤为重要。因为对亭子本身造型的考虑是在选定基址后，依所在地段的周围环境进一步研究亭子本身的造型，使其与环境很好地结合起来。亭子位置的选择对于建筑群，尤其是园林的空间规划是非常重要的，在选择位置时既要考虑游人停留观景的需要，还需要考虑亭子对景色点缀的作用。

5. 榭

榭，一般指建在水边的建筑，大多出现在园林之中。《园.冶》中说："榭者，藉也。藉景而成者也。或水边，或花畔，制亦随态。"虽然其时隐于花间者也可称榭，但今天榭以水榭居多，通过架立的平台一半伸入水中，一半架立于岸边，跨水部分多为石梁柱结构，而挑出水面的平台也是为便于观赏园林景色，获得难得的池岸开阔视野而设。

南方私家园林水池面积一般较小，所以榭的尺度不宜过大，平面开敞，造型通透、灵动，建筑装饰精致、素雅。

在北方皇家园林中，与面积广大的水面相呼应，榭的尺度也随之加大，有些作为单体建筑物的水榭被一组建筑群体所取代，而建筑风格也呈现浑厚、持重的特点。与皇家园林的格调相配合，装饰以红柱、彩画、黄色或者绿色琉璃瓦，色彩浓重。

6. 轩

"轩式类车，取轩轩欲举之意，宜置高敞，以助胜则称。"《园冶》中的这段话指出了轩的主要特点：轩的选址宜于高旷之处，居高临下，以便于观景。轩是一种比较特殊的建筑形式，一般是一面无墙壁、门窗，对外全开敞，人可坐在其中观景。有的做有格扇门，但可全部打开。轩有临水而建的，与水榭相似，但一般不像水榭那样伸入水中。为形成清幽、恬静的气氛，轩还常采用小庭院形式，这种小巧、精致的空间适宜静观近赏，而花木与山石成为庭院特色设计中的着眼点，如听雨轩中的芭蕉，看松读画轩中的古松等。

7. 廊

廊是作为建筑物之间的联系而出现的。中国建筑对廊的使用的非常灵活，在庭院中用抄手廊、回廊组织空间，在园林中更发挥了其在理景上的巨大作用——它既可做风景的导游线，又可用来划分空间、增加风景的深度。

廊的基本特征是窄而长，正如计成在《园冶》中所说："宜曲宜长则胜，……随形而弯，依势而曲。或蟠山腰，或穷水际，通花渡壑，蜿蜒无尽"可见，廊的这种长的特征表达了一种方向性，具有运动、延伸、增长的意味。还有一种中间用墙分隔的廊，被称为复廊，在园林设计中，因为中间的隔墙既可划分景区又可以形成隔而不绝的空间渗透效应而得到许多造园家的青睐。

8. 舫

园林设计中除台、榭等之外，还有一种仿船的亲水建筑，称作舫。江南园林水面较小，不宜划船，而园主又想在游玩饮宴、观赏水景时有泛舟水面之感，由此形成"舫"这一建筑样式。舫一般用石砌成船体形状，上面再建小型建筑。尾端与岸边相连，前端伸到水面上。人坐舫中饮茶休闲，打开窗户四面观景，例如坐船上。

二、中国古代建筑的功能类型及其特点

从使用功能来看，中国古代建筑主要可分为下述类型：宫殿、衙署、坛庙、城关、园林、民居、书院、祠堂、会馆、店铺、坊表、桥梁及陵墓等。

（一）宫殿

谈到宫殿建筑，首先令人想起雄伟、富丽堂皇一类的形容词。"宫"和"殿"两字本来是各有其不同含义的，"宫"指专为皇帝使用的建筑群，"殿"是指用于举行典礼仪式和办理公务的主体建筑物。宫殿则泛指皇帝处理朝政和生活起居的建筑群。

皇宫建筑严格按照中轴对称的方式布局，而且其中轴线往往就是整个都城的中轴线。北京故宫就是典型，故宫的中轴线就是整个北京城的中轴线，宫中主体建筑全部布置在中轴线上。皇宫总体规划一般分为前后两大部分，处理朝政的主要殿堂一般都在前部，称为"前朝"。皇帝、皇后、太子、妃子、宫女、太监等都居住生活在后部，称为"后宫"或"后寝"，所谓"前朝后寝"就是指皇宫的这种布局方式。

作为皇居所在的九重禁地，礼的秩序也是宫城规划与建筑布局的关注重点。中国古代礼制中有"五门三朝"和"左祖右社"的规定，以后各朝代都沿用此制度。所谓"五门三朝"，是指皇宫建筑前面必须要有连续五座门，而皇帝上朝的殿堂也必须要有三座。五门分别是皋门、库门、雉门、应门、路门，三朝是指外朝、内朝、燕朝。今天的我们能看到的明清故宫紫禁城就是严格按五门三朝规划设计的。相应的五门就是今大前门后面的大明门（明代叫正阳门，清代叫大清门，民国时改称中华门，1958年被拆除）、天安门、端门、午门和太和门。三朝就是故宫三大殿：太和殿、中和殿、保和殿。所谓"左

祖右社"，是指皇宫的左边是祭祀皇帝的历代祖先的祠庙，右边是祭祀社稷之神的社稷坛。今天安门左边的太庙（今北京市劳动人民文化宫）和右边的社稷坛（今中山公园）就是"左祖右社"的布局。这里说的"左""右"是按皇帝在宫中坐北朝南的左右。

礼的核心是等级思想和等级制度，礼仪制度首先注重的是皇家建筑。作为皇家建筑的宫殿的设计，自然强调天下一统的最高权力。所以，宫殿建筑的规模、式样、色彩、装饰等都必须是最高等级的 9 它是最高权力的象征。

（二）衙署

衙署是古代中央和地方政府处理政务的机构，分别掌管中央和地方的各级行政、司法等事务。中央政府主要有六部：礼部、吏部、户部、兵部、刑部、工部。京城衙署大多建于指定的集中地段上，如曹魏邺城、北魏洛阳、隋唐长安、北宋开封、金中都、明初南京及明北京皆集中建于皇宫前大道两侧。明清北京城六部设在天安门前的千步廊内。地方政府按级别分为府、州、县衙，在宋以前多建于子城之内，由办公处所、官邸、监狱等组成。

从平面布局来看，衙署常采用传统的四合院格局，以衙署的行政等级高低来确定中轴线上庭院的多少以及建筑规模的大小。主要建筑有审理案件和办理公务的正堂（按衙署规模的大小往往又有大堂、二堂甚至三堂）及附属建筑，包括仓库、军器库和监狱等。

衙署建筑严格遵守官式建筑的等级制度，威严、庄重的风格是其特点。作为统治阶级权力的象征，衙署常拥有高大的墙垣、气派的门楼、肃穆的基调，他最重要的作用是彰显统治者的权威。

（三）坛庙

坛庙是中国古代的祭祀建筑。中国古代的祭祀不同于宗教，有感恩和纪念的意思。祭祀建筑分为"坛"和"庙"两类。一般祭祀自然神灵的是"坛"，如天坛、地坛、日坛、月坛、社稷坛、先农坛等。纪念人物的是"庙"，也有的叫"祠"，如孔庙、关帝庙、屈子祠、张良庙、司马迁祠等。

由于祭祀是礼乐文化最重要的表现形式，和祭祀相关的建筑也就成为礼所关注的重点，因此祭祀仪式成为坛庙建筑的重要设计依据。坛和庙在建筑形制上是有区别的。坛是露天的，为垒砌的坛台，在坛台上举行祭祀活动，在坛台上增建建筑是明代以后的新发展（北京天坛祈年殿）。《周书》记载："设丘兆于南郊，以祀上帝，配以后稷农星，先王皆与食"。可见，露天而祭的坛设于郊外为"古制"，祭祀天、地、日、月、社稷需在露天的坛上举行。坛的设计融入了中国哲学自然观与阴阳五行说的象征手法，创作出具有高度艺术水平的建筑形象。如天坛是圆的，地坛是方的，是中国古代"天圆地方"的自然观的象征；社稷坛上用青、赤、白、黑、黄五色土填筑，象征东、南、西、北、中五方。和坛不同，庙是必有建筑的，一般由大门、拜殿、正殿、厢房等建筑构成。正殿中供奉被祭祀者的神位或神像。祠庙建筑中最特殊的一类是孔庙，又称"文庙"，专门用于祭祀孔子，这是中国古代数量最多、规格最高的庙宇。古代礼制规定孔庙（文庙）建筑享受皇家建筑的等级礼遇。

（四）城关

"城"在古代指建有防御性城墙的市镇；"关"是较大地域范围的重要防御关键点，常是交通要道的必经之处，即关隘、关塞、要塞。它们是古代战争的产物，作为政权中心与财富集中地的城市，是防御的重点之一，所以营建城市时也需要考虑军事。在古代城市周围建造防御性构筑物就成为古代城市防御的重点工程，这些防御性建筑或构筑物主要是城墙、城楼和城壕。

1. 城墙

城墙并不是一般意义上的"墙"，为保证军队的活动，城墙顶面上必须保证相当的宽度，一般在 8～10 m 以上，相当于一条筑高的马路。为保证墙体的坚固，墙体下部比上部厚，其断面呈梯形。城墙外侧有箭垛，又称"雉堞"。城墙在主要城门入口往往做成"瓮城"，以加强防御的能力。长长的城墙面上常有一段段向外突出的墙面，叫马面，上有敌台。

早期的城墙为土筑，明以后，砖的产量增多，从都城到地方城墙皆已用砖石包砌。

2. 城楼

城楼是指建于城墙上面的建筑物。包括城门上方的城门楼，城的四角和其他转折处的角楼，马面上的敌楼等。

城门楼不但可使城市入口处壮丽、雄伟，还有举行宴会和庆祝活动的功能。战争时期城门楼又因其居高的优势而使其上层可瞭望观察敌情、指挥战斗。城楼有箭楼和阁楼两种形式。箭楼承担重要的防御功能，砖砌厚墙，墙上有层层排列的方形射孔；阁楼的防御要求较低，而在美观上的要求较高。四周做柱廊，墙上做木构隔扇门窗。一般城墙主入口做瓮城时，瓮城前面一座做成箭楼，后面一座做成阁楼。例如西安城正南门，已被拆掉的北京老城永定门，河流多的江南古城常有水城门，是河流进出城墙的出入口。

3. 城壕

城壕即护城河，设于城墙之外，作为城墙下的障碍物，壕池宽且深，只在城门入口处做吊桥跨河入城。古代战争频发，桥常做成吊桥形式以阻敌通过，为阻止敌人偷越壕池，还有在池中水下埋插竹签或者竹箭之法。

（五）园林

在中国古代，园林又有苑、囿、山庄、别业等多种名称。早期的苑囿，其功能除了居住、游乐以外，还包括种植、放养、狩猎等。早期的皇家苑囿中可种植果树、农作物，收获为皇家享用；放养珍禽异兽和一般野生动物，皇帝常带领军队入园内狩猎，作为皇帝习武练兵的一种方式。因此，这一时期的苑囿都占地范围极大，例如秦汉时期著名的皇家园林"上林苑"，据史书记载，"周袤三百里""苑中养百兽，天子秋冬射猎苑中"。后来皇家园林中这种种植、放养的功能逐渐减弱，居住、游乐成了园林的主要功能，于是园林的占地也就没有必要那么大了。在我们今天能够看到的皇家园林中，承德避暑山庄还保留着部分早期苑囿的特征，清朝皇帝每年去那里射猎，因而它占地是比较大的。而像颐和园、北海、中南海这些园林就是纯粹游赏性的了。但是与私家园林相比，再小的皇家园林也是很大的。

另外，皇家园林还有一个比较固定的文化内涵，即对东海神山的模仿。中国古代皇帝都向往长生不老，因而都相信道教神仙方术。古代神话中认为东海中有蓬莱、瀛洲、方丈、壶梁四座神山（一说蓬莱、瀛洲、方丈三座），山上长着长生不老的仙药。生活在神山上的仙人住着琼楼玉宇，喝着琼浆玉液。于是，皇帝们便在自己的苑囿中开挖池沼，做大片的湖面以象征东海，在湖中做岛，象征东海神山。从秦汉到明清两千余年的历史中，这几乎成了建造皇家园林的固定手法，甚至连名称都是与仙山琼岛、长生不老相关的。例如上林苑中的"太液池"，颐和园中的"昆明湖""万寿山"，北海中的"琼华岛"，中南海中的"瀛台"等，都是东海神山的象征。

中国园林是中国古代天人合一、崇尚自然的哲学思想具体的、艺术化的体现，其基本的旨趣就是遵循自然、模仿自然。堆山叠石、凿池开渠、种花植树，一切都以模仿自然形态为准则。明代著名造园家计成在其造园学专著《园冶》中精辟地总结了中国造园的基本思想："虽由人作，宛自天开。"

在数千年的造园历史发展中，中国园林形成了两种主要的风格和类型，即皇家园林和私家园林。

皇家园林的基本特点：占地面积大，视野开阔；开挖大片湖面，象征东海；湖中做岛，象征东海神山；园中主要建筑沿中轴线对称，次要的建筑随地形自由布局；建筑精巧，装饰华丽，体现皇家气派。

私家园林的基本特点：占地面积小，小桥流水；水面小，不做岛屿；堆山叠石，曲径通幽；树木掩映，层次丰富；建筑布局随地形景物而设，比较自由；建筑造型丰富多变，装饰朴素淡雅，体现文人雅士的审美情趣。

（六）民居

所谓民居，即住宅建筑，一般指传统的住宅。古代遗存的或现代按传统方式建造的住宅都可以称之为民居。

中国传统民居的最大特点就是地域性，在各地不同的地理气候条件下，在各地方各民族不同的生产生活方式的影响下，形成了中国各地民居建筑不同的风格、式样、类型等.概括最具代表性的有如下几种类型。

1.合院式

即人们常说的四合院。由单栋建筑四面围合成庭院，单栋建筑间屋顶不相连，庭院较宽阔。一座住宅由若干个庭院组成，住宅规模的大小，庭院的多少，依据住宅主人的社会地位和财富而定。合院式民居主要分布在华北、西北、东北及华中部分地区。以北京四合院为最典型的代表。

2.天井院落式

南方院落式住宅，院落很小，被称为"天井"。其特点是院落四边的建筑屋顶相连，围合成一个井口。四边屋顶的雨水流向天井中，民间称之为"四水归堂"或"聚宝盆"

（见图北方的庭院是人们活动的主要场所，往往设置有石桌、石凳、葡萄架，而南方的天井则一般不能进入，只供排水用。天井院落式民居分布在华南、东南、西南及中南部分地区。

3. 窑洞式

这是上古时代穴居形式的延续，只是比原始的穴居更讲究。窑洞有靠山窑和平地窑两种，靠山窑是在山崖壁上水平挖进，洞口做门窗，内部是房间。平地窑又叫地坑窑，是在平地上垂直向下挖出方型大坑，再在坑的侧壁上平行于地面挖进房间，地坑就变成了一个院落（见图1-14）0这种居住方式只适宜于黄土高原这种极度干燥少雨的地区，因此，其分布范围基本上就是陕西、山西及河南的部分地区。

4. 干栏式

和窑洞式民居相对立，干栏式民居是古代南方炎热潮湿的地理气候条件下的产物。南方民居重点要解决防潮通风问题，于是把底层架空，人住上层，这就是干栏式建筑，在南方民间称之为"吊脚楼"。在山区，干栏式建筑可以建在山坡上，节省宝贵的平地。因此，干栏式民居多分布在西南多山的云南、贵州、广西、四川以及湖南西部（湘西）。干栏式建筑一般为全木结构，木构架、木地板、木板墙壁。云南傣族地区多竹楼，它也是干栏式的一种形式。

5. 土楼式

土楼又称"围楼"，它是特殊历史条件下的产物。古代由于战争或灾荒的原因，导致大量移民的迁徙，即所谓"客家人"，他们为了自我保护而建起土楼这种有着很强防御功能的住宅。小的一个家族，大的一个村落聚居在一个土楼内。土楼有圆形和方形两种，一般高三、四层。为防御的需要，一、二层不开窗，做牛栏、猪圈或杂屋，三、四层住人。外围厚土墙，朝内为木构回廊。圆形土楼规模较大的内部可以有两圈、三圈，最中心是家族祠堂。土楼式民居主要分布在福建、江西和广东的部分地区。福建的有圆形和方形两种，江西和广东的一般是方形，且常在四角升起碉楼.更具防御特征。

6. 碉楼式

碉楼式民居反而不是为了防御，只是其外观造型像碉堡（下部较宽，上部较窄，平顶，窗洞较小），这是因为地理气候的原因。由于青藏高原和戈壁滩上气候变化异常，一天之中白天和晚上气温可以相差30℃。建筑的厚墙小窗是为了使室内温度相对稳定，不至于随室外温度变化太快。这是藏式民居的特点，其分布范围主要是西藏以及青海、四川、云南的部分地区，主要是指藏区。

7. 毡包式

即人们常说的"蒙古包"。这是草原地区游牧民族经常迁徙的游牧生活的产物。实际上并不只是蒙古族，新疆的哈萨克、塔吉克等民族也大量使用这种毡包式住宅。其构造是顶部用木条做成伞状骨架支撑，下部围以可压缩的网状木条骨架，最后在骨架外包上动物皮或帆布。迁徙时，拆分开来装上马车即可运走。毡包式住宅虽不算是一种正式的建筑形式，但由于在中国北部、西北部、东北部地区分布范围广，它是中国民族大家庭中一种重要的居住方式，而且其构造方式在很多方面仍然有建筑学上的借鉴意义。

（七）书院

中国古代的学校有两类，官办的叫学宫，民办的叫书院。一般来说，书院的规模比学宫小，但也有少数规模很大的书院，如湖南长沙岳麓书院、江西庐山白鹿洞书院等。书院的基本功能是讲学、藏书、供祀、游息，与此对应形成讲堂、斋舍、藏书楼、祠庙及园林等规制。

书院布局依照功能分区的原则，前为讲堂，后为斋舍，或中间讲堂，两旁斋舍。藏书、祭祀的建筑一般在后部或旁边。按古代礼制，凡办学必祭奠先圣先师，所以书院中都有祭孔子的殿堂。长沙岳麓书院因其地位较高，设有独立的文庙，并依"左庙右学"的规制设于书院左侧。书院选址非常讲究，"择胜地""依山林"，以作为静心读书的地方。而且，儒家把对自然山水的欣赏视为怡情养性、陶冶情操的重要手段。对环境风景的选择和经营成为书院建设的要务。历史上著名的书院，如江西白鹿洞书院、河南嵩阳书院、湖南岳麓书院皆选址于风景优美之处。即使建于城中，书院也尽可能开园僻池，以添环境秀色。

书院的建筑不尚华丽和气派，朴素淡雅，。没有过多装饰，体现文人的审美情趣和书卷气。

（八）祠堂

祠堂从广义上讲，属于坛庙建筑中"庙"的一类，即祭祀纪念人物的建筑。而作为民间祭祀祖宗的祠堂，又称家庙、宗祠。因为其数量之大、分布之广，而往往被单独视为一个建筑类型。

从建筑性质来看，祠堂具有公共建筑的特点：被族人用来进行祭祀、聚会、处理宗族事务，或用于看戏，甚至用于办学等。从规模上分为大型和小型两类。小型祠堂仅为一进庭院，前为大门，后为殿堂，中间庭院两侧以廊或厢房相连。大型祠堂有三进甚至四进，在大门与正堂之间有一个过厅，也叫拜厅。拜厅一般只有柱子，前后均无墙壁门窗，完全开敞，人在拜厅中朝正殿祭拜。正殿中供奉祖宗神位，两旁有夹室，用于存放祭器和族谱。有的还在大门之后建有戏台。

无论祠堂是大是小，它都是为强化家族意识、延续家族血脉、维系家族凝聚力而存在的。加之家族之间互相攀比，务求宏伟壮丽，因此祠堂常为一地显赫的建筑，以高大的体量和华丽的装饰显示家族的实力。

（九）会馆

会馆形成较晚，它是封建社会后期商业经济发展的产物，是由于商品流通和人口流动，为加强同乡或同行间的联系而由商业、手工业行会或某一地域商人集资兴建的一种公共建筑。

会馆有行业性会馆和地域性会馆两类。行业性会馆是同行业的商业、手工业行会的商务办事机构和公共活动场所，如盐业会馆、布业会馆等。地域性会馆是由旅居一地的同乡人合资兴建的，供同乡聚会、联络感情和提供食宿方便的场所。清代北京就有会馆 300 多所，省一级的会馆如四川会馆、山陕会馆、安徽会馆、湖南会馆等，县一级的会馆如绍兴会馆、浏阳会馆等。

会馆大小规模和建筑工艺是否讲究取决于该会馆的势力，但不论大小皆有相似布局：前为大门、戏楼、广庭，后为大殿、后殿。大门常与戏台合建，殿堂数量依规模大小有一个至数个不等。两侧厢房一般用于会馆办公、议事，住宿通常设在旁边的小院之中，常以小天井、四合院的形式布置，自成一区。

戏楼是一般会馆中都有的，大型会馆除戏楼外还有左右耳楼，甚至有几个戏楼，分别位于不同院落之中，正厅后还有正殿及左右钟鼓楼。

会馆是商业行会和地方势力的形象代表。因此，其建筑无不耗资巨大，极尽雄伟华丽。形式上具有宫殿、庙宇的特点，体量高大、装饰华美，同时，会馆又具有浓郁的地域特色。它不仅在于会馆建筑表现出来的所建地区的地域特色，还表现在会馆使用者故乡的建筑文化理念与当地文化的交融上，使会馆呈现出丰富多彩的表现手法。例如，山东烟台的福建会馆，由旅居烟台的福建商人集资建造，不仅其建筑式样完全按福建地方式样来做，甚至连建筑材料都大部分从福建运来

（十）店铺

中国古代的店铺并无特殊的建筑式样。通常就是城市住宅建筑的式样，沿街并列而立。大店铺只是比一般住宅要大，在大堂中布置柜台；小店铺就完全是街边住宅，只是在前面临街的一面设柜台。店铺和住宅是相互结合的，一般有"前店后宅"和"下店上宅"两种形式。传统店铺临街面的建筑形式与城镇住宅无太大区别，只是附加上一些商业性的装饰。例如，过去北京街上的铺面前，将高大的木牌楼或拍子作为招牌，有的垂直伸出挑头，上面悬挂幌子。

（十一）牌坊

牌坊也叫"牌楼"，是中国古代一种纪念性建筑。中国自古有"表闾"之制，将功臣姓名及事迹刻于石上，置于里坊之门——闾门以表彰其功德，这种闾门逐渐演化而为牌坊。牌坊多立于城镇村落的大路入口等处，作为纪念性建筑，表彰某人的功绩德行，或作为某一重要建筑的入口标志。牌坊上的小屋顶叫"楼"。从建筑的角度上说，柱上有屋顶者称为牌楼，无屋顶的称为牌坊，现在一般已无严格区分。

牌楼按其间数、柱数和屋顶的多少界定大小规模，尤以柱数、间楼为要。四柱三间为最常见的规模，六柱五间为大型牌坊，用在很宽的道路或皇家陵墓前；按屋顶多少又有三楼、五楼、七楼、九楼的区别。一般柱子不出头，柱子出头伸到屋顶之上的叫"冲天牌楼"。按建造材料，牌楼又可分为木牌楼、石牌楼和琉璃牌楼等。

牌楼的平面多呈"一"字形，独立无依，因此，应注意它的稳定性处理。木牌楼的柱子要埋入地下，埋入深度应达到地坪以上柱长的一半，柱底还应做砖石垫层。柱脚的夹杆石也应随柱子一起埋入，来保护柱脚，防止腐烂，同时加强柱子的强度。民间一些牌楼，还在四隅增设角柱，平面呈 X 形，俗谓之"八字坊"，可以加强稳定性，并使牌楼的形象立体化。皖南等地还有立于十字路口平面呈"口"字形的牌楼.如安

徽歙县的许国坊、丰口的进士坊等，造型十分别致。

江浙、闽粤、湖南等地的住宅、祠堂等，还将牌楼浮雕化，以砖砌的形式贴在门墙上。北京的清代店铺，为增加商业广告气氛，也将装饰繁复的冲天式木牌楼添设于大门前，牌楼高出房檐。冲天柱顶有云罐或宝珠一类的装饰，柱身或者檐口往往有雕成龙头的挑头伸出，以便悬挂招牌、幌子。

（十二）桥梁

我国古代桥梁按结构形式主要分为三大类：梁桥、拱桥、悬索桥。按建筑造型分为平桥、拱桥、廊桥。

在古建筑中，桥不仅仅是作为交通联系而存在的，桥的艺术造型与所在环境景观的结合更为突出，尤其在风景园林中桥的运用起着很重要的作用，如南方地区常用的廊桥（风雨桥），以其优美的造型，成为重要的景观建筑。

第二节　古建筑设计的定位

一般建筑设计都首先从功能出发，古建筑设计也是如此。通常说来古建筑的功能比较简单，没有现代建筑的那么复杂。但是我们今天做古建筑设计，情况与古代不一样，有时是纯粹的古建筑修复，有时是古建筑的改造，有时则是现代建筑模仿古建筑的形式，即所谓仿古建筑。因此，我们在设计古建筑时要根据实际情况来决定其基本做法，选择其功能类型，进而决定它的建筑式样和风格。

一、古建筑设计的基本原则和做法

由于保留下来的真正的古代建筑（文物）数量不多，除了以保护为目的的修复已有的真正古建筑以外，更多情况是根据现代的需要而进行的恢复重建与完全新建的仿古建筑。古建筑设计总体来说不外下述六种情况。

（一）现存的文物古建筑的修复和被毁古建筑的重建

真正从建筑设计的角度来说，文物古建筑的修复设计，难度不大，各部分都按照原来已有的进行修复。文物修复的原则是"修旧如旧"，不能随意创新。修复设计中更多的是技术性的设计，即针对古建筑损毁部分的修补、撤换、加固及保护，这也是文物古建筑修复设计中难度较大的部分。

按照文物保护相关规定，已经被毁掉了的古建筑原则上不再恢复重建。但是因为这一建筑有着重要的历史意义，或者是因为这一建筑是某一重要建筑的组成部分，缺了它就不完整等原因，对已经被毁了的古建筑进行恢复重建的情况还是很多的。在这种情况下，设计工作的第一步，也是最重要的一步就是考证，考证出原来建筑的相关信息。考证一般从四个方面体现。①图像资料。包括建筑被毁以前的照片、历史典籍和地方志书中的图画等。②文字记载。史书、碑刻或地方志中有关该建筑的记载。③考古发掘。对建筑遗址进行发掘考证。④采访见证人。被毁时间不太长的建筑，往往见证人还健在，他们的回忆也是重建设计的重要依据之一，对古建筑的恢复重建应在以上几种考证的基础上进行设计。

（二）园林风景建筑

园林和风景名胜区是古建筑较为集中的地方，也是各地常有的，同时其也和旅游密切相关。园林和风景名胜区的古建筑设计应遵循以下几个原则。

1. 景观协调的原则

园林和风景名胜区内的建筑是园林风景的重要组成部分，它们必须服从风景，而不能破坏风景。从体量、造型到色彩装饰都要与环境协调。尤其是体量，在自然风景面前要有一种谦逊的"态度"。不要以高大的体量来突出建筑个体，征服周围环境，这样往往会破坏风景。这一点非常重要，通常建造者和设计者都容易犯的错误就是只顾做大，突出建筑个体，而不顾与周边的关系。

2. 生态的原则

自然风景之美是最宝贵的，一旦破坏就难以恢复。因此在风景区内的古建筑不要占地太大，尽可能少砍树或不砍树，建筑要结合树木生长情况进行设计。尽可能少做硬质地面，多保留绿地。建筑材料尽可能地采用木材，少用混凝土。基础也应尽量少用混凝土，不要在美丽的自然山林中埋入大量混凝土。

3. 尊重地形地貌的原则

在园林风景区内做建筑，要随自然地形高低来进行设计，切记不要把山头、洼地全部推平。推成平地来做设计很省事，但是建筑没有趣味，尤其没有中国园林建筑的趣味。中国园林建筑就是要随地形变化高低错落，顺应自然，自由布局，形成特殊的建筑空间。

（三）有地方特色的文化建筑、纪念建筑

这类建筑有的是和风景名胜相关，有的是和某个历史人物、历史事件相关。有的是历史上就有的，如湖南的岳阳楼等；有的是原来有，被毁了，又重建的，如湖北的黄鹤楼、江西的滕王阁等；也有的是历史上没有，今天为了某种需要而新建的。这类建筑往往也是重要的景观建筑，甚至占据重要位置，成为标志性建筑。这类建筑的设计，第一是要遵循景观协调的原则，不可体量太大，破坏景观。第二是要有地方特色，因为这类建筑往往是一个地方的标志且代表这一地方的文化。

（四）仿古商业建筑

这类建筑是模仿古代城市街道商铺而来的，往往不是独立单栋的，而是连排并列形成街道或街区，即人们常说的仿古一条街。做这类建筑的设计首先要考虑与街道的关系，古代街道两边的商铺绝大多数都是城市居民开的小商铺·每家临街占的门面都不宽，一开间、两开间，最多三开间，垂直于街道向纵深发展。大多数商铺都和住宅

相结合，或前店后宅，或下店上宅。建筑也不高，一层、两层，最多不过三层。今天再做这种仿古街道店铺就要注意到这些特点，店面不能太宽，向纵深发展；建筑不能太高大，店面不可太豪华，有民宅的风格。此外，凡做这种仿古商业街，街道一定不能太宽，街道宽了就不是古代街道的尺度，就没有"古街"的韵味。

（五）传统风格的住宅

在现代密集高楼住宅的弊病日益显露的今天，中国传统式住宅再一次唤起了人们的向往。现在有些房地产商在开发高档房地产项目时采用中国传统住宅形式。但是在这类住宅建设中，能做到真正中国传统式的很少，因为中国传统住宅中最重要、最有魅力的是庭院。当然，今天受到人口和土地的压力，人们已经很难再拥有庭院。因此，今天的传统风格住宅设计大多只能在建筑造型和装饰上来体现传统，只有极少的情况下有条件做庭院。但是庭院和公共交流空间仍然是今天仿传统式住宅设计中尽力追求的目标，北京菊儿胡同住宅是这方面的典型。

（六）新建的庙宇、祠堂等

随着经济的发展，一些比较富裕的农村地区开始热衷于兴建庙宇和家族祠堂。遇到这类的仿古建筑设计要求，建筑师要注意自己的社会责任。一方面要正确引导民众，不可助长盲目的迷信思想和落后的宗法观念，另一方面在允许的范围内适当地建造此类建筑，也可借此保留地方建筑传统，此类建筑的设计主要应注意的就是建筑的地方特点。

二、建筑类型与建筑风格的关系

中国的传统文化可以大致分为三种类型：官文化、士文化和俗文化。

官文化具有权威性、庄重性的文化品格，并有浓厚的政治色彩。反映在建筑上就形成了官式建筑的主要特征：严格的等级秩序与规制，建筑风格上强调威严的气势和壮丽的、雍容华贵的基调。

士阶层（知识分子）重视精神世界，追求恬淡、安适的生活方式。与此相应，士文化的特征是朴素淡雅、恬淡自然，反对豪华和奢侈。在建筑上表现为比较自由的平面格局、淡雅的色调、朴实无华的风格。

民间艺术来源于俗文化的内涵，内容稚拙朴素，追求吉祥如意。气氛热闹，色彩艳丽、浓烈，通俗易懂是其重要特点。民间传说中的许多题材也被人们取来，成为了民间建筑的重要装饰来源。

代表官文化的官式建筑的类型主要有皇宫、衙署、皇家园林、皇家祭祀的坛庙以及皇帝赐建的寺庙等；代表士文化的文人建筑主要有文人宅第、私家园林和风景建筑、书院、书斋等；代表俗文化的民间建筑主要有民居、商铺、祠堂、会馆、民间庙宇等。

不同功能类型的建筑所服务的对象不同，也就决定了它属于哪一种文化类型和文化风格，这是我们在做古建筑设计时必须特别注意的。在设计之前首先要根据建筑的性质来选定建筑所属的文化类型，根据其文化类型再决定建筑的风格。若是皇家宫殿和地方衙署建筑，就必须表现威严的气势，必须遵守等级规制；若是私家园林、书斋，就必须体现文人建筑清新淡雅、朴素恬静的意趣，断不可豪华壮丽；若是祠堂、会馆，就一定要表达民间艺术追求福寿安康的特点，极尽华丽的装饰和热烈的气氛。

然而，有一些建筑类型一般人不知道它们的性质和文化背景，在建筑设计时是最容易导致错误的。例如孔庙（文庙）和五岳庙就是如此。孔庙，有的地方也称"文庙"，是祭祀孔子的场所。由于孔子创立的儒家学说自汉代开始被确立为国家正统思想后，孔子被尊为先圣先师，受到历代朝廷的尊奉。汉高祖刘邦以太牢之礼祭孔子，开了皇帝以最高礼仪祭孔的先例。唐代开始规定全国各地官办学宫（学校）"祭奠先圣先师"，于是各地府、州、县学宫普遍建庙祭孔。唐代封孔子为"文宣王"，孔庙又称"文宣王庙"，简称"文庙"。因祭孔礼仪是国家规定的皇家礼仪，所以全国各地的孔庙（文庙）建筑都享受皇家建筑的礼遇。可以用只有皇宫才能用的最高等级的重檐庑殿式屋顶；可以用只有皇帝才能用的最高开间数——九开间；可以用皇家建筑享有的色彩——红墙黄瓦；文庙大殿前的台阶可以做最高等级的台阶式样——丹墀（皇宫前台阶正中雕有云龙图案的斜坡道）；梁柱雕刻彩画可以装饰只有皇帝才能用的图案—龙。所有这些都说明孔庙（文庙）建筑属于最高等级，其级别完全等同于皇宫建筑。而且凡做文庙，就必须按照皇家建筑来做，例如湖南长沙的岳麓书院，左边文庙右边书院，两条轴线上的建筑色彩完全不同，文庙红墙黄瓦，书院白墙灰瓦，形成了强烈对比，因为书院是文人建筑，文庙是皇家建筑。

五岳庙也是如此，在中国传统观念中，东、南、西、北、中五方分别由不同的天神地祇来管理，五方大神分别居住在东岳泰山、西岳华山、南岳衡山、北岳恒山、中岳嵩山上。历代皇帝为了求得五方大神帮助管理江山社稷，保佑风调雨顺、国泰民安，都要以皇家礼仪祭祀岳庙。或皇帝亲往，或委派朝廷大臣前往致祭。因此，东、南、西、北、中五大岳庙均属皇家祭祀场所，他的建筑也享受皇家建筑的礼仪待遇，建筑式样、装饰等各方面都可采用最高等级的形式。

另外，寺庙建筑也有皇家赐建的寺庙和一般民间寺庙的区别。住宅府第也有官僚的、富商的、文人的或普通百姓的；有追求豪华的，有雅致素朴的，也有附庸风雅的。总之，要把握建筑的式样、类型、风格，一定要理解其文化内涵和文化背景。

三、古建筑设计过程中建筑形式和建筑风格的选择

古建筑设计首先面临的就是建筑类型和风格的选择问题，例如何时用殿堂，何时用楼阁，何时用亭、轩、榭；又如什么场合用歇山顶，什么场合用卷棚顶，什么场合用攒尖顶。这些基本的选择决定建筑的风格特征。

建筑类型、风格的选择是否正确，在于设计者对古建筑各种类型、式样、形式的了解和把握。

在建筑类型方面，宫殿、衙署、坛庙、寺观、城楼、祠堂、陵墓等建筑属于国家政治、宗教祭祀、纪念等性质的建筑，其风格应该是雄伟、庄严、肃穆的；建筑形式大多以殿堂为主；建筑式样以歇山、庑殿等大型建筑为主，两侧的厢房和辅助建筑则大多使

用悬山、硬山式样。

园林、民居、书院等建筑属于可满足居住、游息、读书等需要的建筑，其风格应该是平和的、亲切的、舒适的；建筑形式较少采用殿堂，但多用厅、轩、楼阁、亭、榭之类；建筑式样多用悬山、硬山、卷棚、攒尖等小型建筑的屋顶式样，只有少数主要的建筑采用歇山式屋顶。

店铺、会馆等建筑商业特点较明显，其风格是活泼、热闹、华丽；建筑形式多采用牌楼式大门，中心建筑多用殿堂或厅堂，后部多用楼阁；其建筑式样多用歇山式和具有地方特点的封火山墙式硬山。

在古建筑设计中，建筑形式和风格的选择极为重要。一般人们可能认为，凡古建筑只要雄伟、华丽就好，其实不然。古建筑应根据其所属的类型来决定其风格，该雄伟时雄伟，该秀丽时秀丽，该豪华时豪华，该朴素时朴素，总之，要得体适宜。例如园林建筑就决不能雄伟庄严，而要秀丽亲切。如果是皇宫、衙署，就决不能秀丽亲切，而一定要雄伟庄严。又如，文人士大夫的私家园林，表达的是文人雅士脱离尘世、向往自然的超脱心境，因此，做这类建筑就决不能追求豪华艳丽，而应朴素淡雅，甚至常做茅屋草亭，这样才能体现文人的雅趣。总之，建筑形式及建筑风格选择的正确与否，直接决定古建筑设计的成败。

第三节 古代建筑的时代性和地域性

一、中国古代建筑的时代特征

古代建筑的风格并不是一成不变的，其在不同的历史时期、不同社会发展阶段表现出不同的时代特点。不同时代的风格特征是由一个时代的政治、经济、文化等多方面因素决定的。例如，秦汉时代和唐代同样都是我国国力强大的时代，但是秦汉的风格和唐代的风格就不一样。秦汉的强大以军事的强大为特征，其艺术风格表现出威猛的特点。我们今天虽然已经看不到秦汉时期的地面建筑，但从秦陵兵马俑、汉代陵墓石雕和砖石构件，就可以看出其威猛强壮的风格特征。唐代的强大是政治的强盛和文化的发达，其建筑风格宏大壮丽。我们从今天保存下来的仅有的几座唐代建筑、保存下来的日本唐风建筑、唐代墓室壁画中的建筑形象，以及对考古发掘的唐代宫殿遗址的分析研究都能感受到唐代建筑的宏大气势。宋代是一个很特殊的朝代，在政治和军事上空前柔弱，面对北方少数民族的进攻节节败退，直到最后灭亡。但是在经济和文化上却非常繁荣，取得了很大的成就。在经济上，宋代是中国古代商品经济发展的第一个高峰，经济的繁荣甚至不亚于唐代；在文化艺术方面，宋代的文学艺术（尤其是绘画艺术）成就超过了以往任何一个朝代。因此，宋代的建筑呈现出华美的风格，其造型式样丰富，色彩装饰华丽，工艺技术精美，但是没有了唐代的那种雄浑博大。清代是中国封建社会的晚期，政治经济等各个方面都在走向没落，虽然也有清朝初期的短暂繁荣，但是毕竟难以扭转衰落的总体趋势。尤其与此时已经崛起的西方相比，清王朝更是日薄西山。就建筑本身来说，官式建筑自从宋代有了一个较完整的总结以来，到清代更加走向程式化、定型化，似乎没有了太大的发展余地。相反，这时期的民间建筑，例如各种地方特色的民居、庙宇、祠堂、会馆倒是生机勃勃地发展，取得丰富的成果。

建筑的风格是由建筑的造型和装饰等方面决定的。例如，柱子的高度和直径之比，显示粗壮和纤细的对比。秦汉墓葬中的石柱极其粗壮，高径比达到了6：1甚至4：1，使人感到异常雄壮威猛；唐代建筑的高径比为8：1，仍然很粗壮雄伟；从宋代开始，柱子开始变得细长，高径比为9：1；到了清代，柱子高径比达到10：1、11：1，柱子越细就越显得没有气势。又如斗拱的大小，也是决定建筑风格是否雄浑大气的一个重要方面。斗拱的大小不是按绝对尺寸的大小来计算，而是按斗拱和建筑的比例来计算的。具体来说，就是看斗拱在建筑檐口下所占的比例，或者斗拱和柱子高度的比例。唐代建筑的斗拱最大，在建筑檐口下占掉1/3的高度。宋代斗拱开始变小，元、明、清一代比一代小，到清代斗拱只占檐口下1/6～1/5的高度。斗拱大则屋檐挑出深远，建筑形象显得舒展，气势大。斗拱小则屋檐出挑浅，建筑形象显得局促。唐代建筑之大气，主要就是因为其斗拱宏大，出檐深远，所以造型舒展，大气磅礴。

不同时代，建筑造型的变化各有不同，例如，屋顶的坡度，唐代的屋顶坡度比较平缓，宋代屋顶坡度开始变陡，到清代最陡。

建筑装饰也体现建筑的时代风格。唐代建筑装饰较简单，没有彩画，基本上就是涂一层单色的油漆，建筑显得简洁大方。宋代开始注重建筑的装饰，有了彩画，色彩也比较艳丽。而越到后来，装饰越复杂，反而失去那种大气度。

做古建筑设计，一定要把握好隐藏在建筑背后的文化意义，同时还要理解建筑的造型、比例、装饰等各方面在表达建筑风格时所起的作用。今天要设计某一时代特征的建筑就应该把握那一时代的文化特征，要领会其精神，而不只是简单地形象上的模仿。

二、中国古代建筑的地域特征

（一）历史和文化背景

中国国土辽阔，不同的地理气候条件和多样的地域文化，经历漫长的历史积淀，形成了中国古建筑丰富的地域特色。大到建筑的平面布局、整体造型，小到建筑的细部装饰，处处体现出不同地域的不同特征。但是，中国古代建筑的地域特征最明显的差异就是南方和北方的差异，这种差异从中国建筑最初起源之时，就已孕育其中了。

中国古代建筑的起源，应该说是有两个源头。一是北方黄河流域，一是南方长江流域。然而，南北两地的地理气候条件完全不同，北方寒冷干燥，南方炎热潮湿，导致了中国建筑自最初起源的原始时代起，就有了南北方的差异。北方地区的先民"穴居野处"；南方地区的先民"构木为巢。"北方建筑的形成是穴居—半穴居—地面建筑，其典型实例是陕西西安半坡遗址（从半穴居到地面建筑发展过程中的实例）。南方建筑的形成过程是巢居—干栏式—地面建筑，其典型实例是浙江余姚河姆渡遗址（7 000年前最早的干栏式建筑遗址）。北方建筑起源于"土"，是地里面长出来的；南方建筑起源于"木"，是树上掉下来的。北方建筑风格是厚重敦实的"土"的风格，南方建筑的风格是轻巧精致的"木"的风格。即使后来建筑技术发展，南北两方都采用同样的建筑材料的情况下，建筑风格上的这种差异仍然明显存在，我们今天看到的北方建筑仍然是"土"的风格——厚重敦实，南方建筑仍然是"木"的风格——轻巧精致。而其他所有各种各样的地方风格，都是用这两大风格体系为基础的。

另外，文化历史也是建筑地域特点形成的基础。中国古代风土人文的差异很早以前就存在，早在商周春秋时代，各诸侯小国就有着不同的民俗民风和文化历史。春秋时代成书的、我国最早的一部诗歌总集《诗经》，分为"风、雅、颂"三大部分，其中的"风"就是史官们到各诸侯国调查情况，采集民风民谣而集成的，如《秦风》《齐风》《郑风》等。当时的所谓"风"，也可以看做是艺术风格的表现之一。而从大的范围和总体特征来看，当时中国大地上文化艺术风格最具代表性的也是两大风格，一是北方的中原文化，一是南方的楚文化。中原文化的风格是现实主义，其代表作是《诗经》。其内容全都是描写社会政治、劳动生产、日常生活、男女爱情等现实生活的场景。与中原文化不同，楚文化的风格是浪漫主义。其代表作是《楚辞》，内容多写的是天上地下的神界故事。楚文化的代表人物屈原被流放，就在今湖南西部北部旅行，期间看到巫师祭神活动，从中获得艺术的启示。屈原的著名作品《九歌》就是直接来源于巫师祭神的歌曲，屈原的《离骚》《天问》《招魂》以及宋玉的《九辨》等这些楚辞名篇，也都是以这种楚地巫文化为基础的。楚文化及其艺术有着强烈的浪漫色彩，但是它没有成为中国文化的主流。中国文化的主流是中原文化，因此，中国古代艺术始终以现实主义为其基本特征。在文学艺术领域，由于统治者的推崇，现实主义的文化艺术占据了绝对的统治地位。但是在建筑艺术中，情况则有所不同，因为建筑并不是直接表达思想意识和情感，其表现形式也比较含蓄，因此即使不是统治者倡导的，它也能在地域建筑文化中得以保存。北方建筑的敦实厚重且朴实无华，正是现实主义艺术的风格特征；而南方建筑精巧、绚丽、灵秀的造型，正是浪漫主义情调在建筑艺术中的体现。

（二）地域特点的表现形式及其形成的原因

上面论述的是中国古代建筑的地域特色之所以形成的基本背景，然而地域特点的形成有着多方面的具体原因，其中比较重要的原因有地理气候、历史社会、生活方式、风俗习惯及宗教信仰等。

地理气候条件是建筑地域特点形成的首要原因。北方寒冷，干燥少雨，所以人可以住在洞穴之中，古书中记载上古先民"穴居野处"，古代的"穴居"，延续到今天的窑洞住宅，都是这种地理气候条件下的产物。南方炎热，潮湿多雨，植物茂盛，多虫蛇，所以人们尽可能住在高处，于是就有"巢居"，这就是史书中所说的"构木为巢"。由巢居再发展为干栏式建筑，下层架空，人居上面，防潮防虫蛇，山区平地少，耕地宝贵，干栏式住宅可建在山坡上，既防潮，又节约耕地，一举多得。

北方寒冷少雨，因此，北方住宅较矮小，墙壁厚，屋顶厚，利于保暖，屋檐出挑短浅，庭院宽阔，不需防雨，又可多获得日照。南方炎热多雨，所以住宅较高且开敞，屋顶、墙壁薄，利于通风散热，屋檐出挑深远，庭院（天井）狭小，既遮阳又遮雨。

　　社会历史原因也是建筑地域特点形成的原因之一。中国古代的战争大多是发生在北方和中原地区，因为战争的缘故，大量北方和中原地区的汉人整家族甚至整村落地南迁，进入到南方比较偏远的地区，这些人被称为"客家人"。他们为了自我保护而建起特殊的住宅——土楼。这种自我保护性的住宅建筑，成福建、江西、广东等古代移民较多的地方的特殊建筑形式。

　　生产生活方式对民居建筑的地域特点的形成有重要影响，如游牧民族逐水草而居的迁徙是他们特殊的生产和生活方式，而毡包式建筑就是适应这一生活方式而产生的，从而形成其独特的地域特征。朝鲜族保留了古代席地而坐的生活方式，这也是促使朝鲜族民居低矮的特点。

　　宗教信仰也很大程度上影响到建筑的地域特色。一个地方的宗教信仰，包括其信仰的对象、祭祀的方式等都有其不同的特点。例如，山西、陕西人崇敬关羽，因此山西、陕西人在全国各地建的会馆都叫"关帝庙"；福建人崇敬妈祖，因此福建人在全国各地建的会馆都叫"天后宫"。

　　艺术风格的地方特色是由文化的因素在长期的历史积淀中形成的，这种艺术风格在建筑中主要体现在建筑的造型、工艺、装饰等方面。如前所说，中原文化的现实主义在建筑艺术中表现出质朴、稳重的风格，所以北方建筑的屋顶翘角比较平缓；南方楚文化的浪漫主义在建筑艺术中表现出精巧灵秀的风格，于是南方建筑的屋顶翘角翘得很高，而且做出各种奇异的形状。北方的硬山式建筑其山墙造型朴实，种类也很少，基本上只有一种"人"字形山墙；而南方的硬山式建筑的封火山墙则造型丰富多彩，每个地方都不一样；有的造型非常奇特，也明显地表现出浪漫的情调。在建筑装饰方面，北方建筑比较本分地使用传统规制中的红、黄、蓝、绿的颜色，彩画也按照规矩使用和玺彩画、旋子彩画和苏式彩画；而南方建筑的装饰则不太受规则约束，色彩用得很随意，彩画也不按规矩，常用自己创造的各种图案花式。雕刻装饰也是如此，北方的雕刻比较粗犷，南方的雕刻比较精细。这又和材料工艺的历史有着密切的关系，北方建筑起源于"土"，从穴居、半穴居发展到使用砖石和木材，其加工工艺较粗略，技艺发展比较晚；南方建筑起源于"木"，木材的特性之一就是利于加工制作，南方人从巢居、干栏式发展到砖木混合，对于木材的加工制作很早就开始了。从最初比较笨重的榫卯结构，发展到精致并富有艺术形象的雕琢。

　　从地理气候、材料工艺到文化艺术的风格气质，多方面的因素形成了今天我们看到的中国古建筑丰富多彩的地域特色。

第三章 古代宫殿建筑

第一节 宫殿建筑的含义与特点

一、宫殿建筑的基本概念

随着社会发展和经济技术的进步,早期"贵贱所居"来避寒暑的简陋宫室逐渐成为"尊者以为号"的"王宫"。进而王宫建筑楼台壮丽、殿宇相连的恢宏气势给人们深刻印象,人们遂在字面上以"宫殿"二字连用,"宫殿"一词逐渐成为帝王居所的专用名词。即便如此,"宫"和"殿"在具体含义上又有本质区别。皇宫建筑具有两大功能:其一是居住生活,其二是处理朝政。由于"宫"在早期是一般居住建筑的统称,所以人们仍将皇宫建筑的生活居住区域称为"宫",也因生活区域多处在宫殿建筑群的后面(北面),所以也称为"后宫"。而宫殿建筑中处理朝政、举行典礼的部分,建筑通常高大宏伟,是典型的"殿"堂建筑,于是人们通常将宫殿建筑中处理朝政、举行典礼的建筑称为"殿"。又因殿堂部分常位于宫殿建筑前部(南面),所以历来有"前殿后宫"之说。另外,前面曾提到"宫"有包括院落在内的一组建筑的含义,所以"宫"又有宫殿建筑群体统称的意思。我们常常说"某某宫之某某殿"即属此意,比如:阿房宫前殿、故宫太和殿等。

(一)中国宫殿建筑的时代特点

社会的发展总是随着各个领域不断进步而体现时代个性,建筑在这一趋势中一直扮演着重要的角色。技术作为反映人类文明的重要标志之一,同样被反映到建筑文化中。中国古代的"宫"不是一个单独建筑物而是一组建筑构成的群体,那么作为这一建筑群体组成部分的各"殿"、"堂"自然会逐渐地形成一定的分工模式,进而形成一个有机整体,这个过程相对漫长,且在不同时期、不同指导思想下其发展方向也发生过根本性的变化。

河南偃师二里头宫殿遗址,现知最早的宫殿遗址,郑州商城、湖北黄陂县盘龙城遗址,商代中期,规模较小。

西周宫室遗址，明显为对称布局，有迄今所知最早的四合院实例。

中国古代宫殿经过夏、商草创，至西周已基本定型。西周宫室中有两个重要的建筑内容：明堂——宣讲政教而建的殿堂；辟雍——天子讲书的地方。

（二）秦代

陕西咸阳市东郊咸阳宫。公元前212年，在渭南上林苑别营朝宫先作前殿"阿房宫"。

秦于关中建宫300处，关外400余所，用锦绣帷帐，陈以钟鼓美人，奢侈华赡，无以复加。

（三）汉代

公元前202年，汉高祖迁都长安，建长乐宫、未央宫。

汉武帝时，国力强盛，营建大批宫殿，筑建章宫。

汉代宫殿，其繁复之布置，伟岸之外观，所达到的高度标准，实可与秦前后辉映。东汉洛阳分南北二宫，北宫德阳殿。东汉宫殿，其规模气魄，显然难和西汉长安宫阙相提并论。

（四）魏晋南北朝时期

邺城，曹操营造的铜雀台、金凤台、冰井台。

魏晋360年，战乱频仍，土木之功，虽不时营建，但规模已无法同两汉相比拟。

（五）隋代

隋炀帝于伊洛营建东京，宫殿以乾阳为正殿，规模最大；大业殿规模小于乾阳，而雕绮过之。东都之外，关洛之间至江都，离宫别苑，秀丽标奇。

隋承北周，北周以周制为标榜，宫殿体制一革汉魏以来的东西堂体制，改用三朝五门，后世自唐至明清，宫殿建筑的布局均以此为准则，相沿不移。

（六）唐代

太极宫在隋故宫基础上加以扩大。大明宫建于太宗贞观八年（634年），其遗址大部分已发掘。外朝—含元殿、中朝—宣德殿、内朝—紫宸殿三大殿极富盛名。

唐朝的宫殿建筑，以国力的昌盛洋溢出昂扬旺盛的创造活力，不但在宫殿建筑史上，即使在整个中国建筑史上，也称得上一个黄金时代。

（七）五代时期

广顺三年（953年），后周太祖郭威下令修补京师罗廓。显德二年（955年），汴京成为政治经济中心，大兴土木增修汴城。

五代乱离，中原建设力弱而破坏甚烈，就宫殿而论，变化不大。

（八）宋、辽、金时期

宋太祖命有司画洛阳宫殿，按图修建，"皇宫始壮丽"，有威加海内的气象。大内正殿为大庆，正衙为文德．而作为崇文的具体表现，则是宫城中多建有崇文院三馆、密阁、苑囿等。

辽的上京，有开皇、安德、五銮三大殿，南京有仁政殿。金的上京，陆续有明德宫、五云楼、重明殿、太庙及社稷等建成。

宋之宫殿，规模不是十分宏大，轴线也不是十分严格，北宋宫殿的气势不大，政教皇权的庄肃威严已大为淡化。更具有纤巧灵活的特点。南宋于临安营建宫殿，位于凤凰山麓。形成了与以往僵化森严迥然异趣的布局风格，宋帝都崇奉道教，宫中多建有道教宫观，为前代所罕有。崇宁二年刊印颁发的李诫的《营造法式》是中国建筑史上的一部经典。

与五代、两宋并峙的辽、金等少数民族政权，也是各有宫殿的营造。

（九）元代

蒙古族入主中原，建皇城于大都正中偏南。

元大都新城规划最有特色之处是以水面为中心来确定城市的格局，这可能和蒙古游牧民族"逐水草而居"的传统习惯与深层意识有关。

明代实际上建设过三处宫殿，太祖建造的南京宫殿和中都临濠宫殿，明成祖主持建造的北京宫殿即故宫，规模宏大。

清入关之前，现有沈阳故宫之营造，亦具有一定规模。

北京故宫和沈阳故宫均完整保存至今。尤其是北京故宫，不仅在宫殿建筑史上，即使在整个中国建筑史上，也是现存最伟大、最完整的古建筑群。

第二节 宫殿建筑的功能

中国古代建筑与社会结构形态从一开始就具有了密切关联性，复杂的建筑空间构成往往和现实社会构成相关联。

随着社会发展，宫殿建筑的变化也称得上日新月异，从商朝开始，宫殿建筑即大致具备了中国传统宫殿建筑的主要内容并不断丰富完善，后世宫殿建筑内容也随之越来越复杂。直至明清时期，中国古代宫殿建筑主要包含以下一些内容，如供皇帝和朝臣们处理政务的"前朝"也就是朝廷部分；皇家生活起居的"后寝"也就是后宫部分；皇家游憩、田猎活动的场所"苑囿"部分；皇家祭祀祖先和社稷的"太庙"、"社稷坛"等祭祀建筑；负责政治、文化、艺术的研究宣传和教育机构；外围的防御设施"紫禁城"及进入紫禁城的门、楼等入口警备和通道设施等。

在宫殿建筑组成中，"前朝"部分是它的核心内容，通常将体型最为高大、形式最为庄严的建筑用在此处。前朝部分所负担的功能其实相对简单，主要是两个内容：

一是举行诸如新皇登基的大型典礼活动；二是供皇帝和朝臣们商议处理一些重要的政务，称为"大朝会仪"。大典活动需要庄严而隆重，而日常朝政则需要安静，避免不必要的干扰。由于这两件事情所需的氛围不同，自然在建筑布置上就至少要提供两套不同的空间体系，也就是举行大典的"大朝"与处理日常朝政的"常朝"。此外，《周礼》记载周有三朝之制，即"大朝、治朝、日朝"，"大朝"为接见诸侯的场所，"治朝"用以与群臣议政，"日朝"是日常听政的地方。无论三朝或两朝，"大朝"和"常朝"不同的组成关系，都成为中国宫殿建筑前朝部分非常重要的标志性特征。实际上皇帝和朝臣们平时并不一定在"常朝"里处理政务，可能很少去或在相当长一段时间里根本不去。后期的宫殿建筑空间内容非常复杂，比如北京故宫，除了三大殿外，又有文华殿、武英殿两组大殿，平时为省时省力，皇帝有时干脆就在御书房接待少数臣子，盛夏时，又往往在避暑园林离宫办公。所以，到明清时期，作为宫殿建筑核心的前朝部分其实利用率并不是太高，更多的时候是作为一种象征而存在。

从实用的角度出发，大朝和常朝只需一大一小的两个殿堂就够了，但在实际建造中其艺术效果无法保证，如果前后纵列，两个建筑单位形不成韵律，而大小两个殿堂并列又不能对称。按照《周礼》记载的西周的制度，三朝大都沿中轴线依次布置，大朝在前，常朝在后，这一方式在后期宫殿宗庙建筑当中被普遍采用，比如北京故宫的三大殿即为典型范例。

西周时期出现的三朝纵列模式则是最典型的中国风格，是不同于其他建筑体系的独特处理手法。由于"三朝"依次出现，建筑体量被分散，单体建筑的尺度和复杂程度大为降低。由三朝纵列这一模式发展而来的宫殿建筑得到充分发展，最后达到了中国古典建筑艺术的巅峰。

前朝与后宫的分界处，尽管在空间规模上多半不太显赫，甚至其空间性质都不太明确，却往往是宫殿建筑群功能上的枢纽位置。如以北京故宫为例，这个分界就是"乾清门"和"乾清门广场"。乾清门名叫"门"，实为一座可前后穿行的殿堂建筑，是后宫的主要入口。在中国古代建筑中以殿堂为门是一种常用手法，且规格往往较高。乾清门单檐歇山顶，面阔五间，进深六架椽，台基高度约为1.7米，相对前朝的"五门"规格适中、不显威严，不过它工艺精美，装饰华丽超过前面的"五门"，符合后宫的性格要求。但"乾清门广场"的地位却是极其重要显赫的，特别是在清代，这里有两个重要机构：一是外奏事处，负责所有奏章、贡品的内外传递；另一个就是雍正时设立的军机处，是国家最为重要的决策机构。这两个机构都设置在乾清门及其广场两侧廊屋中，所以乾清门广场虽不起眼，却是事实上的国家政治中心。将决策机构设在皇帝寝宫门口是一种古老传统的延续。从仰韶文化遗迹布局来看，其殿堂建筑前的场地就是部落议事决策场所，当时的殿堂也许就是神庙，议事、决策、动员等工作估计都需要首领和巫师配合进行，也就是所谓"庙算"。"绝地天通"以后首领或帝王的寝宫逐渐具备了"庙"的功能而代替了神庙的位置，"庙前议事"也就演变为"宫前议事"。《周礼》中记载的西周宫室制度中有称为"寝"的部分，位在"前朝"和"后宫"之间，就具有后世乾清门广场的主要功用。

一、古代宫殿的后宫部分

宫殿建筑所要满足的另一个功用就是提供皇族成员的居住生活空间，也就是要有人们常说的后宫部分。虽然后宫建筑在规模、等级上不如前朝，但皇室成员众多，等级关系错综复杂，建筑制度上所需考虑的问题比起前朝部分更为繁琐。后宫总的来说规则不如前朝部分严格，各个时期后宫建筑布置也不尽相同，但是总的来看，后宫制度与前朝制度总有一定关联性，大的格局取决于宫殿建筑总体形制。比如，采用东西两朝制度（东西堂），则配属南北两宫，朝和宫都采用两元构图，秦汉时期常有此类布局方式，有人称这一方式为"秦制"。偶数崇拜与母系氏族文化有关，所谓秦制应该是一种古老的文化现象，二里头文化遗迹中就有偶数开间的殿堂遗址，故"两朝、两宫"模式恐怕还有更古老的渊源。

另一类是与西周三朝制相适应的三宫制，也就是"前三殿、后三宫"模式。隋代还采用过一种"三朝两宫"模式，带有过渡风格特征。"三宫"模式和"三朝"模式一起，随着儒家学说的发展最终成为宫殿布局主流。不过实际上原始的西周宫殿建筑制度并没有强调"三宫"，倒是有"六宫"的说法。《周礼·天官冢宰》即有"掌王之六寝之修"之说，也就是"六宫"、"六寝"制度。汉代郑玄在《三礼图》中对这一制度的解释是："六寝者，路寝一，小寝五。玉藻曰：朝辨色始入，君日出而视朝，退适路寝听政，使人视大夫，大夫退，然后适小寝释服，是路寝以治事，小寝依时燕息焉。""六宫，谓后也，妇人称寝曰宫，宫隐蔽之言，后象王立六宫而居之，亦正寝一，燕寝五。"这一制度说明，所谓"寝"是皇帝与大夫商议政务和日常休息的场所，它的功能相当于后世的上书房、外奏事处等。"寝"所处的位置即介于前朝与后宫间，相当于前面提到的乾清门广场的位置，是国家事实上的决策中心。

"寝"之后才是"宫"，是由王后掌握，模仿王的"六寝"设立的。这种三朝、六寝、六宫的布局方式，只是一种理想，并且没有发现任何实例或遗迹。实际上仅仅六寝、六宫对皇帝来说规模远远不够，但作为一座宫殿建筑群的核心和骨干，究竟采用何种布局方案仍是决定宫殿建筑风格的关键问题。宋代即采用了前三殿、后三宫的布局方案，这一方案肯定了中轴线的统师作用，空间秩序感强烈，整组建筑空间风格特征一致，给人印象深刻，之后的元、明、清三代均采用这一方案。但这里后三宫的象征意义已大于实际功用了，真正供后、妃居住的"宫"、"院"完全可设置在东、西边的次轴线上，因而民间有"三宫六院"之说。

二、古代宫殿的苑囿与园林

苑囿是传统宫殿建筑必不可少的组成部分。"囿"的含义据毛甚注《诗经》云："囿，所以育养禽兽也"，应该是畜栏、围场一类设施。而"苑"的原意按照《说文》的解释"苑，所以养禽兽也"，与"囿"字含义竟完全相同。不过从字形上判断，"苑"似乎重在果蔬苗木，而"囿"则重在畜栏围场一类设施。《淮南子》记载有"汤之初作囿也"。直到清代，皇家苑囿一直是帝王生活必不可少的设施，建设苑、囿的目的并不完全是为了追求生活上的享乐，它也是一种传统的延续，具有一定礼制上的意义。

所以皇家苑囿曾经是一级国家机构，由专门部门的专门官吏管理。

从春秋时期直到唐代，人们尝试将宫殿和苑囿结合起来，曾经出现过极为壮观的宫苑作品，如战国时期楚国的章华台和汉代建章宫等。隋唐时期宫殿建筑的后宫部分仍保留了这一思路。到宋以后，由于宫殿制度上的变化，皇家苑囿逐渐与宫殿分离，其中有一部分功用转化为以游览观赏为主，也是从苑囿中分化出后来的所谓"皇家园林"。但总的来说，中国传统建筑并没有要将园林独立出来作为一个专门建筑类型的主张，正好相反，人们一直试图将居住环境与园林有机地结合在一起。早期宫殿试图将环境园林化，或将宫殿建筑群融入自然山水之中，而宋以后则试图使建筑群与经过"再造"的自然山水环境形成一种"相生"的关系。如北京故宫与"三海"的关系就类似于太极图，两者相邻，宫殿中有园林因素，园林中也有殿堂建筑。这种建筑与园林的结合方式也反映在私家园林之中，明清时期的人家只要经济条件许可，都会在宅第旁边建一处园子。

三、古代宫殿的禁城和门阙

中国传统建筑历来非常重视与环境的关系，皇家宫苑与周边城市环境或自然环境的衔接方式与整个宫殿建筑群的营造思路相关，这一关系不但在很大程度上反映了宫殿建筑总体风格特征，也反映了不同时期不同的政治文化形态。中国古代不用"城市"的概念，而是用"城"或"城池"，强调城墙、城壕等防御设施，在宋以前，中国的"城"与"市"并没有必然的联系。夏、商及西周时期，多数诸侯封国基本由一座城池及其周边的聚落、田野构成，因而那时一座宫殿就有一座城池，一座城池就代表一个国家，简单地说就是"一宫即一城，一城即一国"。由于还没有设立郡县的制度，各地都是领主治理，即便是较大的诸侯国有不止一个城池，也是由"附庸的附庸"来治理的。所以那时的每一个"城"都是宫城，都类似于后来的"紫禁城"。《周礼·考工记》里对王城规划有这样一段记载："匠人营国，方九里，旁三门，国中九经九纬，经途九轨，左祖右社，面朝后市，市朝一夫。"轨是计算道路宽度的单位。使用"营国"一词来表示建造一座城池，显然"城"和"国"的概念在这时还通用的。自春秋时期后，各国都城的城池设施通常不止一道，形成由多重城池围护的情况。《管子·度地》中有"内之以为城"，外之以为郭"的说法，也就是所谓"筑城以卫君，造郭以守民"，"城"处于都城核心用来保护国君的宫室，而"郭"则处于外围用以守护平民。春秋时期"淹"国的城池遗址非常典型，淹国虽然是一个名不见经传的小国，但是其多层城郭结构遗迹至今仍然清晰可见。

城池设施发展为多重与春秋时期战事频繁有关，当时各国最重要的战略资源是劳动力，战争目的通常也以掠夺劳动力为主，因而各国不得不"造郭以守民"。之后各朝城郭称谓并不统一，但各朝的都城通常有外城、内城和宫城三道城池，其中宫城又被称作"大内"、"禁城"或"紫禁城"。明清时北京原来也是三道城墙的设置，后来为保护南郊的天坛、先农坛建筑，又修了前门至永定门之间的半截外城，所以有了四重城池，即外城（南城）、内城、皇城、紫禁城（实际上外城和内城是并列关系），其中紫禁城大致是今天故宫的范围，而皇城则包括了紫禁城外围景山和三海（北海、中海、南海）等皇家禁苑。历代宫城与民间城郭之间不一定是一环套一环的关系，也可以是并列、相连、相离甚至相交的关系，有些宫室建设因地制宜历经百年增减，已经看不出和城市是什么关系了。总而言之，隋唐以前多数宫殿与城市的关系较为自由。

儒家经典中记载的都城和宫室制度相对要现实得多。禁城、皇城与城市有明确的层级秩序，宫殿、庙宇、市场和居民区方位关系明确，以禁城为核心的城市空间秩序井然。这类宫殿建筑的主要内容并不对外展示，外人无法窥见皇宫建筑的宏伟森严，因此沟通外界与禁城的"门"、"阙"等内容就成为皇宫建筑对外展示王权的主要信息渠道，因此"门"的形式、位置、层次就显得极为重要。据《春秋公羊传》的解释，"天子诸侯台门；天子外阙两观，诸侯内阙一观"，"阙"实际上就是门前的"观"，也就是瞭望台或岗楼，《风俗通义》有"鲁昭公设两观于门，是谓之阙"的说法。天子和诸侯在宫门前设"阙"的数量和位置都有不同规定。《周官》记载有"太宰以正月示治法于象魏"，这个"象魏"就是阙，《博雅》的解释很直接："象魏，阙也。"阙的作用本来是用以保卫宫城的岗哨，周代亦有"示治法"也就是颁布法令的作用，但在后代逐渐演变为仪式性设施，"阙"的实际功用后来被城门楼代替了，但阙的位置上遗留下的"华表"可以被看成阙的延续。

历代皇家禁城多数是四面辟门的，各个方位上的门功用略有不同，但基本上都以南门为正门，因其在午时方向又称午门。隋唐以后，宫室建设都以周制为蓝本，建筑群沿主轴线南北展开，南部入口方向的空间序列就显得格外重要，空间层次也越来越复杂。以北京故宫南门为例，经由大清门、天安门、端门、午门、太和门才到达前朝太和殿。这里面午门是禁城正门，各门中它的体形最大、造型最复杂、等级最高，而且是举行很多重要仪式比如颁朔，出征、凯旋等的场所，所以虽然只是一座门，但它在故宫各建筑中的政治地位居于第二位，仅次于太和殿。

四、古代宫殿的宣传和教育机构

在中国古代的政治生活中，宣传和教育是头等重要的事情。宣传教育的最高机构往往是由帝王及其核心智囊亲自掌握的。因此，教育建筑的布置与帝都和皇宫往往具有某种逻辑上的关系。其中部分教育建筑就直接设在皇宫的核心部分。早在西周时期，国家就设有太学、明堂、辟雍等教育宣传机构。汉代推崇儒学，标志性举措就是建设明堂、辟雍。其中"太学"是国家最高学府，晋武帝司马炎将太学改称为"国子学"，至隋代改称为"国子监"，直至清末。至唐代以后，全国性的教学体系逐步完善，建立了各级学院、考试院和相应的管理机构，统一归中央政府的"礼部"掌管。

这个全国性教育系统的底层设在县一级，任何人都可以参加被称为"院试"的县一级的选拔考试，通过考试的人被称为"秀才"，意思是"出众的人才"。成为秀才意味着进入了知识分子行列，可进入国立学校读书并享受免除徭役的待遇，甚至国家会提供每月的口粮以利于他们专心于学问。秀才们可以参加每三年一次的州府一级的考试，又称"乡试"。通过乡试的人称为"举人"。"举人"意思即"推举给国家的人才"，这些举人获得两个资格，一是可以直接担任县令以及以下的基层职务，另外还可以参加次年的全国性考试——"会试"。会试在首都举行，通过考试后即可参加由皇帝亲自命题和监考的"殿试"以确定名次，最后通过考试的人称"进士"，有"进入士大夫阶层"的意思。"进士"根据所学专业的不同，可以进入教学、研究机构成为"学士"、"大学士"或进入官僚机构成为国家官员。为适应这一制度，全国各县、府直至首都均建有与之配套的学校、考试院和教育管理机构。自从隋代确立科举制度后，科举考试的最后环节一直是由皇帝亲自主持的殿试，而殿试的考场通常就设在皇宫中。比如明、清故宫的核心建筑是三大殿，其中的保和殿在清代就是殿试的考场。

这些国家文化教育建筑在不同朝代内容不完全相同，与宫殿建筑的关系也不尽相同。在内容上通常会包括研究、宣传、教学、考试院及档案馆、图书馆等组成部分。这些建筑或多或少都与宫殿建筑有某种关系。有些直接设在宫殿建筑群内部，如故宫里面的皇家藏书楼"文渊阁"；有些则是与宫殿建筑具有某些几何构图上的关联，比如"国子监"。源自西周的明堂、辟雍等文教类建筑，在隋以后基本退出历史舞台，但"辟雍"仍作为一种传统符号保留在国子监的前院里。"辟雍"最重要的特征是主体建筑位于一个圆形广场中，广场的外围有一圈环形水面象征着"教化流行"。

与此相适应，诸侯或后期的地方学校则在前院里有一个半圆形水面称作"泮池"，含义与辟雍的环形水面相同，但规格降低一级。

五、祭祀建筑及其他附属建筑

太庙和社稷坛、天坛、地坛等重要的祭祀建筑通常设在禁城以外，但和皇家宫殿建筑相邻且有着特定的位置关系。这些建筑与传统礼制有关，又称礼制建筑。不同朝代祭祀天地的天坛、地坛有时分有时合，多数情况下天坛在南郊，地坛在北郊，祀南北郊是帝王登基宣示于天地的大礼。太庙是皇家供奉与祭祀历代祖先的庙宇，社稷坛是皇家拥有江山社稷的象征，太庙和社稷坛与宫殿建筑联系最为紧密。《考工记》中谈到都城建设时即有"左祖右社，面朝后市"的记述，意思是太庙应该设在宫殿的左侧，社稷坛设在宫殿建筑右侧。以皇帝南面而坐的视角来看，也就是将太庙建在宫殿建筑群主轴线的东边，而社稷坛则建在西边。北京故宫即遵循了这一制度。就连新中国成立后兴建的历史博物馆和人民大会堂也沿袭了这一传统，将历史博物馆建在主轴线东侧（故宫主轴线左侧），人民大会堂建在主轴线西边（故宫主轴线右侧）。

此外宫殿建筑群中尚有许多不同功用的辅助空间，不同时期内容也不尽相同。例如：作为皇家私立学校的"上书房"、作为皇家档案馆的"文渊阁"、总管宫廷事务的"内务府"，甚至于"御药房"、"御茶房"、"微事房"等无以数计的各类勤杂事务机构用房。

通过以上分析人们可以发现，中国古代的宫殿建筑功能之复杂、空间组织之繁琐、空间形式制度之严密在世界古代建筑史上是绝无仅有的，即便是最复杂的现代大型公共建筑也很少有在功能复杂性上与之相提并论者。

第三节 宫殿建筑地理环境与礼制等级秩序

一、宫殿建筑与地理环境

建筑风格的形成取决于自然、经济、宗教文化等多种因素，特别是和特定地域的自然条件有着密切的关系，这一点在建筑发展初期尤其明显。史实证明，至退在5000年前，有关宫殿建筑的基本技术和艺术手法已分别体现在各个史前文明的建筑之中。中原的自然环境条件以及由自然条件决定的发达的农业经济无疑成为夏、商两朝筛选和融合这些技术手法的重要依据。夏、商两代的建筑已经完成了"列柱围廊"式的单体建筑外观，已能自如地运用多种空间艺术手法，营造以宫殿建筑为核心的由门、廊、院和正殿组成的，通过主轴线组合起来的建筑空间体系。在技术方面改进了木结构屋架系统，完善了河姆渡人发明的榫卯结构，布设了工艺精致得令人难以置信的排水管网系统。在装饰方面沿用了源于龙山文化的白灰抹面做法，为保护木构件，发展了建筑木构件髹漆技术。所有这一切，都为后代的宫殿建筑奠定了技术基础。

中原地区的气候是非常适合于古代农业发展的，但是人和庄稼对气候的要求并不完全相同，也就是说中原的气候并不舒适宜人。雨热同季的气候意味着夏季湿热，这种气候对于刚从冰川中走出来的人类来说是极不舒适的。于是中原的宫殿建筑在确保遮风避雨的前提下必须建造得轻盈、通透，有良好的通风条件，同时又能很好地遮蔽阳光。这样的要求并不算高，许多热带地区的民族非常简单的建筑都能满足这些条件。问题在于中原地区的冬季却又寒冷无比。由于受西伯利亚寒流的影响，中国黄河、长江中下游地区温度比起世界其他同纬度地区要冷得多。由于中国宫殿建筑的世俗性，作为一个民族建筑的最高代表，比起其他民族的神庙或教堂来说对居住舒适性的要求却是最高的。

为了解决舒适性的问题，中国古人对宫殿建筑的形式与技术作过反复探究。首先就是选址的问题，最好是冬天能够"避开"西伯利亚寒流，又要在夏天能够通风散热。中原地区冬季多西北风而夏季多东南风，故坐北朝南、背山面水就成为最理想的居住建筑基址。建筑本身如要解决潮湿和炎热的问题，必须高敞通透，最简捷的方案就是将房屋建在高高的台基上面，同时要有灵活的墙面，也就是墙面可以方便地拆装。为满足墙体灵活性的要求，中国古代建筑从一开始就只能选择木材作为结构材料，并采用木屋架结构，在这样的结构体系中除了柱子作为屋面的支撑，其余墙面都可灵活处理。

高台上的开敞的木构建筑，就是台榭建筑的准确注释。台榭建筑无疑解决了夏季湿热的问题，但却是"高处不胜寒"。台榭式宫殿建筑不得不去采取各种采暖设施，抵御来自西伯利亚的寒流。人们最早发现和使用煤炭就和台榭建筑的采暖有关。据记载，曹魏铜雀台中"北曰冰井台，亦高八丈，有屋百四十五间，上有冰室，室有数井，井深十五丈，藏冰及石墨焉。石墨可书，又然（燃）之难尽，亦谓之石炭"。合院式建筑的兴起与解决建筑舒适性难题也有一定关系。围合的院落和坐落在北面的大堂有利于挡住部分寒冷的北风，主要房屋的南面开敞，冬季阳光充足而夏季则南风通畅，屋檐下的敞廊和庭院中的树阴是夏季纳凉的最好去处。在合院式建筑中，庭院的重要性不亚于厅堂，但院落中的私密活动暴露在外人面前是不太雅观的，特别是在夏天袒胸露背的时候，所以中国的四合院建筑必须有影壁和多重门墙的遮蔽，这也成为了促成宫殿建筑"三朝五门"制度的因素之一。

自然环境并非决定建筑风格的唯一因素，甚至不一定是最重要的因素，但在中原地区这种比较特殊的环境下，它确实发生了特殊的作用。在长江流域也有四合院式建筑，但它演化为狭窄高耸的"天井"，比中原地区的四合院更节约用地，而且高耸的天井有"拔风"的作用，利于夏季通风散热。由于中国传统文化对自然、对人与自然的关系极端地看重，中国宫殿建筑的发展就必然与自然环境有着各种不同层面的联系。

二、宫殿建筑与礼制等级秩序

尽管不同时期人们对礼制的理解和表现不完全相同，但是礼制在社会结构秩序上的体现是相似的，衣食住行都能体现一个人在这个结构中的位置，在建筑上当然体现得更为直观。在中国传统建筑中，礼制的规范可以说是渗透到了每一个"细胞"之中，从选址、布局到建筑的造型、结构、构造、装饰、色彩，处处都有礼制上的要求。这些规范更多地体现的是天人关系上的礼制规范。而礼制在人和人或个人与社会的关系上，最直观的建筑表现就是"门堂"的规格制度了。

这种"门堂制度"在宫殿建筑中的终极体现就是"三朝五门"制度。在宫殿建筑中，由"门"到"堂"也就是由第一座门到正殿的空间深度当然是其他建筑无法比拟的。例如北京故宫，在抵达太和殿之前，需要经过大清门、天安门、端门、午门、太和门共五座门之后才能到达太和殿前广场。各门之间的空间形态各异：有的压抑有的舒缓，有的庄严有的亲切，有的枯燥乏味有的丰富美观。经过这一系列空间体验的"教化"之后，再顽固的头脑也会臣服于"王道"之下了。

宫殿建筑是普天之下礼制体系中等级最高的建筑群，但并非宫殿建筑中的每个建筑等级都高。在宫殿建筑群中，所有建筑共同组成一个完整的制度体系，每个单体建筑都有各自不同的等级地位。后宫中的居民有君臣上下之别，前朝的天子与众臣也有等级贵贱之分，宫殿建筑在形制上必须准确地反映这种礼制秩序。一座宫殿就是一个完整的"天下礼制"的实体模型，在建筑形式与细节上对这样的等级规定详细而且具体。从位置上来说，中轴线上的建筑等级比两侧高，"前殿"等级比"后宫"高，而每座房屋根据用途和使用者的地位不同都有不同的等级地位。

建筑的礼制体现于各个不同层面，从而构成了一个完整的建筑礼制体系，将"普天之下"的建筑纳入其中。但这个体系却没有想像的那么刻板，在这个等级森严的框架中，它仍然给予大家足够的自由发挥的空间。原因在于这是一个用"空间"为核心的建筑体系，它具有足够的包容能力，可以包容足够多的个性化的元素。

第四节　中国宫殿建筑的审美

作为帝王生活起居和国运、国脉所系的建筑空间，宫殿建筑的审美特征，基本上可以用"大"与"壮"二字加以概括。

一、古代宫殿的总体布局

宫殿建筑的总体布局，都是附会了封建统治的礼制来加以规划的，所以具有森严的等级秩序和肃穆的阴阳术数，体现出独特的审美特征。

首先，宫城的选址，必须有助于王气的涵养生发。如汉唐的宫殿，均借龙首原之气脉以助威仪，自然非同凡响。所以，班固《西都赋》赞美长安宫殿："体象乎天地，经纬乎阴阳，据坤灵之正位，仿太紫之圆方。"颜真卿《象魏赋》赞美长安宫殿："浚重门于北极，耸双阙以南敞，夹黄道而巍峙，干青云之直上，美哉！真盛代之圣明也。"

宫址既经选定，建筑物的布局安排、空间的转换组织等等，又必须依照礼制的等级秩序加以具体布置。无论周和隋唐以后的三朝制度，还是汉魏的东西堂制度，大体上按照中轴线作左右对称、层层进深的布局，前朝后寝，左祖右社，秩序井然，气氛森严，拱卫朝揖的皇家威仪，凛然有条不紊。从宋代开始，又在皇宫正门前设千步廊，建立一定的环境气氛。

除封建等级秩序外，古代宫殿的总体布局同时还体现了古代的阴阳术数思想。如故宫外朝属阳，因此外殿的宫殿布局采用奇数，称"五门三朝之制"；而内廷属阴，因此内廷的宫殿布局采用偶数，称"两宫六寝"。又如东方属木，色青，生化过程为"生"，所以宫殿东部的文华殿、南三所等，多用绿色琉璃瓦覆顶，且多用作太子读书之所；西方属金，生化过程为"收"，所以从汉代开始，太后、太妃的寝室多置于西侧，故宫寿安宫、寿康宫、慈宁宫相沿不改；而赤色志喜，因此宫墙、檐墙乃至门、窗、柱、柜的漆一律用红色等等。

二、古代宫殿的单体结构

宫殿是由众多单体建筑有序组合而成的一个大建筑群，其总体的布局固然合乎等级秩序和阴阳术数，从而体现了大壮的审美特征；其单体的结构同样合乎等级秩序和阴阳术数，从而体现"大"和"壮"的审美特征。

布置在轴线不同位置的各单体建筑，因其功能的不同而各有不同的形制、体量。而它们的具体结构部件，不外乎基座、踏道、开间、斗拱、屋顶形式、装饰彩画等。

中国古代建筑多为木结构，宫殿建筑亦不例外。而木构建筑的一个"缺陷"，就是不能十分高耸，因此，为了体现宫殿建筑有别于通常建筑的高大、威严，就需要利用基础、踏道来抬高提升。

基座，最早时为夯土台，以高度不同而区分坐落于其上的建筑物的等级，目的不仅是为了保护建筑的基础，更为了显示建筑物的崇高庄严。元代李好问曾发出这样的感叹："予至长安，亲见汉宫故址，皆因高为基，突兀峻峙，奉然山出，如未央、神明、井干之基皆然，望之使人神志不觉森竦，使当时楼观在上又当何如？"足以说明崇台峻基所予观者对于整个建筑物的印象，是何等的雄伟深刻。至后世建筑技术发达，宫殿建筑的基座改为砖石雕砌，可分为表面平直的普通基座、带石栏杆的较高级基座、须弥座式带石栏杆的高级基座和三层须弥座式带石栏杆的最高级基座四等。根据礼制的规定，后两种只有殿式建筑才能使用，前两种则为公侯、士民所可通用。反映在宫殿实物的遗存中，如故宫太和殿的基座便为三层须弥座式带石栏杆的最高等级，高达8米多，从而进一步烘托了大殿的雄伟崇高、至高无上；其他殿堂建筑，则依据其等级的不同，分别用高级、较高级、普通三种不同的基座。

踏道，是建筑物出入口处供进出时蹬踏的建筑辅助设施，最常见的为台阶式踏跺，分为4个等级。普通踏跺从大到小、由下而上将大小不一的石块叠砌便成，可三面上下，多用于次要建筑物或主要建筑的次要出入口处。较高级的踏跺两侧带垂带石，只能一面上下，且拾级稍高，用于较高级建筑物的出入口处。更高级踏跺，在垂带石上加石栏杆，且拾级更高，用于更高级建筑物的出入口处。最高级踏跺，则以垂带石加石栏杆的台阶与雕龙刻凤的斜坡道相结合，且往往三阶并列或分列，正中的斜道为皇帝通行的御路神道，两边的台阶则是大臣进退的阶梯。如故宫太和殿前的踏道即是如此，从而对于大殿的庄严神圣，起到了极大的渲染作用。

开间，是由四根柱子围成的空间，是中国古代建筑空间组成的基本单元。一般迎面的叫面阔，一座建筑物迎面横列10根柱子，就是九间；纵深亦叫进深。平面组合中，绝大多数开间是单数，取其吉祥的寓意；又糅合了等级制度，开间越多，等级越高，且以九、五来象征帝王之尊，尤以九为极数。所以，宫殿建筑中，最高级别的单体建筑物多以面阔九间为最大。如北京故宫太和殿、太庙大殿，在明代均为面阔九间，入清后扩展到十一间，气势极其恢宏；除宫殿外，一般不允许建造面阔九间的建筑物。

斗拱，是中国古代木构架建筑的特有构件，其工程技术上的作用主要有三：一是支撑巨大的屋顶出檐，减少室内大梁的跨度；二是将屋顶和上层构架传下来的荷载传给柱子，再由柱子传给基础；三是用作装饰的构件。其结构中，方形的叫斗，弓形的短木叫拱，斜置长木叫昂，总称斗拱。斗拱逐层铺作，造型精巧而有序，复杂而美观。斗拱的大小与出挑的层数有关，层数越多，等级越高，作为等级制度的象征和建筑尺度的衡量标准，专用于殿式建筑。而在同一座宫殿建筑中，各单体建筑物的级别，有斗拱的高于无斗拱的，斗拱多的高于斗拱少的。例如北京故宫天安门城楼的下檐为五踩斗拱，上檐用七踩斗拱；而太和殿的下檐用七踩斗拱，上檐用九踩斗拱。

屋顶形式，有四坡五脊的庑殿顶、四坡九脊的歇山顶，以及悬山、硬山、攒尖、盝顶、卷棚多种形制，又有单檐、重檐之别，千变万化，瑰丽多姿。不同形式屋顶的有序组合，不仅是考虑到节奏上的跌宕起伏，从而使森严庄重的总体平面布局在立面空间显示出生命的律动，同时还体现了不同的等级秩序。重檐庑殿顶气派恢宏，用于最高级的建筑物，如北京故宫的太和殿、乾清宫、坤宁宫等；重檐歇山顶恢宏而兼玲珑，用于次高等级的建筑物，如北京故宫的保和殿、太和门等；单檐庑殿顶气派恢宏但稍逊于重檐，用于第三等级的建筑物，如北京故宫的体仁阁、弘义阁、华英殿等；单檐歇山顶恢宏玲珑但稍逊于重檐，用于第四等级的建筑物，如北京故宫的东曲六宫（景阳宫、咸福宫除外）；悬山顶庄重大方，用于第五等级的建筑物，如北京太庙的神厨、神库；硬山顶庄重朴素，用于第六等级的建筑物，如北京故宫的保和殿两庑；攒尖顶、盝顶、卷棚顶各以奇巧雅致为胜，分别用于第七、八、九等级的建筑物，如北京故宫的中和殿、钦安殿、古华轩等。不同形制、等级的屋顶，多做成屋檐翘起的飞檐的形式，从实用的角度，可以加强采光、防止风雨；从审美的角度，可助长建筑物飞扬轩昂的气势。高级的建筑物，多用琉璃瓦覆顶，色彩辉煌炫耀，同样有助于显示壮丽的气派；而低级的建筑物，则用灰瓦覆顶，色彩比较单调，借以衬托主体建筑物的级别。高级屋顶的脊上，还辅以琉璃瓦饰，正脊上用吞脊兽，又称暗吻、蚩尾、大吻等，用以保护不同坡面的相接处不致渗雨，同时又合乎消灾灭火的观念，象征建筑物至高无上的等级权威，还可以起到装饰美化的作用。垂脊上有垂兽，岔脊上有戗兽，统称为兽头，主要用作等级权威的象征和造型审美的装饰。翘起的飞檐上常排列一队小兽，大小多少由建筑物的等级所决定，最高等级的为 11 个，以骑凤仙人领头，而后依次为龙、凤、狮子、天马、海马、狻猊、押鱼、獬豸、斗牛、和行什，多为传说中的吉祥动物。如北京故宫太和殿飞檐的瓦饰便是如此，而乾清宫的地位次于太和殿，因此檐兽的型号比之缩小一号，数目也减少 1 个；坤宁宫地位又低一些，所以檐兽的型号又缩小一号，数目则减少 3 个。

三、古代宫殿的室外陈设

古代宫殿的室外陈设，除一部分具有实用的或礼教的功能外，主要是为了烘托宫殿所特有的王权气派。由于宫殿建筑，尤其是前朝部分的建筑，具有强烈的礼教性质，因此，必须在建筑物的室外空间布置一部分器物，供朝会时的仪式典礼所用；同时，这部分空间气氛的营造，为了避免来自自然的干扰，多不植树木。因此，又需要布置一部分具有标志性的建筑物，用以调节空间节奏，同时也起到烘托王权气派的作用。常见的宫殿室外陈设器物、建筑物，主要有华表、石狮、嘉量、日晷、吉祥缸、江山社稷亭、铜路灯、香炉、铜龟鹤等。

华表为成对的立柱，起标志或纪念性作用。汉代称桓表。元代以前，华表主要为木制，上插十字形木板，顶上立白鹤，多设于路口、桥头和衙署前。明以后华表多为石制，下有须弥座；石柱上端用一雕云纹石板，称云板；柱顶上原立鹤改用蹲兽，俗称“朝天吼”。华表四周围以石栏。华表和栏杆上遍—I施糟美浮雕。明清时的华表主要立施精美浮雕。明清时的华表主要立在宫殿、陵墓前，个别有立在桥头的，例如北京卢沟桥头。明永乐年间所建北京天安门前和十三陵碑亭四周的华表是现存的典型。石狮或铜狮多用于古代宫殿和王公官僚府第衙门的大门两旁，具有威镇八方、鼠蛇畏慑之意，象征封建统治的威严尊贵，他的造型亦有等级的规定，如北京故宫太和门前的双狮，体形高大，神态安详，雄狮蹄下踏彩球，象征寰宇一统，雌狮蹄下踏小狮，寓意子嗣昌盛。

嘉量是古代的标准量器，如北京故宫太和殿前置一方形嘉量，乾清宫前置一圆形嘉量，用以表示帝王的秉事公正。

日晷是古代的一种计时器，北京故宫太和殿前置一日晷，作为室外陈设品，目的不在于计时，而在于象征王权，表示皇帝控制着宇宙的时间。

吉祥缸又称门海，根据术数的观念，门前有大海就不怕火灾，北京故宫各殿的丹墀两边和殿庭的红墙外侧，大殿广场的四角，乃至后宫的东西长街，多置有不同大小的吉祥缸，以金属制成，内贮清水，尤以前三殿等重要殿堂前，放置最大的鎏金铜缸，金光熠熠，造型或古朴或厚重，陪衬出宫殿的气宇轩昂，富丽堂皇。但东西宫等处的建筑物级别较低，所以放置较小的铜缸或铁缸。

江山社稷亭往往做成金殿的形制，造型庄严而做工精致，如北京故宫乾清宫丹墀的东西两侧均于石台上置一仿木结构的镀金江山社稷亭，用以显示并提醒皇帝的尊贵和权威。

铜路灯在北京故宫的许多殿堂前、宫门旁都有陈设，下为汉白玉座，上设铜质重檐攒尖四方形灯箱，白天可以起到装饰作用，夜间具有照明的实用价值，明清两代定制，铜路灯只能置于紫禁城，别处不得僭用。

香炉供朝会典礼时使用，如故宫太和殿丹陛上的鼎式铜香炉，每遇大朝时燃烧檀香、松枝于其中，使整个宫殿香烟缭绕。

龟鹤象征长寿，故宫太和殿丹陛上的铜龟、铜鹤，造型写实而有仙风道骨，对宫殿空间环境气氛的渲染，也是必不可少的点缀。

四、古代宫殿的室内装修

从宫殿建筑技术上来说，主要是官式大木作法，这在官方颁行的宋《营造法式》和清《工部工程做法则例》等典籍中都有明确的规定。如果崇尚侈华细靡，那么就会使宫殿的永恒形象受到影响，如金世宗所说："宫殿制度，苟务华饰，必不坚固，以此见虚华无实者不能经久也疽然而，这并不说明不重视宫殿内的装修。实际上，不管是秦汉还是唐朝，亦或是明清的宫殿建筑，它们都重视其气势，与此同时，也会适当地调动小木装修和摆件陈设的精巧手段。所以，在文献中所记载的那些出色的宫殿建筑，不仅有着壮观雄伟的气势，而且内部也多雕梁画栋、华攘璧趟及悬绶绣幔，非常考究，这使得宫殿内部充满皇家的豪华气氛。

通常来说，宫殿室内的装修种类非常多，如金砖墁地、藻井、彩画、屏风、太平有象、角端仙鹤、盘龙香筒、如意……在这种情况下，那些私家园林或者是府邸中常见的小木作法，并不是特别适合应用在宫殿建筑中。

金砖墁地采用专为皇宫烧制的细料方砖以严格的工艺铺墁而成，用于宫殿中最高等级的建筑物。例如，北京故宫太和、中和、保和三殿的地面就是用特制的"金砖"铺墁，敲之有声，断之无孔。另外，在铺墁的时候要求有严格的工艺，先经砍磨加工，这样就可以使墁好的表面严丝合缝，也就是"磨砖对缝"；然后抄平、铺泥，弹线试铺；最后刮平，浸以生桐油，才算完工。

藻井施于宫殿宝座上方的天花板，其最初的含义是厌胜避火，而后来则专门用来指官式建筑的内顶装饰，在雍容华贵中体现出了威严雄伟。

　　彩画原是为了防止木结构腐朽的一种髹漆手段，后来才衍变成为装饰的艺术。至宋代以后，宫殿建筑的室内装饰几乎没有不用彩画的。根据礼教的等级制度，最高级的建筑物用和玺彩画，如北京故宫的太和、中和、保和三殿和乾清、坤宁二宫，其特点是以两个横向的包括线分割画面，绘以龙凤图案，间补以花卉，大面积地堆金沥粉，产生金碧辉煌的效果，渲染出皇家的气派。次高级的建筑物用旋子彩画，如故宫的南薰殿、长春宫等。其特点是以横向的 V 括线分割画面，画面有时绘龙凤图案，但是比较单调，间补花卉，全以旋式组成，仅在主要部位贴金，甚至一点不贴金。第三种苏式彩画，品级更低，但布局灵活，绘画的题材有一定的选择自由，如北京的东西六宫，多绘人物故事、山水花鸟。品级再低的建筑物，则不施彩画装饰。

　　屏风是室内陈设的家具，但宫殿中所使用者，多以名贵材料制成。如西汉的宫廷中，曾使用过璀璨斑斓的云母屏风、琉璃屏风和杂玉龟甲屏风等。后世还出现过珐琅屏风、象牙屏风，无不价值连城。非以帝王之尊严，决不可能占有，而非以宫殿之大壮，也决不可能容纳。反过来，高贵的屏风，也正为帝王的尊严、宫殿的大壮，起到衬托的作用，其意义完全是超出实用价值之上的。

　　太平有象，经常陈设在朝会大殿内皇帝宝座的旁边，以各种质料做成。如北京故宫太和殿宝座旁陈设的一对太平有象，以铜胎珐琅嵌料石，象身高大庄严，体躯粗壮，性情温柔，稳健的四蹄直立基座上，象征着社会的安定和政权的巩固，身上驮一宝瓶，内盛五谷和吉祥之物，寓意天下太平、五谷丰登，所以名太平有象。

　　角端仙鹤为象征圣明永久的瑞兽珍禽，盘龙香筒用以显示天下大治，如意寓意吉祥，诸如此类的工艺品，在朝殿、寝宫中多有摆设，大多用料名贵，制作精细，对于宫殿室内空间氛围的点缀，起到了重要的作用。

　　如上所述，宫殿建筑的审美特征，无论是出于礼教的实用目的包括精神和物质两方面的功能，还是出于术数的比附观念，都是围绕着壮括之美的创造这一中心任务而层层展开、层层落实的，最终为朝会制度的举行构筑出了一个最理想的礼教空间环境。

第四章 古代的陵墓建筑

第一节 古代丧葬方式及陵墓类型

我国古代丧葬制度的形成有一个从远古的混沌简单到后世烦琐复杂的漫长历史过程，是人类物质文明与精神文化发展的产物。将祖先崇拜作为中心的传统信仰和以血缘关系为基础的宗法制度以及森严的等级制度孕育出了内涵丰富的中国古代丧葬礼仪和多样的陵墓类型。

一、中国古代丧葬的主要方式

不同地域自然条件的差异，不同民族的观念和传统习俗的差异，在我国历史上形成了多种处理已故亲属的丧葬方式。主要有：土葬、火葬、水葬、悬棺葬、树葬等。

（一）土葬

土葬是将尸体装入棺材挖坑埋入地下的一种丧葬形式，也是自灵魂观念产生以后延续时间最长、礼俗最为繁杂、流传最为广泛、使用民族较多的一种传统葬法。考古发掘的材料证实，我国土葬最早开始于北京山顶洞人，他们在自己居住的山洞深处，用土覆盖死者的尸体；到距今 7000 年到 5000 年的仰韶文化遗址中，2000 多座墓葬中土坑葬已占绝大多数；到 4000 年前，无论是黄河流域、长江流域，还是远离黄河、长江流域的东北地区、东南沿海等地都已经采用了土葬。

我国多数民族尤其是汉族重视土葬的原因是多方面的。

首先，同居住的自然环境有关。我国中原的广大地区，土地肥沃，农业文明悠久，百姓世代以农为主，视土地为生命之本（有地则生，无地则死）。他们以为人死后埋于土中，是灵魂得以安息的最好办法，所谓"入土为安"成为先人的信念，影响至深。

其次，土葬符合汉族人民的生活习惯以及慎终追远的伦理情感。"生命是从泥土中来，再回泥土中去"这个观念根深蒂固。汉族崇尚黄色，历代帝王以黄色作为显贵之色，黄色实为土色，是最稳定、最可靠的基础，因此土葬符合汉族人的生活习俗和传统观念。

最后，对封建制度而言，土葬最能表现阶级和等级的差别。只有土葬才能长久地保存死者生前的权势和地位，如雄伟的墓体，各种墓碑、石人、石兽及其他附属建筑。只有土葬才能经常在墓前进行各种象征性的活动，表示生者对死者的追悼之情，显示豪华的排场与满足政治的需要。

（二）火葬

火葬是用火将已故的人焚烧掉，把不易燃烧的骨骼收集、存放起来的丧葬方式。中原地区的汉民族（或农业民族）传统流行土葬，以致将焚尸视为奇耻大辱和最严厉的刑罚之一。所以这种葬法直到汉代以前还只存在于边远少数民族地区。《荀子·大略篇》说，氐、羌部落的战俘不怕绳捆索绑，但担忧死后不被焚烧，可见他们的习惯是焚尸火葬。

（三）水葬

水葬是我国古代存在于西藏及其邻近的西南少数民族地区中的一种葬法。它是将死者投入水中，任其漂流沉浮。在西藏地区，则先有择定日期，葬时，或用牛驮尸到江边，尔后抛尸入江；或将尸体盛以木匣，至急流处打碎木匣，沉尸江中。奉行这种葬法的民族，一般都生活在深谷大川之畔，以水为生以鱼为食，视江河为自己生命的源泉和最好的最后归宿。

（四）悬棺葬

流行于南方少数民族地区。即人死后，亲属殓遗体入棺，将木棺悬置于插入悬崖绝壁的木桩上，或置于崖洞中、崖缝内，或半悬于崖外。悬棺之处往往陡峭高危，下临深溪，无从攀登。悬置越高，表示对于死者越尊敬。

（五）树葬

树葬是把尸体放在深山野外的树上，任其风化腐烂，也称"挂葬"、"空葬"、"风葬"。这是一种古老的葬俗，主要流行于北方的一些少数民族中，鄂温克族、鄂伦春族最为盛行。这种丧俗的由来，一般认为同游猎经济密切相关。游猎生活离不开森林树木，于是便形成一种观念，认为人死以后，灵魂会同活人一样，游荡于森林之中。

树葬的葬法，以"树架法"最为普遍。这种葬法，通常是在一棵大树的树杈上，用树枝搭设平台，将尸体放在平台上；也有的在相近的几棵大树的树杈间棚架横木、树枝，将尸体放在木架上；还有的是将两棵相距数尺的大树树干拦腰砍断，在树干上架设横木，尸体放在横木上。也有使用棺材的，如松花江下游的赫哲族。如果是打猎死在山中，便就地选用大树干一段，将一面砍平，挖成槽形，把尸体放进槽当中，上面再盖上一个槽形棺盖用树皮捆扎，然后将棺材放在树架上。也有不搭平台，而将尸体用苇箔或草编包裹后，直接悬挂在深山老林的树上。这种办法，在鄂温克族中最为流行。

实行树葬的，大多要实行二次葬。就是等尸体腐烂以后，收拾遗骨，或火化，或掩埋。

也有一次葬的，如居住在内蒙古地区的一些鄂伦春人，人死之后，将尸体置于树上就算完了，即使树架脱落，遗骨掉在地上也不再过问。

二、中国古代陵墓建筑的主要类型

中国陵墓是建筑、雕刻、绘画与自然环境融于一体的综合性艺术。在我国几千年的历史长河中，形成了底蕴丰厚的陵墓文化。由于封建社会的等级制度非常森严，所以在此我们把中国古代陵墓分为皇陵、圣林、王侯墓和名人墓四种类型。

（一）皇陵

在我国古代陵寝建筑体系中皇陵以其规模宏大、陪葬品丰富而著称；它不仅包括古代帝王的陵寝，还包括我国传说时代的三皇五帝陵寝。

1. 帝王陵

帝王陵即古代埋葬帝王、皇后和嫔妃等皇族的墓葬。"陵"，本指山陵，即大的土山，所谓"大阜曰陵"。秦汉以后，帝王称自己的坟墓为"陵"，从此"陵"成为皇家陵寝之地的专称。

中国的皇陵从秦汉开始，早期称方上，即把封土垒成上小下大的方锥体，平顶，外观呈覆斗形，如秦陵。时人以封土高度，象征死者的身份，故封土越堆越高，坟墓越造越大，遂有山陵之称。秦始皇陵，规模巨大，封土很高，围绕陵丘设内外二城及享殿、陪葬墓、石刻等。据记载，地下寝宫装饰华丽，随葬各种奇珍异宝，其建筑规模对后世陵墓有较大影响。中期陵墓多凿山为陵，即靠山建坟，不用人工封土，以倍增帝陵伟岸。以唐代为代表，如乾陵、昭陵等。晚期帝陵外观造型多筑宝城宝顶，即在地宫上筑砖城，城多圆形或椭圆形平面，城内堆土，让封土成为圆顶，并略高出城墙。最具代表性的陵墓，有明十三陵、清东陵及清西陵。

2. 三皇五帝陵

三皇五帝是我国在夏朝以前出现在传说中的"帝王"。他们都是远古时期部落联盟的首领。主要的三皇五帝陵有黄帝陵、炎帝陵、太昊陵等。

（1）黄帝陵

位于陕西黄陵县城北桥山，是中华民族始祖黄帝轩辕氏的陵墓。相传黄帝得道升天，故此陵墓为衣冠冢。黄帝陵古称"桥陵"，为中国历代帝王和著名人士祭祀黄帝的场所。据记载，最早举行祭祀黄帝始于公元前442年，自唐大历五年（770）建庙祀典以来，一直是历代王朝举行国家大祭的场所。

（2）炎帝陵

炎帝神农氏的陵墓，一共有三个，分别是"湖南省炎陵县炎帝陵"、"陕西省宝鸡市炎帝陵"和"山西省高平市炎帝陵"。关于炎帝神农氏安葬地的记载，最早见于晋代皇甫谧撰写的《帝王世纪》，炎帝"在位一百二十年而崩，葬长沙"。宋代罗泌撰《路史》记述得更具体："炎帝崩葬长沙茶乡之尾，是曰茶陵"。西汉时已在此建炎帝陵，唐代已行祭祀。炎帝陵自宋太祖乾德五年建庙之后，被历代帝王列为圣地，香火延续至今。

（3）太昊陵

太昊陵在今河南省淮阳县城南 1.5 公里处。淮阳古为陈国，传为伏羲之都，也是太昊早期居住之地。文献记载春秋时已有陵墓，汉代在陵前建祠，宋太祖赵匡胤诏立陵庙，并大事建筑。明太祖朱元璋曾亲临祭祀，明清两代对陵园建筑屡加修葺，整个陵域占地 500 余亩，分内外两城。

（二）圣林

林，圣人之墓，因既要享受帝王的礼遇，又要在现实中区别于帝王的规制，故借谐音"陵"而"林"。中国著名的"圣林"有"孔林"、"关林"等。

1. 孔林

孔林是孔子及其家族的墓地。孔子死后，弟子们把他葬于曲阜城北泗水之上，那时还是"墓而不坟"（无高土隆起）。到了秦汉时期，虽将坟高筑，但仍只有少量的墓地和几家守林人。后来随着孔子地位的日益提高，孔林的规模越来越大。现在的孔林占地 3 000 余亩，正中大墓为孔子墓地，墓前有明人黄养正巨碑篆刻"大成至圣文宣王墓"。东边为其子"泗水侯"孔鲤墓；前为其孙"沂国述圣公"孔子思墓。据传这种特殊墓穴布局称之为"携子抱孙"。像这样一个延续了两千多年的家族墓地，在世界上也是极为罕见的。

2. 关林

位于河南省洛阳市老城南 7 公里的关林镇，相传为埋葬三国时蜀将关羽首级的地方。前为祠庙，后为墓冢，明万历年间始建庙、植松。清乾隆时又加以扩建，形成现今的规模。关林总面积约百亩左右，古柏苍郁，殿宇堂皇，隆冢巨碑，气象幽然，为洛阳市著名的古建筑及游览胜地。

（三）王侯墓

等级森严是中国奴隶社会、封建社会政治体制的最主要特征和表现形式之一。历代王侯既是拱卫中央朝廷的支柱，又是皇（王）族特权在地方的集中体现。当然，从各方面讲，王侯和皇帝本人是无法相提并论的，生前如此，死后亦如此。除去春秋战国出现了一些在各个方面都不逊于周天子的诸侯王墓外，秦汉乃至唐宋明清的历代王侯，他们的墓葬均无法与同时代的皇陵相比。不过十分有趣的是，由于各王侯的横征暴敛和特殊爱好，这些王侯墓的随葬品却十分丰富，甚至不逊于皇室陵墓。历代王侯墓所发掘出的奇珍异宝每每轰动世界，使人惊叹不已。如果把规模宏大、结构复杂的帝陵称作阴间的宫院，那么，把规模略小，极力地模仿帝陵却不敢超越的历代王侯墓称为幽界的殿堂，则是十分恰当的。

1. 曾侯乙墓

曾侯乙墓为中国战国初期曾（随）国国君乙的墓葬，位于湖北随州市擂鼓墩。葬于公元前 433 年或稍后，1978 年发掘。墓坑开凿于红砾岩中，为多边形竖穴墓。南北 16.5 米，东西 21 米。内置木椁，椁外填充木炭及青膏泥，其上为夯土。整个墓葬分作东、中、北、西四室。东室置曾侯乙木棺，双重；外棺有青铜框架，内棺外面彩绘门窗及守卫的神兽武士。中室放置随葬的礼乐器。北室放置兵器及车马器等。西室置殉葬人木棺 13 具，殉葬者为 13～25 岁的女性。其中出土的曾侯乙编钟是迄今发现的最完整最大的一套青铜编钟。曾侯乙编钟音域宽广，有五个八度，比现代钢琴只少一个八度。钟的音色优美，音质纯正，基调与现代的 C 大调相同，考古工作者与文艺工作者合作探索，曾用此钟演奏出各种中外名曲，令人无不惊叹。

2. 马王堆汉墓

马王堆汉墓在长沙市区东郊 4 公里处的浏阳河旁的马王堆乡，相传为楚王马殷的墓地，故名马王堆。1972 年至 1974 年先后在长沙市区东郊浏阳河旁的马王堆挖掘出土三座汉墓。三座汉墓中，二号墓的主人是汉初长沙丞相软侯利苍，一号墓主是利苍的妻子，三号墓的主人是利苍之子。其中马王堆汉墓一号墓出土的女尸，虽然时逾 2100 多年，但形体完整，全身润泽，部分关节可以活动，软结缔组织尚有弹性，几乎与新鲜尸体相似。是世界防腐学上的奇迹。

马王堆三座汉墓共出土珍贵文物 3000 多件，绝大多数保存完好。其中五百多件各种漆器，制作精致，纹饰华丽，光泽如新。在出土的众多文物中较为珍贵的是一号墓的大量丝织品，保护完好、品种众多；有绢、绮、罗、纱、锦等。有一件素纱禅衣，轻若烟雾，薄如蝉翼，该衣长 1.28 米，且有长袖，重量仅仅 49 克，织造技巧之高超，真是巧夺天工。出土的帛画，为我国现存最早的描写当时现实生活的大型作品。

3. 西汉名将霍去病的墓冢

霍去病的墓冢位于在陕西省兴平县东北约 15 公里处。霍去病是河东平阳（今山西临汾西南）人，官至大司马骠骑将军，封冠军侯。18 岁领兵作战，曾先后 6 次出兵塞外并大获全胜，打通了河西走廊。元狩六年（公元前 117 年）病逝。汉武帝为纪念他的战功，在茂陵东北为其修建大型墓冢，状如祁连山，寓意霍去病在祁连山一带战无不胜，威震匈奴。又在墓前布置了各种巨形石人、石兽作为墓地装饰，这在西汉时期的墓葬中，是一个仅有的特例。其中"马踏匈奴"为墓前石刻的主像，长 1.9 米，高 1.68 米，为灰白细砂石雕凿而成，石马昂首站立，尾长拖地，腹下雕手持弓箭匕首长须仰面踢蹬挣扎的匈奴人形象，是最具有代表性的纪念碑式的作品。

（四）名人墓

我国历史悠久，为国家的科学和文化事业作出卓越贡献的历史名人灿若群星、数不胜数。下面以屈原墓、张衡墓、岳飞墓和昭君墓为例作一简单介绍。

1. 屈原墓

屈原墓位于汨罗市城北玉笥山东 5 公里处的汨罗山顶。此处，在 2 公里范围内有 12 个高大的墓冢，这些墓冢前立有"故楚三闾大夫墓"或"楚三闾大夫墓"石碑，相传为屈原的"十二疑冢"。为纪念诗人而建的屈原祠在今汨罗玉笥山之上。现存建筑有正屋三进，中后两进之间有过亭，前后左右有天井。屈原投江的日子，成了永远的节日——端午节，这一天人们祈求鱼不食其尸而竞相抛粽子于河中。屈原被列为四大世界文化名人之首，他的诗篇成了激励后人奋发向上的巨大精神财富。

2. 张衡墓

张衡墓位于南阳市石桥镇小石桥村西北隅，张衡是我国东汉时期伟大的科学家、发明家、文学家。据史载，张衡墓原来规模宏伟，有翁仲、石兽、庙宇、读书台、张衡宅等胜迹。凡来南阳的游客文人无不策马驱车，到此访古寻幽，凭吊拜谒。著名学者郭沫若为张衡墓题写的碑文是："如此全面发展之人物，在世界史中亦所罕见。万祀千龄，令人景仰。"原全国人大常委会副委员长严济慈题词赞道："精仪揭天地，科圣著千秋。"整个墓园占地面积 1600 平方米，由汉阙、山门、门房、拜殿、角楼、石像生、浑天仪、地动仪雕塑景点组成，其内有张衡生平成就展，生动翔实介绍了张衡卓越的一生及其伟大的发明创造。

3. 岳飞墓

也称岳坟，位于杭州栖霞岭南麓。建于南宋嘉定十四年（1221），明景泰年间改称"忠烈庙"。岳飞墓的左侧是岳云墓，墓碑上写着"宋继忠侯岳云墓"。墓的周围古柏森森，有石栏围护。石栏的正面望柱上刻有"正邪自古同冰炭，毁誉于今判伪真"一联。墓门的下边有四个铁铸的人像，反剪双手，面墓而跪，即陷害岳飞的秦桧、王氏、张俊、万俟卨四人。跪像的背后墓门上有一幅非常著名的对联："青山有幸埋忠骨，白铁无辜铸佞臣"。表达了人们对岳飞的敬仰和对奸臣的憎恨之情。

4. 昭君墓

昭君墓，又称"青冢"，蒙古语称特木尔乌尔琥，意是"铁垒"，位于内蒙古呼和浩特市南呼清公路 9 公里处的大黑河畔，是史籍记载和民间传说中汉朝明妃王昭君的墓地。始建于公元前的西汉时期，距今已有 2000 余年的悠久历史。墓体状如覆斗，高达 33 米，底面积约 13000 平方米，是中国最大的汉墓之一；因被覆芳草，碧绿如茵，故有"青冢"之称。坟前正中立有董必武《谒昭君墓碑》一座："昭君自有千秋在，胡汉和亲识见高。词客各抒胸臆懑，舞文弄墨总徒劳。"赞扬昭君出塞的历史功勋。

历史名人是提升一座城市知名度的重要资源，而名人故居和名人墓葬则是历史名城的重要文化遗产。近年来，对名人墓葬的保护和开发已引起人们的重视。

第二节　帝王陵寝建筑的构成

帝王陵寝一般由地下建筑与地面建筑两部分组成，地下建筑部分主要用于埋葬死者的遗体和遗物、随葬品等，多仿死者生前的居住状况；地面建筑部分主要用在祭祀和护陵之用。

一、地下幽宫

帝王陵寝的地下建筑部分又称玄宫、幽宫，历代陵寝的地宫在布局和造型上各有不同。

先秦至秦汉时期，随着奴隶制国家的建立和王权的出现，帝王陵寝的地宫开始以"黄肠题凑"的形式区别一般的墓葬。"黄肠"是指墓穴内所用木材都是剥去树皮的柏木纺，呈淡黄色；"题凑"是指穴内垒筑的木材皆呈向心状，故将此类椁室称为"黄肠题凑"。椁室构造为一扁平大套箱，箱内分数格，称为"厢"，正中置棺木，象征庭院式布局。

东汉以后至清代，由于木椁易被腐蚀和焚毁，人们开始以砖石代替木材建筑地下墓室，墓穴所用的砖、石上面多有画像，墓室中有前后室或者东西偏房等，象征墓主生前所居。

明清时期，地宫建筑更加豪华与宏大，地宫多按"前朝后寝"布局，顶部铺琉璃瓦。地面铺"金砖"，以砖石砌成前殿、中殿、后殿，殿与殿之间皆有门分隔，地宫内有大量的壁画与陪葬品，犹如一座地下宫殿。

二、地面建筑

为了显示帝王权威的永垂不朽以及后代君王的尊礼重孝，中国古代帝王陵寝的地上建筑部分受到高度重视，无论是陵体结构，还是用于祭祀的寝庙，皆追求高大、威风、显赫的风格。总之，帝王陵寝的地面建筑主要由封土、祭祀建筑区、神道及护陵监四部分组成。

（一）封土

大约殷末周初，墓上开始出现封土坟头。春秋战国后，坟头封土愈来愈大，特别是帝王陵墓更为高大。封土形制，是帝王墓穴上方堆土成丘的形状和规模的制度。帝王陵墓封土形制自周朝以来，经历了"覆斗方上"式、"依山为陵"式及"宝城宝顶"式的演化过程。

"覆斗方上"是在地宫上方用黄土堆成逐渐收缩的方形夯土台，形状像倒扣的斗，形成下大、上小的正方形台体。因其上部是一方形平顶，好似锥体截去顶部，故称方上。这种封土形制沿用朝代最多，自周朝一直延续到隋朝，后来又被宋朝选用，以秦始皇陵墓的陵冢形体最大。

"因山为陵"是将墓穴修在山体之中，以整座山体作为陵墓的陵冢，既体现帝王的浩大气魄，又可防盗。唐代帝王陵大多采用此形式，如唐昭陵、乾陵等。因山为陵制度，源自汉文帝霸陵。东晋诸帝亦多因山为陵。南朝诸帝也多仿照。

"宝城宝顶"是在地宫上方，砌成圆形或椭圆形围墙，内填黄土夯实，顶部做成穹隆状。圆形围墙称宝城，高出城墙的穹隆状圆顶称宝顶。在宝城之前，有一向前突出的方形城台，台上建方形明楼，称为"方城明楼"，明清多采用宝城宝顶形式。

（二）祭祀建筑区

祭祀建筑区主要由陵寝大门、祭殿、朝房、东西配殿四部分组成。

1. 祭殿

祭殿又称享殿、献殿、寝殿。明嘉靖后称棱恩殿，清时称隆恩殿。它是陵寝地面建筑的主体建筑，是祭祀的主要场所。殿内一般分三个暖阁，正中神龛仙楼中供奉皇帝的牌位，另两个次间，设檀香龛座，供奉皇后的牌位。暖阁里还陈设着金玉器皿、陵图及死者的画像，四壁为锦绣壁衣。暖阁外面，悬挂巨幅龙凤朝天帐，锦帐外大殿正中置金漆盘龙宝座，两侧设金漆御风宝座，前有各式各样的供案。每年清明、中元、冬至、岁末、忌辰皆为大祭日，皇帝要亲自前来祭陵，例如不能亲祭，则派王公致祭。明十三陵长陵的棱恩殿，皆用楠木建成，为我国最大的一座楠木殿堂，与故宫太和殿大小相近。殿内 32 根巨大的金丝楠木柱令人叹为观止。

2. 物房

陵寝大门外东西各有五间朝房，东为茶膳房，是祭祀前存放茶、瓜果的地方；西为悖悖房，是祭祀前制作点心的地方。

3. 陵寝大门

陵寝大门有中、东、西三门。中门称神门，专供棺椁通行；东门称君门，只供帝后等人进出；西门称臣门，专供侍卫大臣出入。凡是皇帝来谒陵，都得在陵寝大门前下舆，以示孝心，只有皇太后可乘舆直至祭殿左阶旁下。陵寝大门两侧绕以红墙，设有官兵护陵值班的班房。

4. 东西配殿

陵寝大门内有东、西配殿。东配殿是祭祀之前准备祝版、祝帛的地方。祝版上书写着祭奠死者的祝文，每次举行祭拜仪式时，主祭者都要诵读祝版上的祝文。祝帛为丝织品，有赤、青、白、黑、黄五色，上面书有文字，白色无字者称作素帛。西配殿是为死者超度亡灵做佛事的地方。

（三）神道

中国很多陵墓前都有一条大道，即神道。神道两侧置放石人石兽，象征帝王生前的仪卫。陵墓前的石人又称翁仲。

石人中文臣执笏，武臣挂剑，双双待立，恭立神道两旁，象征警卫和侍从以及宫廷百官朝仪。宋太祖赵匡胤以兵权夺得皇位，为了防止部将以其之道还治其身，采取抑制武将，推崇文臣的办法，改官制序班，文臣在前，武臣在后，在陵寝制度上也相应作了变更，文臣石像靠近陵台，武将石像排列其后。明清两朝帝陵前石人排列次序也基本如此，只是明朝帝陵前增加了勋臣，其位于文臣之前。

帝陵前神道两侧的石兽一般可以分为祥瑞、祛邪两大类。獬豸、甪端、麒麟、朱雀、骆驼、象、马为祥瑞之物；辟邪、狮、虎、羊等为祛邪之物。但马与骆驼等除了含有祥瑞之意外，又有役使等其他含义，一般用于神道两侧的石像生主要有下列几种：

1. 马

马是帝王南征北战、统一天下的重要坐骑，在战火纷飞的古战场上常立下汗马功劳。它具有"老马识途"的智慧、"马不停蹄"的能耐、无私无畏的精神、忠于职守的品德，在狩猎或战争中经常救主人于危难。所以它历来被封建帝王将相所称颂。古代帝王为了巩固边疆，往往要千方百计地寻求战马——千里马，甚至不惜用战争手段掠夺名马。很多帝王将相都以名马作为乘骑，如唐太宗的六骏马、项羽的乌骓马、关云长的赤兔马、薛仁贵的白马、岳飞的白龙驹等。所以马是民族生命力的象征，是国势强盛的象征。

2. 骆驼

骆驼"航行"在浩瀚的沙漠之上，不怕酷暑烈日，不怕冰雪严寒，忍饥耐渴，背负重物，素有"沙漠之舟"的美誉。它嗅觉灵敏，能嗅出远处的水源，又能预感大风的到来，它是我国古代北方重要的载重动力，比马更有负重远行的耐性，寓有任重道远之意。它被视为吉祥物，象征美好理想。

3. 象

大象性情温顺、安详端庄、驯良承教、知恩必报、听言则跪、服从致远，是兽中"德高望重者"，它是吉祥的象征，是君主贤明、政清民和、天下太平的吉祥瑞应。其四腿粗壮有力，坚如磐石，寓为"江山稳固"之意。

4. 辟邪

辟邪在陵墓前昂着头，张着特大的嘴，挺着结实饱满的胸脯，在旷野中作阔步向前的姿态，气势极其威武雄壮。它既是守护帝陵的神兽，又作为力量与权势的象征。

5. 狮子

狮子自古有"百兽之王"的称号，在古代它是势力强大的象征。将它放在陵前或门前，一方面起镇魔辟邪的作用，另一方面也象征着皇权的威严和帝陵的神圣不可侵犯。

帝陵前的石人石兽的具体内容及个数，一方面与帝王的地位尊卑有关，另一方面不同朝代也有很大差别。如东汉王公贵族墓前可用天禄和辟邪，而南朝以后，天禄、麒麟等神兽只准帝陵前应用，而臣子只能用石狮。据说天禄、麒麟是传说中的神兽，所以只有帝陵前才能使用，以示皇帝上受天意，具有至高无上的权威尊严；狮子是世间猛兽，百兽之王，王公贵族墓前列置狮子，以体现他们生前显赫地位。

（四）护陵监

护陵监是专门保护和管理陵园的机构。历代帝王都把保护祖宗的陵墓作为一种特别重大的事情来办。第一是相信祖宗有灵，还在保佑他们的江山社稷。第二是对祖宗的感恩报德，因此不惜付出很大的代价，花费很大的财力及人力来保护。

担任护陵任务的一般都是具有很高威望的亲王大臣。护陵护墓的建筑同样很早就有了，但是非常简单。相传孔子死后他的弟子们就曾分别到他的墓地去守墓，当时就是搭一个简单的房子在那里守墓。一般的坟墓不一定专门看管，也不一定有人常住。而帝王陵墓几千年来盛行"厚葬"制度，殉葬品极多，就必须要设立一个护陵的机构，以防止盗掘和破坏。护陵监的外面也有城墙，里面有"衙门"、"街市"、"住宅"等，设置了"陵令"、"属官"、"寝庙令"、"门吏"等专职管理人员。西汉武帝的茂陵采取了将文武大臣，豪绅富户迁居陵区的做法，来加强保护，并把原来的茂乡升格为县，当时迁到茂陵的官宦富商很多，人口达27万，使当时的茂陵县有富甲长安之称。

据记载，当时茂陵只是在陵区负责浇水、打扫的人员就5000多人。这样，处在荒郊僻野的一个陵区很快就繁荣发展起来了，如西汉长安的汉高祖长陵，惠帝的安陵，景帝的阳陵，武帝的茂陵，昭帝的平陵就先后分设了5个陵县，使这里都成了富庶之地。河北遵化的清东陵，除设置了护陵监外还专门修了一座"新城"作为护陵之用。

第三节　帝王陵寝的分布与选址

　　我国从第一个奴隶制王朝夏王朝开始到最后一个封建王朝清朝止,历时三千余年。其间,汉族和其他少数民族建立的统一王朝和地方政权,共有帝王五百余人;至今地面有迹可寻、时代明确的帝王陵寝共有一百多座,分布在全国半数以上的省区。我国的帝王陵寝不仅数量众多、历史悠久;而且布局严禁、建筑宏伟、工艺精湛,具有独特的风格,在世界建筑文化史上占有重要的地位。了解了帝王陵寝的分布与选址,对我们理解中国古代的墓葬文化有很大的帮助。

一、帝王陵寝的分布

　　中国的皇陵从秦汉开始,多半都是一个朝代的皇帝,集中埋葬在一个地区,形成一个很大的陵区。历代帝王陵寝的分布与其建都的地点有关。西安是中国封建王朝建都最早、时间最长的古都,周围拥有著名的秦始皇陵、西汉十一陵、唐十八陵。东汉的陵园建在洛阳;宋代迁都开封,北宋九个皇帝除徽、钦二帝被金所虏,死于漠北以外,其余均葬河南省巩义。元代皇帝的墓葬方式与其他各代不同,墓坑上不堆土种树、放置石人石马等,而且在埋葬之后,还用万马踏平,并且派军队看守,待到来年青草长起来,在地面上找不到什么痕迹之后才撤出。所以除了成吉思汗陵之外,元朝各代帝陵不知所在。明太祖朱元璋建都南京,死后葬于南京,即今明孝陵。明成祖朱棣夺取帝位后,迁都北京,规模巨大、气象非凡的明十三陵就建在北京市昌平区。清代,其祖陵在沈阳,入关后建都于北京,清十代皇帝除溥仪未建陵外,其他的九个皇帝分葬于河北遵化县的东陵和易县的西陵。

　　主要帝王陵寝的分布如下:

　　1.秦始皇陵

　　位于陕西临潼县骊山之北。陵园按照咸阳都城的规制,体现了君主专制和皇权独尊的特点。陵园东门外,是象征皇城宿卫军的兵马俑。

　　2.西汉陵园区

　　西汉11个皇帝除文帝霸陵、宣帝杜陵外,都分布在渭河北岸的咸阳原上,布局以汉高祖长陵为中心,武帝茂陵规模最大。

　　3.唐陵园区

　　唐陵分布在渭水北岸的乾县、礼泉、三原、富平等县,唐太宗的昭陵和高宗的乾陵都是以山为陵。

　　4.北宋陵园区

　　北宋陵墓分布在河南巩义市洛河南岸的台地上,七帝八陵以及王公贵族墓等,形成一个庞大的陵墓群,统称永安县陵邑。

　　5.明朝陵园区

明朝帝王的陵墓除明孝陵位于南京紫金山独龙阜玩珠峰下，其他的陵墓集中在北京昌平区天寿山，称"明十三陵"。以明成祖长陵规模最宏大，保存也最完整。明神宗的定陵地宫保存较好，自发掘后建成地下博物馆，对游人开放。

6.清朝陵园区

清朝入关前的祖陵都保留在辽宁。入关后，先后在河北遵化市马兰峪的昌瑞山下和易县永宁山下建成清东陵和清西陵。东陵以顺治孝陵为中心，西陵以雍正泰陵规模最大。

二、帝王陵寝的选址

历代帝王选择陵地非常慎重，特别注重要选择在"吉壤"之地。每次外出选址，除派朝中一、二品官员外，还要吸收通晓地理、会看风水的方士参加。选好陵地后，皇帝还要亲临现场审视，认为满意，陵址才被最后确定下来。堪舆学家认为，风水有好坏之分，选择好地，则子孙荫福，选择坏地，则祸患无穷，所以帝王选择陵地必须反复踏勘，以求帝王之气永存。

明永乐五年（1407），朱棣为了在北京建陵，派了礼部尚书赵派及江西术士廖均卿等人去寻找"吉壤"之地。他们最先选在屠家营，可是，因为皇家姓朱，"朱"和"猪"同音，猪进了屠家定要被杀，故犯了地讳不能用。另一处选在昌平西南的"狼儿峪"，猪旁有狼更危险，更不能用。又一处是京西的"燕家台"，可是"燕家"与"晏驾"（皇帝死称晏驾）谐音，不吉利，又不能用。京西的潭柘寺，山间深处地方太狭窄，没有让子孙发展的余地，所以也不能用，就这样，选了多处最后才看上今十三陵这个地方。当时术士们吹嘘这里聚气藏风，山环水抱，为"风水宝地"，又说南面的蟒山、虎山是守陵的"青龙"、"白虎"，实是理想之处。朱棣非常高兴，立即降旨圈地40公里为陵区禁地，开始动工修建。

第四节　中国著名的帝王陵墓建筑

中国古代帝王的陵墓，是中国古代建筑的一个重要类型。中国古代帝王，生前或建筑宫殿，或营造园林，过着奢侈的生活。同时，又不惜挥霍大量人力、物力和财力，驱使成千上万人为他们死后大造陵墓。帝王陵以陵墓建筑宏伟、周围环境优美、保留文物数量众多而闻名。历史上著名的帝王陵主要包括秦始皇陵、汉武茂陵、唐高宗李治与女皇武则天的乾陵、明十三陵、清东陵和清西陵等。

一、秦始皇陵

秦始皇陵为中国第一个封建王朝的建立者秦始皇嬴政的陵墓，在今陕西省临潼区东约5公里，骊山北约1公里的下河村附近；建成于公元前210年。坟丘为夯土筑成，下部为原有山丘。现存遗迹为截顶方锥形，高76米，地面长515米，宽485米。据研究，坟丘四周原有内外两重围墙，形状为长方形，内围墙周长约 2.5 公里，外围墙周长约 6.3 公里。《史记·秦始皇本纪》载："始皇初即位，穿治骊山，及并天下，七十余万人，穿三泉，下铜而致椁，宫观百宫奇器珍怪徙臧满之。"秦始皇陵是中国历史上体型最大的陵墓，当时地面上还建有享殿，供祭祀。项羽军入关中时，陵区建筑被火焚烧。地下墓室，尚未经考古发掘，情况不明。

通过《史记·秦始皇本纪》中对陵墓的一段描绘能了解到：陵墓的地宫内放满珍珠、宝石，壁上有雕刻，天花与地上有日月星辰和江河湖海的印记，并且以水银充填江河之中；为了防止对墓室的破坏，还令匠人制作了弓箭安在门上。根据考古学家近年用科学方法对墓室探测，证明墓内确有水银贮存，看来文献的描述并非虚构。

1974～1976 年，在秦始皇陵外围墙以东约 1225 米处发现 3 座陪葬的兵马俑坑，均为土木结构的地下建筑。最大的 1 号坑东西长 230 米，南北宽 62 米，深约 5 米。坑底为青砖墁地，于坑侧立柱。柱上置梁枕，梁枋上密排棚木。棚木上铺席，席上覆盖胶泥，胶泥上为封土。各坑内整齐地排列着如同真人真马大小的彩绘陶俑、陶马和木车等，呈军阵场面。已清理的约有陶武士俑近千、陶马上百以及配备的战车数十辆。1979 年建立了秦始皇陵兵马俑博物馆。

陶俑替代真人殉葬，不能不说是一种进步。但是《史记·秦始皇本纪》又告诉我们，在秦始皇下葬后封闭陵墓时，"葬既已下，或言工匠为机，藏皆知之，藏重即泄，大事毕，已藏，闭中羡，下外羡门，尽闭工匠藏者，无复出者"。为了防止制作机弩和埋藏宝物的工匠泄露建造的机密，他们被留在墓道之中。这么一座动用了 70 万人力兴建的始皇陵，其中的秘密被埋入了地下。

然而据记载，始皇陵修竣仅 4 年，寝宫就被付之一炬。项羽打进咸阳之时，烧尽秦代宫殿，始皇陵自不能免。《水经注》说："项羽入关发之，以三十万人，三十日运物不能穷。关中盗贼销椁取铜……火延九十日不能灭。"此描述虽有夸张，但项羽"西屠咸阳"却是铁定的史实。后来，唐末的黄巢农民起义打进长安，又祸及始皇陵，曾在陵区乱掘了一番。所以后人有言，称秦始皇"生则张良椎荆轲刀，死乃黄巢掘项羽烧"。所谓"不朽"，在哪里呢？始皇陵冢的位置，在"回"字形平面之内城的西南一隅。这种地理位置安排，也是很契合先秦儒家所推崇的易理的。《易经》后天外八卦方位图即文王八卦方位图所规定的八个方位，以西南为坤位。据《易经》，坤者，地也，"坤为地"。"地势坤，君子以厚德载物"，坤象征博大、陈厚德君子之德。因此，始皇陵冢所处的西南隅，在建筑文化中实在可以说是好"风水"，不但象征帝王之魂回归于大地，且象征"以厚德载物"的"君"德。

二、汉茂陵

汉茂陵位于今陕西省兴平县境内。茂陵仍沿承秦制，一是在帝王登位的第二年即开始兴建自己的陵墓；二是墓室仍深埋地下，上起土丘以为陵体。汉武帝于公元前140 年登位，在位 54 年，其茂陵就修建了 53 年。

陵体为截顶方锥形，高 46.5 米，每边长 230 米，陵体之上原来还建有殿屋。陵体外围四周有墙垣，每边长达430米，各开一门。门外各有双阙。在陵园的东西侧还有卫青、霍去病、李夫人等陪葬墓。

汉墓有些已改成了砖或石的结构。室顶和四壁都用长条形的空心砖或石料一块接着一块搭砌。砖、石表面上多雕刻有各种纹样，因此称作画像砖和画像石。纹样的内容既有人物、虎、马、朱雀、飞禽等动物的单独形象，又有描绘人们进行劳动、游乐、生活的场景。如墓主人打猎、出行、收租、宴乐。其雕法均为线雕和浅浮雕，即用刀在砖、石的表面上刻画出印，或者将底面做一些处理以使形象更鲜明。后来墓壁上的装饰由雕刻而逐步发展成为彩绘，就是在砖壁上先抹一层白灰，在白灰面上再进行黑白或彩色的绘画。

汉代的陵墓是保留至今唯一一种汉代建筑类型。汉墓中出土的大量画像砖、画像石和明器，为我们提供了那个时代建筑的珍贵资料。明器是一种陪葬的器物模型，除了墓主人所用的器具以外，也有建筑模型，从中我们可看到那个时代的四合院、多层楼阁和单层房屋。汉代陵墓在古代建筑史研究中占据有重要地位。

三、唐乾陵

唐朝作为中国古代封建社会中期的强盛王国，不仅在其都城长安的规划和宫殿建筑上表现了它的威势，也在陵墓建筑上反映了这一时期的博大之气。唐朝的皇陵在总体上继承了前代的形制，以陵体为中心，陵体之外有方形陵墙相围，墙内建有祭祀用建筑，陵前有神道相引，神道两旁立石雕。但它与前代不同的是以自然山体为陵体，取代了过去的人工封土陵体。陵前的神道比过去更加长了，石雕也更多，因此尽管它没有秦始皇陵那些成千上万的兵马俑守灵方阵，但在总体气魄上却比前代陵墓显得更为博大。

乾陵位于今陕西省乾县北约6公里的梁山上，梁山有三峰，其中北峰最高，南面另有两峰较低，左右对峙如人乳状，因此又称乳头山。乾陵地宫即在北峰之下。北峰四周筑方形陵墙，四面各开一门，按方位分别为东青龙门、西白虎门、南朱雀门、北玄武门，四门外各有石狮一对把门。朱雀门内建有祭祀用的献殿，陵墙四角建有角楼。北峰与南面两乳峰之间布置为主要神道。两座乳峰之上各个建有楼阁式的阙台式建筑。往北，神道两旁依次排列着华表、飞马、朱雀各1对，石马5对，石人10对，碑1对。为了增强整座陵墓的气势，更将神道往南延伸，在距离乳峰约3公里处安设了陵墓的第一道阙门，在两乳峰之间设第二道阙门，石碑以北设有第三道阙门。门内神道两旁还立有当年臣服于唐朝的外国君王石雕群像60座，每一座雕像的背后都雕有国名与人名。这些外国臣民与中国臣民一样都要恭立在皇帝墓前致礼，所不同的是在他们的顶上原来建有房屋可以避风雨。这座皇陵以高耸的北峰为陵体，以两座南乳峰为阙门，陵前神道自第一道阙门至北峰下的地宫，全长4公里，其气魄自然是靠人工堆筑的土丘陵体所无法比拟的。至于乾陵地宫内的情况至今未能详知。经过探测，可以知道隧道与墓门是用大石条层层填塞，并以铁汁浇灌石缝，坚固无比。

四、明十三陵

明成祖朱棣的长陵、仁宗的献陵、宣宗的景陵、英宗的裕陵、宪宗的茂陵、孝宗的泰陵、武宗的康陵、世宗的永陵、穆宗的昭陵、神宗的定陵、光宗的庆陵、熹宗的德陵、思宗的思陵等十三个皇帝的陵墓，位于北京市昌平区天寿山下。始建于永乐七年（1409），迄于清初，是一个规划完整、布局主从分明的大陵墓群。

陵区群山环绕，南面开口处建正门——大红门，四周因山为墙，形成封闭的陵区。在山口、水口处建关城和水门，在山谷中遍植松柏，大红门外建石牌坊，门内至长陵有长 6 公里的神道，作为全陵的主干道。

神道前段设长陵碑亭，亭北夹道设 18 对用整石雕成的巨大的石像生。神道后段分若干支线，通往其他各陵。长陵为十三陵主陵，其他十二陵在长陵两侧，随山势向东南、西南布置，各倚一小山峰。经过 200 余年的发展，陵区逐渐形成以长陵为中心的环抱之势，突出了长陵的中心地位。长陵外其他各陵不另立神道，只在陵前建本陵碑亭，殿宇、宝顶也都小于长陵。各陵的神宫监、祠祭署、神马房等附属建筑都分建在各陵附近。护陵的卫所设在昌平县（今昌平区）城内。陵区在选址和总体规划上都是非常成功的。

十三陵的各陵形制相近，而以长陵为最大。长陵为三进矩形庭院，后倚宝城。外门为开三门洞的砖石门，门内第一进院正中为面阔 5 间单檐歇山顶棱恩门。门内即陵恩殿，面阔 9 间，，重檐庑殿式，有三层汉白玉石栏杆环绕。内有 32 根直径 1 米以上的本色楠木巨柱，雄壮雅洁，为国内仅见。殿后经内红门入最后进院，北端的明楼，是建在方形城墩上的重檐歇山顶碑亭。它的前面有牌坊和石五供。宝顶是直径近 31 米的坟山，外有宝成环绕，下为玄宫（即墓室）。十三陵中 16 世纪建造的神宗万历帝的定陵墓室已发掘，由石砌筒壳构成，有前殿、中殿、后殿及左右配殿。与阳宅四合院布局相似。

汉代、唐代各帝陵相距较远，不形成统一陵区。宋代、清代各陵虽集中于一个或两个地区，但为地域所限，多并列而主从不明。只有明十三陵，集中于封闭山谷盆地，沿山麓环形布置，拱卫主陵（长陵）。神道的选线和神道上的设置又加强了主陵的中心地位：在中国现存古代陵墓群中，十三陵是整体性最强、最善于利用地形的。进而，可以了解到明代大建筑群的规划设计水平。

五、清朝的东陵与西陵

清朝定都北京后建有两个陵区。东陵在河北省遵化市，葬顺治、康熙、乾隆、咸丰、同治五帝及其后妃。西陵在河北省易县，葬雍正、嘉庆、道光、光绪四帝以及其后妃。

（一）清东陵

东陵建在昌瑞山脚下，占地 2500 余平方公里，四周有三重界桩，作为陵区标志。南面正门为大红门，门外有石牌坊。主陵是顺治帝孝陵，建成于康熙二年（1663），背倚主峰，前有长 5 公里的神道抵大红门，布置有神功圣德碑楼、石像生、龙凤门、石桥等建筑。陵前有碑亭、朝房、值房。陵的正门为隆恩门，门内有隆恩殿、配殿、琉璃门、二柱门、石五供、方城明楼和宝顶。孝陵东为康熙帝景陵和同治帝惠陵；西为乾隆帝裕陵和咸丰帝定陵。诸陵地面建筑物比孝陵略有减少。乾隆帝的裕陵地宫用汉白玉砌成，满雕经文佛像，工艺精致。咸丰妃那拉氏（慈禧）的定东陵的隆恩殿与配殿栏杆、陛石皆用透雕技法，墙体磨砖雕花贴金，梁柱皆用香楠，都是清代建筑工艺中的精品。

（二）清西陵

西陵以太宁山为中心，占地 800 余平方公里。主陵为雍正帝泰陵，始建于雍正八年（1730），最南端仿东陵之制，建大红门，门外石牌坊增为三座。门内神道长约 2.5 公里，陵本身和神道上设置都同东陵的孝陵近似。泰陵西为嘉庆帝昌陵、道光帝慕陵。泰陵东为光绪帝崇陵。其中慕陵体量稍小但做工考究；宝顶呈圆形，不建方城明楼。

清代后妃另建陵，所以东西陵还附有大量后妃陵，规制都低于帝陵。

清陵的建筑特点基本上仿照明陵，以始葬之陵为主，建主神道，总入口处建大红门和石坊，但两个陵区地形无环抱之势，各个陵作并列布置，总体效果不及十三陵。各陵前部大体仿明陵，但限于地势，后部宝城建在平地而不似明陵倚山，地宫深度皆浅，各帝陵石像生数量不等且体量较小。

第五章 古代民居与古村落

第一节 中国古代民居建筑的类型

中国传统民居建筑类型丰富，可以依据不同的标准进行划分。按照民族划分，可分为几十种类型；按照所处地区划分，可分为北方建筑、南方建筑、西方建筑、东方建筑、中原建筑等；按照地理环境划分，可分为平原建筑、临水建筑、山区建筑、草原建筑等；按照住宅基本样式划分，可分为院落式民居、干栏式民居、窑洞式民居、毡包式民居及碉楼式民居等类型。

一、院落式民居

院落式民居在周朝时期已经产生，是最普遍的居住方式。根据地域分布，可以分为南、北两大类型。北方以华北地区的四合院为代表，如北京四合院、山西民居大院。南方院落式建筑较为丰富，地域特色鲜明，如江南水乡民居、徽派民居、客家土楼、云南一颗印及窨子屋等。

（一）北京四合院

北京四合院是典型的院落式民居。忽必烈定都北京后，用八亩为一分，把北京城的土地分给迁入北京的官员富豪修建宅第，北京四合院从此大规模出现。而北京现存最早的四合院遗址是西直门里的后英房元代遗址。明清时期是四合院的发展高峰，形成典型的四合院形式，有不同等级和规模。

四合院以"进"为单位，一进四合院是最普遍的四合院，由正房、厢房、倒座组成封闭院落，往往为中下层平民的民居。除此之外还有并联式的四合院、两进四合院、三进四合院、大型带花园的四合院等。三进四合院是最典型的四合院，大门在东南角，进门后迎面是影壁，穿过影壁向前是前院，房屋以倒座为主，庭院较浅。前院与内院之间有垂花门，因门槛有木雕莲瓣纹垂花而得名。内院是主体，包括坐北朝南的正房以及左右耳房、东西厢房等，以连廊连接厢房与正房。院内栽植花木，尤其喜欢栽紫丁香，寓意"紫气东来"。还设石桌、石凳等布置于庭院之中。后院北部建有一排后罩房。

正房每侧各有一间耳房，即为"三正两耳"。如果正房每侧各有两间耳房，则称"三正四耳"。小型四合院多为"三正两耳"，中型四合院为"三正四耳"。正房是长辈居住的房屋，东西耳房为晚辈住房。四合院的居室内沿墙置炕，以供睡眠。满族四合院的居室除了东面墙外，其他三面有炕，形成转圈炕，或万字炕。西炕为供神处，禁止坐。长辈睡南炕，北炕为晚辈居住。子女长大后另置居室。

（二）乔家大院

乔家大院是山西民居大院的典型代表，坐落在山西祁县乔家堡村，又名在中堂，始建于清乾隆二十年（1756年），之后有两次扩建和一次增修，如今辟为祁县民俗博物馆。占地面积8000多平方米，建筑面积近4000平方米，是比较具有代表性的北方民居。

乔家大院由6个大院、内套20个小院组成，有313间房屋。从高处俯瞰，整体为双喜字型布局，大院形似城堡，三面临街，四周用10余米高的水磨砖墙围护，墙上边有女儿墙和瞭望口。屋顶形式多样，有歇山顶、硬山顶、单坡顶、卷棚顶、平顶等，屋顶林立140余个烟囱，各具特色，房屋高低错落，井然有序。

大门坐西向东，拱形门洞，上有高大的顶楼，顶楼正中悬挂山西巡抚丁宝铃受慈禧太后面谕而题的"福种琅嬛"匾额，大门对面有一座砖雕"百寿图"照壁。大门内以一条80多米长的平直甬道将院子分为南北两排，南北各三座大院相互毗邻，甬道尽头是乔氏祠堂。

北面三个院自东向西依次为1号院、5号院、6号院，都为开间暗棋柱、虎廊出檐大门，便于车、轿出入，大门外侧有拴马柱和上马石。1号院（大夫第）和5号院（中宪第）是祁县一带典型的"里五外三穿心楼"的两进四合院，里院的厢房两边各五间，外院的厢房两边各三间，里外院之间有穿心过厅相连。6号院原打算建成三进偏套院，但因日军侵华，乔家人避难平津等地，此院没有建成，如今辟为花园。

南面三院自东向西依次为2号院（敦品第）、3号院（芝兰第）、4号院（承启第），建成时间比北面三院晚，是两进双通四合院形式，正、偏院相对，每个主院的房顶上盖有更楼，并建有相应的更道，把整个大院连成整体。

乔家大院建筑造型宏伟，装饰精美，布局得当，整体中见变化，跌宕起伏。院内斗棋飞翘，出檐玲珑，各种石雕、砖雕、木雕及彩绘俯仰可见。

（三）江南民居

江南民居以水乡民居和徽派民居为代表。自古以来称长江以南为江南，包括苏南、浙北和上海，以及安徽、江西的沿长江南岸地区。江南水网纵横，气候温和，雨量充沛，经济发达，文化底蕴深厚，建筑风格清新雅致。

1. 水乡民居

江南地处长江三角洲和太湖水网地区，形成以水运为主的交通体系，因水成市，因水成街，形成很多市镇。这些市镇以市场为中心，修建许多商业建筑和娱乐休闲场所，百姓的住宅临水而建。前店后坊、上宅下店是江南古镇较为典型的建筑形制。水城苏州、绍兴，古镇周庄、同里、角直、乌镇、西塘、南浔等皆临水而建，依水而居。

为适应江南潮湿的环境，水乡民居的细节处理比较独特。建筑多穿堂布局、院落形成小天井。房屋多为木结构平房或楼房，青灰瓦顶、空斗墙、观音兜山脊或者马头墙形成了高低错落的建筑。

空斗墙是用砖侧砌或平侧交替砌筑成的空心墙体。具有用料省、自重轻和隔热、隔声性能好等优点，但坚固性比实体墙差。在明朝以来，空斗墙已大量用来建造民居和寺庙等，长江流域和西南地区应用较广。

观音兜本是古代妇女的风帽，因帽子后沿披至颈后肩际，类似佛像中观音菩萨所戴的帽子式样，故名。它作为一种建筑形式源自福建民居，之后多见于徽派建筑山墙、门头。做法是在墙头上盖瓦做背平面的形式，类似于渔民捕鱼的网兜，在民间有祈福保佑风调雨顺的意思。

马头墙也称"封火山墙"，指建筑两侧山墙高出屋面，做成阶梯状或平头高墙，具有防火功能。有时称它为"风火山墙"，应该是"封火"的谐音。

水乡民居的天井大都为横向长方形，便利通风和采光。大型水乡民居多为富豪、官宦宅邸，入口沿街或沿河，对称布局，坐北朝南或坐西向东。中央的主体院落一般由门厅、轿厅、正厅、内厅、女厅等五进组成，以厢房或院墙围合成院落。边路院落包括花厅、书房、内宅、厨房等组成。有时与园林巧妙结合，如同里的退思园。还在前后进的腰门上作装饰性的砖雕门楼，上悬匾额。墙基常用条石，墙面以石灰粉刷，或用清水磨砖贴面。院内的地面要铺设砖石、鹅卵石防潮，室内多用木地板。

水乡民居平房与楼房错落有序，山墙起伏跌宕，高墙深巷掩映、板路曲桥互通，码头驳岸相杂，临河贴水，因地制宜，虚实相生，色调淡雅，极富朦胧的诗意，因此，常以"粉墙黛瓦""小桥、流水、人家"来形容江南民居。

2. 徽派民居

"徽"指徽州，别称歙州、新安，即今安徽黄山市。徽州号称"八分半山一分水，半分农田和庄园"，山明水秀，人杰地灵。徽派民居是南方民居的重要类型，江西、苏南、浙西等广大地区的建筑风格都受到徽派建筑影响。徽派建筑以木构架为主，以砖、石为辅助。梁架考究，注重在屋顶、檐口、梁枋、柱础、门窗等部位进行装饰，雕饰精美。木雕、砖雕、石雕题材丰富，寓意美好，雕工精湛，体现出高超的艺术水平，为民居建筑中之翘楚。徽派民居往往坐北朝南，以砖石垒砌高墙，形成小天井的封闭院落，建筑之间互相连接，与北方四合院的建筑之间相互分离不同。布局因地制宜，层次高低错落，空间变化多端，色调灰瓦白墙，装饰繁简得当，群体搭配自然，总体感觉清新素雅。安徽宏村、西递、南屏，江西婺源李坑江湾及篁岭等都是代表性的徽派建筑村落。

宏村位于安徽黄山西南麓，是一座风景优美的画里乡村。最早称"弘村"，始建于南宋绍兴年间，是汪氏一族聚居的村落，清乾隆年间更名宏村。村落占地30公顷，北枕雷岗，面临南湖，山清水秀，风景如画。明永乐时期，村民对宏村进行仿生设计规划，仿牛形结构，"山为牛头，树为角，屋为牛身，桥为脚"。雷岗山是牛头，山中古木是牛角，由东而西错落有致的民居组成牛身，村中九曲十弯的水渠是牛肠，泉水蓄成的半月形池塘形成牛胃，水渠最后注入村南的湖泊，是为牛肚，又在绕村的溪河上先后架起四座桥梁作为牛腿。设计巧妙，不仅有利于居民用水，还改善居住环境，巧妙融合人文景观与自然景观。

全村现完好保存明清民居 140 余幢，包括住宅、园林、祠堂、书院等建筑类型。基本上依水而建，住宅多为二进院落，有的人家还引水入宅，形成水院，开辟鱼池。整个村落处处粉墙黛瓦、层楼叠院、高墙深巷'石路板桥，意境古朴清幽；民居前庭后园，马头墙错落有致，木构架雕饰精美。比较典型的建筑有南湖书院、乐叙堂、承志堂、德义堂、松鹤堂、碧园、敬修堂、东贤堂、三立堂及叙仁堂等。

西递位于安徽黄山市黟县东南部，是胡氏宗族聚居的村落，始建于北宋皇佑年间，发展于明景泰中叶，鼎盛于清初，已有 960 余年历史，素称"桃花源里人家"。西递东西长 700 米，南北宽 300 米，居民 300 余户，人口 1000 多。整个村落呈船形，徽派建筑鳞次栉比，宛如一间间船舱。现存比较好的明清古民居建筑 124 幢、祠堂 4 幢、牌楼 1 座，建筑样式与宏村类似，大都设有天井，寓意"四水归堂""肥水不流外人田"，石雕、砖雕、木雕精美绝伦。代表性建筑有胡文光刺史牌坊、凌云阁、瑞玉庭、桃李园、东园、西园、大夫第、敬爱堂、履福堂、青云轩、膺福堂、笃敬堂、仰高堂、尚德堂、枕石小筑、惇仁堂及追慕堂等。

（四）土楼建筑

土楼是为逃避中原战乱而迁徙到南方的中原客家人住宅，历史可以追溯到魏晋时期。主要分布在闽西、赣南、粤北一带，用当地质地黏稠且坚韧的红壤夯筑而成。土楼造型独特，被英国科技史学家李约瑟称赞为"中国最特别的民居"。

按照形式划分，土楼可分为圆形、方形、半圆形、八卦形、凹字形及五凤楼等造型，以圆楼与方楼最常见。圆楼内部形成环环相套的布局，圆心处为家族祠院，向外依次为祖堂、围廊，最外一环住人。其底层为餐室、厨房，第二层为仓库，三层楼以上的为居室。其中每一个小家庭或个人的房间都是独立的，而以一圈圈的公用走廊连接各个房间。圆楼形制较为封闭，一二层一般不开窗，这样的设计注重防御性。方楼形制是沿方形围墙修建筑物。譬天井和回廊，楼最高可达六层。最后使用木制地板与木造栋梁，加上瓦片屋顶。福建龙岩永定区世泽楼、广东潮州饶平县畲族泰华楼等是典型的方形土楼。

半圆形分布于平和与永定，而八卦型的土楼则偶见于永定、漳浦、华安、诏安、南靖和广东东部的梅州、潮州地区，广东潮州饶平县道韵楼是典型代表。凹字型土楼主要分布于闽西永定。五凤楼又名大夫第、府第式、宫殿式或笔架楼。基本上是以两个厢房、一个门楼组成三凹两凸形式，类似中国古代的笔架造型，主要分布在闽西各县与漳州、台湾。

按照建筑内部结构划分，土楼可分为内通廊式土楼和单元式土楼。内通廊式土楼各层以走马廊连接各户，主要分布在客家人聚居的福建龙岩永定区，又称为客家土楼，以永定湖坑镇振成楼为代表。振成楼建于民国元年（1912 年），依照八卦方位建造，卦与卦之间有防火墙，内有中心大厅、花园、学堂等，装饰精美，雕梁画栋，被誉为最富丽堂皇的土楼。单元式土楼各层没有连贯各户的走马廊，形成了独立的垂直单元，又称为闽南土楼，以永定的振福楼为代表。

土楼的墙壁下厚上薄，最厚处可以达到 1.5 米。

在夯土内掺入适量的小石子和石灰，甚至适量糯米饭，红糖，以增加其黏性。夯筑时在土墙中埋入杉木枝条或竹片为"墙骨"，以增加其拉力。经过反复夯筑后，再在外表抹一层防风雨剥蚀的石灰。整个建筑非常坚固，防风、防火、防盗、防震能力极强。

永定有 23000 座土楼，是拥有土楼数量最多的地方。高头乡的承启楼是围数最多、规模最大的土楼，为四层、四环圆楼，有四百余间房，始建于清康熙四十七年（1708 年），现住江姓 57 户 300 余人，被誉为"土楼之王"。

漳州南靖县土楼群也十分具有代表性。其最早建造的圆形土楼是高五层的裕昌楼，始建于元末明初，俗称"东倒西歪楼"。楼中心有单层圆形祖堂，祖堂四周以鹅卵石铺成大圆圈，分成五格，象征"金、木、水、火、土"五行。田螺坑土楼群方圆搭配，被戏称为"四菜一汤"。中心方形土楼为步云楼，始建于清嘉庆元年（1796 年），三层，每层 26 间房屋。之后相继建造四座圆形图楼：位在其右上方的和昌楼、左上方的振昌楼、右下方的瑞云楼、左下方的文昌楼。

（五）云南院落式民居

云南昆明、大理、丽江等地有一种四合院式民居，结构为正方形，正房为三间两层楼房，两边厢房各一或两间，矮于正房，院之中间形成小天井，高墙无窗，外观方正类似于印章，故称"一颗印"。其门廊又称倒座，进深八尺，因此，一颗印民居也被称为"三间四耳倒八尺"（亦有"三间两耳"）。房屋采用木结构柱梁，墙体多为夯土墙，屋内极少装饰。正房三间的底层中央作为客堂，左右为主人卧室。耳房底层为厨房和猪、马牲畜栏圈，楼上正房中间为祭祀祖宗的祖堂或者是诵经供佛的佛堂，其余房间供住人和储存农作物等。

大理地处云南省中部偏西，是云南文化的最早发祥地之一，素以"下关风、上关花、苍山雪、洱海月"著称。大理是白族聚居地，白族民居也采取一颗印形式，广泛用石头为建材，门楼造型变化多端，山墙与照壁等部位装饰精致，粉墙画壁，图案丰富。还镶嵌大理石为饰，极具地域特色。房屋多为三间两层的楼房，坐西向东，寓意"背靠苍山，面对洱海"。院内喜欢种植花木，环境布置非常优美。平面布局与组合形式一般有"一正两耳""两房一耳""三坊一照壁""四合五天井""六合同春"及"走马转角楼"等。

白族民居的大门大多在东北角，门内有照壁对着正房，正房较高，两边厢房较低，建筑错落有致，俗称"三坊一照壁"。多为砖木结构，屋顶用筒板瓦覆盖，前面形成重檐前山廊格局。以石块垒砌墙基，以砖砌墙。"四合五天井"则去掉正房面对照壁而代之以下房（倒座），四坊（正房、左右厢房、下房）围成一个封闭的四合院，同时在下房两侧又增加两个漏角小天井，加上中央庭院天井，形成"四合五天井"。"六合同春"是大型住宅，基本形制是由一院三坊一照壁和一院四合五井天组合而成，共有两个大天井和四个小天井，凑六数而得六合同春，寓意"鹿鹤同春"，因此又称"重院""重堂"。这种民居比较耗费财力，仅限于富贵人家，目前保留极少。在院落中，以楼廊将正房与厢房彼此相连，通行无阻，所以名"走马转角楼"。

（六）窨子屋

在湘、黔、赣地区的"喜子屋"是侗族民居样式。窨（yin）本意指地下室，《说文》："窨，地室也"。窨子屋是相对紧凑、封闭的院落式民居，至今已有上千年历史。其平面为四合院布局，造型方正，多为两进两层木构建筑，也有两进三层或三进三层的，三层上南北间有天桥连通。外面以高墙环绕，防御性强，建筑中心留有小天井以便采光。这种建筑明显受到徽派建筑影响，又掺杂一些沅湘地域特色。其门楣、梁枋、户牖、柱础、照壁等部位皆雕饰精美，图案丰富，湖南怀化市黔阳古城、洪江古商城仍保留大量明清时期留下来的窨子屋。

二、干栏式民居

干栏式建筑在广西中西部、云南东南部、贵州西南部等地区一直流行。《博物志》："南越巢居，北朔穴居，避寒暑也。"广西壮族、侗族，贵州侗族、苗族，云南南部瑞丽江'怒江、澜沧江下游地区的傣族、基诺族、独龙族、布依族、侗族、黎族、高山族、保像族、景颇族、德昂族、布朗族、瓦族、拉祜族等如今仍保留干栏式建筑的居住方式，俗称"竹楼建筑"。干栏式建筑用粗大的竹子或木材作为梁、柱，用竹篾作墙栏，用草排为房顶。分为两层，楼下架空，放置杂物或者养牲畜，楼上有大厅、卧室、阳台等部分。

（一）西双版纳傣族建筑

西双版纳傣族园位于勘罕镇（橄榄坝），南临澜沧江，北有龙得湖，当地热带植物茂盛，有曼将、曼春满、曼听、曼乍、曼嘎等5个傣寨，有300多户，1500余人。这些傣寨竹楼的形制相似，顶部用歇山屋顶，坡度陡，出檐深，内部宽敞通透，功能分区得当。底层以木柱架空，有效地防虫蛇、防潮湿'防地震，楼下圈养牲畜或放置农具杂物，楼上住人。登上前廊内的楼梯到二层堂屋，中间设火塘，用以煮饭、照明、取暖。堂屋旁边是阳台，当地称"展"，是盥洗、晾晒之所。堂屋和卧室之间以隔板相隔。

（二）湖南凤凰吊脚楼

吊脚楼是半干栏式建筑，常见于湘西、鄂西、黔东南地区的苗族、侗族、壮族、水族、土家族聚居地。或依河而建，或依山而建，正房建在实地上，厢房处于悬空状态，以高高的木柱支撑。吊脚楼多为二层楼房，饮食起居都在二楼，偶有三层楼房。湖南凤凰县沱江边保留的一些明清时期吊脚楼颇具代表性。凤凰是一座环境优美的小山城，历史可以追溯到唐朝。凤凰吊脚楼造型奇特，坐落在古城东南的回龙阁，前临古官道，后悬于沱江之上，长240余米，大多数是清朝和民国时期的建筑，具有浓郁的苗族风情。

三、窑洞式民居

　　窑洞式民居是穴居方式的延续，《诗经》中已有"陶复陶穴"的描述。其主要分布在豫西、晋中、陕北、陇东、新疆吐鲁番等地区，这些地区地处黄土高原，黄土层堆积很厚，土质疏松，气候干旱，炎热少雨及便利挖洞居住。

　　窑洞属于生土建筑，先定方位，在挖地基，再打窑洞、扎山墙、安门窗。窑洞采用拱顶结构，稳固耐用，朴素自然，室内冬暖夏凉。它们以院落为单位，依托地形巧妙排列，成群成片，成线成面，高低错落，在壮阔雄浑的黄土高原上展示出窑洞建筑的淳朴美学意蕴，体现出人与自然的共生，体现出因地制宜的智慧，它是黄土高原的特殊文化表现。根据窑洞的形式可以分为靠崖式、地坑式、锢窑三大类。

　　靠崖式窑洞是利用天然崖面挖掏而成。窑洞往往高3米、宽3米左右，进深有所不同。常常曲线排列，内有多个窑洞。陕西延安的窑洞在王家坪、杨家岭、枣园等随处可见。富贵人家的窑洞形成院落，有大门、照壁、寝室、拐窑（要洞内再挖的小窑洞）、厨房等组成。河南巩义康店村的康百万庄园是明清时期留下来规模最大的靠崖式民居建筑群。依山开窑洞，临街建楼房，濒河设码头，布局严谨，规模宏伟，集农、官、商于一体，有33个庭院、53座楼房、16孔砖拱靠崖窑洞，73孔砖砌锢窑，房舍1300余间。山西吕梁碛口镇李家山村，建筑依山而建，层叠错落，如凤凰展翅，风格独特，现有百十来院，400多孔窑洞。既有窑洞式"明柱厦檐高坛台"四合院，又有靠崖挖的土窑。

　　地坑式窑洞也称下沉式窑洞、天井院、地阴院。是在挖好的方形地坑四周再进行横向挖洞，形成下沉式居住单元，具有"远看不见村，近看脚下人；平地起炊烟，忽闻鸡犬声"的奇特效果。在陕西、甘肃庆阳、山西运城、河南荥阳、巩义市、三门峡市陕县等地都有地坑院。

　　锢窑是独立式的窑洞，在地面上用砖石建造拱顶住宅，形似窑洞，不适用梁柱结构。有土坯结构，也有砖石结构，可以单层，也可以建成二层楼。上层若仍为锢窑，称为"窑上窑"，上层若为木构房屋，则称为"窑上楼"。明末至民国逐渐修建而成的山西碛口镇西湾村，依山就势，街巷相连，院院相通，建筑多有锢窑形式。

四、毡包式民居

　　毡包式民居是我国北方游牧民族的传统居住方式，主要分布在内蒙古、东北、新疆等地区。古代游牧民族喜欢逐水草而居，流动性很强，因此在草原上采用拆装方便的毡包作为居住方式。蒙古族、哈萨克族、柯尔克孜族、维吾尔族、鄂温克族、鄂伦春族等都曾住过或还在住着毡包。汉武帝时期远嫁乌孙国的细君公主因思乡而作《悲愁歌》，描绘当地民居"穹庐为室兮旃为墙"，穹庐就是弧顶毡包。

　　毡包式民居做法是先将地表整平，根据毡包的尺幅规定毡包的圆周范围，然后用皮条绑扎起枝条做骨架围合成墙壁，上面覆盖一个伞形拱架，绑扎结实后在外面披上羊皮或毛毡，用绳索束紧即可。毡包内部铺设一层沙子或干羊粪以防潮，再铺上皮垫、毛毡之类，家具陈设较为简单。毡包顶部伞形拱架中心是圆孔，白天掀开毛毡可以从圆孔采光。

蒙古包是毡包的典型代表，亦称"穹庐""毡帐"，指"无窗的房子"。蒙古包以树木做骨架，以羊毛擀毡子，以马鬃、马尾、驼毛搓绳，所需原料随手可取，施工亦不需要泥水土坯砖瓦。传统蒙古包主要由架木、苫毡、绳带三大部分组成，内部宽敞舒适。蒙古包的骨架包括陶脑（套脑、套瑙）、乌尼（乌那）、哈那、门。陶脑是蒙古包的天窗，可以通风、采光，形似撑开的伞，通常由三个规格有序的圆形木环和四个弧形木梁组合而成，最大的圆木环外侧凿有方形插口。乌尼即椽子，是连接陶脑和哈那的木杆。哈那是以柳木条用皮绳缝编成菱形网眼的网片，将哈那连接成一个圆形栅框，就是蒙古包的墙壁。

门在蒙古语称为"哈拉嘎"，由门框、门槛和门楣组成，门框与哈那高度相等。蒙古包的门不能太高，一般高约三尺五寸，宽约二尺五寸，进入蒙古包往往需要弯腰才能进去。门朝南或东南方向，可避西北风。

苫毡由顶毡、顶棚、围毡、外罩、毡墙根、毡幕等组成。夏季盖一层，春 ' 秋季节盖两层，冬季则盖三层，并在里面挂帘子，毡子四周以绳扣紧。蒙古包内陈设极为讲究，通过方位体现尊卑。西北、西、西南方向放置男人所用物品，东北、东、东南方向放置女人所用物品。西北为尊，安放佛桌和佛像、佛龛。蒙古包以白色为主，多配以蓝色图案。"蒙古"在蒙文中指银色的河、洁白的河，其祖先起源也有"苍狼白鹿"的传说，因此蒙古人崇尚白色，象征高贵和纯洁。蒙古包的造型和色彩充分反映了蒙古族的文化内涵和审美观念。

鄂温克族毡包往往做成圆锥形，俗称"撮罗子"，鄂温克语叫"希楞柱"，高约 3 米，直径约 4 米，用松木搭建而成。其顶在不同季节用不同物品遮盖，夏季一般用桦树皮，冬季则用麅（ji）、鹿皮。牧区的鄂温克人也住蒙古包，山区贫困人家的住房是矮小、潮湿的土坯房，俗称为"马架子"。

鄂伦春人的"斜仁柱"也是圆锥形窝棚，和"撮罗子"相似，是鄂伦春人狩猎时的主要住房。"斜仁"是树干的意思，其主要结构以树干搭成，上覆泡子皮、芦苇帘、布围子等，室内有神位、铺位及火塘。

五、碉楼式民居

碉楼式民居主要分布在青藏高原、内蒙古等地，藏族 ' 羌族的住宅是代表。平面呈方形，类似于碉堡，故名碉楼。一般三到五层，砌有高大厚实的石墙，木梁柱，平顶。下层是库房和牲畜圈，二层以上住人，顶层还专门设有经堂和晒台。

藏族在唐朝时称"吐蕃"，藏族人自称"博巴"。藏族建筑包括碉楼、土掌房（土木结构、厚墙小窗的二至三层平顶或悬山顶民居，主要在云南迪庆）、毡包等，其中碉楼最具代表性，外墙垒石砌筑，厚实坚固。

西藏山南市扎囊县郎色林庄园的主楼就是典型的碉楼民居。郎色林庄园又名"囊色林"，意思是 " 财神之地"，是西藏地区最古老、最高耸的庄园。庄园主人曾是吐蕃王朝末代赞普朗达玛的女婿。庄园约建造于 13 世纪，处于雅鲁藏布江畔的袋状谷地中，周围以垣墙围合。庄园主楼高大壮观，为土木混合结构，平面呈横长方形，局部高达 7 层，主体为 6 层。屋顶四周的女儿墙外皮用 "边玛草" 垒砌成边玛檐墙，边玛草是生长在高寒山区的一种灌木，其生长期慢，质地坚硬，枝干不易分叉，往往被藏传佛寺或藏族贵族府邸用作建筑装饰材料，象征着建筑的高贵。主楼东端凸出部分的外墙以石块垒砌，其余皆夯土墙。每一层梁架的椽子上皆铺木板或半圆木，上铺鹅卵石，再于其上铺阿嘎土层。阿嘎土是西藏传统建筑屋顶和地面采用的制作方法，即将碎石块和泥土、水混合后铺于地面或屋顶，再进行反复夯打，夯实之后得阿嘎土地面或屋顶显得十分美观光洁。

羌族自称"尔玛"，主要分布在四川省阿坝藏族羌族自治州所属的茂县、汶川、理县、松潘、黑水和绵阳市北川羌族自治县以及平武县。其余散居在甘孜藏族自治州以及贵州铜仁地区，羌族民居以石砌碉楼为特色。《后汉书　南蛮西南夷列传》记载，分布在岷江上游和四川北部地区的冉駹（mdng，青色的马）羌就居住在名为"邛笼"的碉楼里："故夷人冬则避寒，入蜀为佣，夏则违暑，反其邑，皆依山居止，累石为室，高者至十余丈，为邛笼"。书中所提到的"邛笼"源自羌族语言，意思为"碉楼"，它的形式与当地山居环境有关。

隋唐时期，碉楼在川西地区和藏东地区广泛分布。《隋书　附国传》："近川谷，傍山险。俗好复仇，故垒石为石巢而居，以避其患。基石巢高至十余丈，下至五六丈，每级丈余，以木隔之，其方三四步，石巢上方二三步，状似浮屠，于下级开小门，从内上通，夜必关闭，以防贼盗"。顾炎武《天下郡国利病书》："威、茂，古冉駹地。垒石为碉以居，如浮屠数重，门以内以辑木上下，货藏于上，人居其中，畜圈于下，高至二三丈音谓之邛笼，十余丈者谓之碉。"石巢邛笼即羌族村寨中的高大碉楼，碉楼可居，可守，大多修建于村寨的中心或交通要道。据《理番厅志》记载，羌民"皆依山冈为宫室，叠石架木，层级而上，形为箱柜，最后则修高碉，藏其珍宝兵甲"。总体布局呈方形、平顶，墙壁以山石垒砌，高 10 余米。一般分为 2 ~ 4 层，以 3 层最为普遍，底层设厕所，牲畜圈，二层住人，堂屋中间砌火塘。室内神龛或屋顶往往供奉白石，白石是神的象征，寄托羌族人对生活的美好愿景。三层为平台和储藏室，邻居之间屋顶平台相互依借，连成一片，错落有致。

苗族民居建筑以木结构为主，有穿斗式民居、吊脚楼及权权房（竹木结构的简陋草顶房）等形式，还有一些苗寨依山而居，就地取材，利用山里的石块垒砌碉房，辅以土木，多为 1 ~ 2 层，屋顶覆瓦或木板和石片，以悬山顶和平顶为主。

广东开平还有一种风格独特的碉楼，其出现与近代华侨寄钱回乡建房有关。由于当时盗匪横行，这些建筑强调防御性，大都是多层碉楼建筑，在风格上中西结合，顶部变化丰富，形式多样。现存 1800 多座，分布在各个乡镇。百合镇雁平楼、马降龙碉楼群、塘口镇方氏灯楼、蚬冈镇瑞石楼、升峰楼、锦江楼等都是杰出代表。塘口镇自力村有 15 座碉楼，方润文于 1925 年所建的铭石楼是其中最精美的一座。楼高 5 层，楼身为钢筋混凝土结构，外部造型壮观，内部陈设豪华。碉楼顶部以爱奥尼亚柱廊和中式攒尖顶互融，巴洛克曲线山花与罗马式围栏混搭，形成中西合璧的瞭望亭。

六、其他民居

中国是历史悠久、地大物博的多民族国家,各民族、各地区的民居式样丰富多彩。如山东胶东半岛的海草房、福建泉州以卵石垒砌的石头厝、新疆维吾尔族"阿以旺"、云南摩梭人木楞房、云南迪庆藏族土掌房及云南红河哈尼族彝族自治州的哈尼族蘑菇房……等等。

(一)新疆阿以旺

新疆维吾尔族住宅一般包括前、后两个院子。前院为生活起居的主要场所,院中引进渠水,栽植葡萄、杏等果木。还有用土坯砌成的晾房,用于晾制葡萄干,墙体做成镂空花墙形式。后院用作饲养牲畜和积肥的场地。

"阿以旺"主要分布在新疆南部,已有数百年历史,是一种带有天窗的夏室(大厅),顶部是平顶,在木梁上排木檩。厅内周边设土台,高 40～50 厘米,用于日常起居。室内设壁龛,可放被褥或杂物,墙面喜用织物装饰,并以织物的质地和大小、多少来标识主人身份与财富。

(二)哈尼族蘑菇房

云南红河哈尼族彝族自治州元阳县哈尼族村寨的民居建筑形如蘑菇,被称为"蘑菇房"。墙基用石料或砖块砌成,墙基上用夯土垒土成墙,屋顶用多重茅草遮盖,形成四个斜面。蘑菇房结构奇特,冬暖夏凉。内部分三层,第一层用于养牲口、放杂物。第二层用于休息、会客'饮食,客厅中央设置长方形的火塘,并有一个小门通往厅外的晒台。第三层是阁楼,亦称"封火楼",用于存放粮食柴草等物品,也用于适龄男女谈情说爱和住宿。哈尼族民居一般位于向阳的山腰上,依山而建,高低错落。建筑与山峦、树林、梯田、水泉等有机融合,形成奇妙的生态景观。

第二节　古代村落的选址与布局

一、古村落的选址与布局

中国古村落的选址和布局是十分讲究的。古人相信村落和自然环境选定的成功与否,会直接关系到整个家族和子孙后代能否昌盛发达。所以在村落建设之初,都要先请风水先生来看看风水,包括观察山脉的起伏、水流的方向及草木的生长等。

一般来说,村落基地要选择地势宽敞平坦的地方,周围有山水环抱,最好是后有靠山、前有流水,周围有小丘护卫。江南和中南部的水乡古村落一般都建在河流的北岸,以取得良好的日照,一面临水或背山面水,建筑沿着河道伸展,临水设有码头,以联系水路交通。在东南和西南的山区,村落往往是竖向分布的,形成层层交叠的布局。在北方地区,村落常选择地形平整的地方,整体布局风格严整而开阔,街道宽敞,建筑雄壮，凸显出北方大气、粗犷的风格。

二、中国村落布局的特点

中国村落布局的沿革是多元的。中国地域辽阔，民族众多，56个民族各自偏居一方，几千年来在比较封闭的环境里，自我形成的各种各样的崇拜和信仰，以及民俗风情，再加上外来宗教的影响，这些有形和无形的因素，潜意识世代因袭，成为了村落环境布局的主要依据。

"因地制宜"是中国先民在建设家园过程中总结出的一条宝贵经验。尤其是住在山区的少数民族，巧妙地利用地形，节省土地，创造非常舒适而完美的生活空间，开创建筑和园林领域空间规划设计的先河。广西龙胜金竹寨便是一例。

城镇附近的村落，则重规矩，讲风水，追求城市的生活模式，虽身居郊野，却慢慢失去田园的生活情趣。中国黄河中原及长江流域一带，那些耕读世家、商贾望族，他们把城市里那些深宅大院作为建设家园的样板，违背了因地制宜、顺应自然的原则，构筑成一处处封闭、单调、规矩的生活环境，如山西的那些华贵的村落大院。

这些村落大院的规矩模式沿袭于城市，而中国的城市布局沿革受周礼制影响较深，宫殿、衙门、宗庙、祠堂、宅院等，无不以中轴对称作为规划设计的格局。中国广大地区的汉族大户人家的村落，大部分追求这种封闭式的布局。

自唐、宋以来，中国的一批文人雅士、骚人墨客，他们的思想境界与那些衣锦还乡和发家致富的商贾不同，他们向往的是超然世外、田园自娱的生活环境，由他们创建的家园则是另一番景象，如广西富川的秀水村及湖南怀化的荆坪村等。

另一类走耕读之道，学而优则仕的世家，他们用儒家的哲理来立意建造家园，构成富于生机的村落环境，如浙江楠溪江的苍坡村及芙蓉村等。

还有那些因避战乱，寻得安身之地，在创建家园之外围建起防御体系，求得族人的安身立命自小村落。这种城垣的村落体系，沿用了古代围壕的模式，最典型的是福建的赵家堡古村。此外，福建漳州地区，以宗族为单位所建筑的各种形式的土楼，其规模虽比古代城壕村落小得多，但其功能布局却有异曲同工之妙。史前先民防御体系的构思，无疑对后世带来一定影响。

对于那些具有宗教信仰的民族，村落的布局缘于宗教的某些特定规定，世代因袭，虽历经千年，村落布局依旧。例如回族村落里清真寺的位置是固定不变的；西双版纳小乘佛教的村落，村中的缅寺处在显著的位置。

而中国大多数位于郊野或山区的村落，往往结合地理条件，村落房舍融于大自然之中，与山水田园构成一处处和谐的生态环境。尤其是那些位居山区的小村落，几亩薄田映衬出依山而筑的几户人家，极富农家的诗画境界，如湖南张家界天门山下的小村舍，朴实无华。这种充分结合自然的优良思想缘于祖宗的传承，这里没有过多的规矩，重要的是更好地结合自然来安排。

三、古村落布局形态

古村落是以宗族聚居为特色，以居住和生活功能为主的居民点，古村落的布局大致可以分为以下几类：

（一）山水古村

这类古村落依山傍水，水、桥、民居交相辉映，其代表是宏村。宏村融天然山水、田园风光、人文景观于一体，风水观念、耕读思想浓郁。牌坊、书院、庙宇、祠堂分布讲究，吊脚楼建筑别具特色，美观实用，或金鸡独立，或连片成寨，或负山含水，或隐幽藏奇……千姿百态，冬暖夏凉，不燥不潮，和谐统一，浑然一体。

（二）山区古村

这类古村落环山而居，多苍天古木，也可能有溪水潺潺，起到方便村民生活和装点古村景观的作用，其代表是李家山村。此类古村建筑形式多为四合院，也有吊脚楼、窑洞等特色建筑。古村内巷道纵横，黑瓦白墙，马头墙高耸，雕刻精美。

（三）要塞古村

这类古村落以城堡和山寨为建筑特色，有极强的军事防御功能，其代表是张壁。此类古村地处险峻地段，多因军事而建城堡，易守难攻，退进自如，高大的城门、雄伟的城墙和整齐划一的街道其是标志性建筑。

（四）名胜古村

这类古村落多因地理上接近风景名胜而形成、繁荣，其代表是鸡鸣驿村。它们处于名寺、名山、名人故居的旁边，拥有得天独厚的地理优势，纳山川之精华，借名寺之福气，逐步发展形成风格独特的村落，山川因名人而生动，名人借山川而传扬。此类古村一般风景独具，文化源远流长。

四、古村落的人文景观

中国历史文化名村是不同地域、不同文化、不同民族及不同建筑特色的中国古村典范，体现着中国人的居住理想和生活的尊严感。

（一）历史悠久

历经沧桑岁月而风韵犹存的古村落，码头、港口、街市依稀可辨昔日繁华景象，美观而实用的古建筑和民居飞檐翘角。例如，盛唐时的模式、风范、标准创建的唐模古色古香，建于南唐初年的淡陂风彩依旧，数代人在这片古老而神奇的土地上，过着日出而作、日落而息的恬静生活。

（二）建筑文化

小巧的吊脚楼依山傍水，高大气派的四合院古朴厚重，九厅十八井的培田古民居是古村落建筑结构的典范，于家石头村写就了石头的诗篇，东楮岛的海草房洋溢着浓浓的原生态气息，碉楼、鼓楼、土楼群、城堡、古寨更是风格各异。无论是民居、亭阁，还是寺塔、石桥，举目可见的各类雕刻以及匾额楹联，无不体现古人对美的追求。

（三）耕读文化

叶落归根以及唯耕唯读的传统理念，使得乡村成为古代中国的财富聚集地，重视教育的古人在整体建筑布局中处处流露出对文化的渴求，留下恢宏的荣耀痕迹，荫庇后人。大旗头村的文房四宝便是耕读思想的典型代表。

（四）特色民俗

各地的各族村民有着各自的文化特点，美食文化风格别样，服饰文化五彩缤纷，娴熟的手工艺令人赞叹，各种习俗更是丰富多彩。

第三节　古代村落的建筑类型

古村落中的建筑大致可以分为两大类：一类是住宅民居建筑，包括各种形式的民宅；一类是公共建筑，包括祠堂、寺庙、戏台、牌坊、街道等。这两类建筑通常都具有浓厚的地方特色和乡土气息。与大城市相比，各地的古村落更多地保留了明清以来的古代建筑，那些历经百年的古街、古桥及古宅院，带给人们的是一种古朴自然而又内涵深厚的文化意蕴。

一、古村落中的民居建筑

民居就是人们居住的建筑，是最基本的建筑类型，分布最广，而且数量最多。各地古村落的民居不仅显现出多样化的面貌，而且保留了古代的建筑特色，甚至可以记录一个家族几代人的繁衍生息，见证整个古村落的沧桑变化。

（一）合院式民居

合院式民居是中国民居中十分常见的一种，以围合起来的院落为基本形式，四合院是其中应用最广泛的一种。

四合院，指的是东南西北四个朝向的房子围合起来而形成的内院式住宅，其布局方式十分符合中国古代社会的宗法与礼教，家族中男女、长幼、尊卑地位有别，房间分配的区别也十分明显。而且其四周都是实墙，可以有效地隔绝外界干扰，且兼具防御功能，形成安全舒适的生活环境。四合院的形状、面积与单个建筑的形体只要略加调整，就可以适应不同地区的地域条件，所以南北各地几乎都可以见到四合院的影子。

四合院大规模出现在元代时的北京等地区，到了明清时期，四合院成为中国民居中最为理想的一种模式，得到了长足的发展，其中最具代表性的就是北京四合院、晋中四合院、皖南天井院等。

（二）窑洞民居

窑洞是中国西北黄土高原上居民的古老居住形式.黄土高原上的黄土层非常厚，而且具有不易倒塌的特性当地人利用高原有利的地形，凿洞而居，创造了窑洞建筑。窑洞一般有靠崖式窑洞、下沉式窑洞和独立式窑洞等形式。

在山西晋中地区的一些古镇中，仍保留着不少窑洞建筑。这些窑洞有的是在山崖和土坡的坡面上向内挖掘的靠崖式窑洞；还有一些富裕人家将窑洞与一般住宅相结合，后部是窑洞，前部留出空地建造平房，用院落围合，形成窑洞式的四合院；还有的在平地向下挖掘一个方形大坑，再在四面坑壁上向内挖掘出窑洞的下沉式窑洞，这也可看作是一种四面房屋的四合院。

（三）干栏式民居

干栏式民居在中国云贵地区分布较广，尤其是在苗族、侗族、傣族等少数民族聚居的地区。干栏式建筑盛行的地区，多为山峦起伏的山区，而且气候潮湿炎热。当地人用当地生产的木材或竹子，随着地势建起两层的构架，下层一般多空敞而不做隔墙，里面用来饲养牲畜或堆放杂物。上层住人，而且四周向外伸出廊棚，主人可以在廊上起居休息。这些廊棚的柱子并不落地，而是靠楼层上挑出横梁承托，以便人或牲畜在下层行走。这样一来，廊子犹如悬吊在半空，所以这类建筑又被称为"吊脚楼"。其优点是人住在楼上可以通风防潮湿，又可防止野兽的

（四）土楼民居

在福建省南部的永定、龙岩、漳州一带的乡村，普遍存在一种土楼民居。每一栋土楼的体积都很大，用夯土墙作为承重结构，平面形式有方形、圆形、五角形：八卦形、半月形等，以方楼和圆楼为主。土楼通常高三四层，其中房间多达数十间，可以容纳几十户人家、数百人生活。

古时福建地区战乱频繁，盗匪横行，于是人们建起高大坚固如堡垒般的土楼，一个家族的男女老幼都聚居在一起。土楼墙体厚重坚固，有的土楼甚至在三四层上开设枪眼，以抵御外敌。楼内还有谷仓、水井、牲畜棚圈等设施，如遇外敌围困可坚持数月之久。

二、古村落中的公共建筑

古村落中的公共建筑种类十分丰富，常见的包括祠堂、寺庙、戏台、牌坊、桥梁等。

祠堂是一个家族祭祀祖先的地方。明代以前，只有帝王诸侯才能自设宗庙祭祀祖先，平民只能在家中祭祖。明代嘉靖年间，朝廷首次"许民间皆立宗立庙"，到了清代，民间祠堂大量出现，几乎各村各镇都有祠堂，其中还有宗祠、支祠和家祠之分。祠堂

的功能除了祭祖之外，还是族长行使族权的地方，同时也可以作为家族的社交场所。一些地方的宗祠还附设学校，族人子弟就在这里上学。祠堂建筑一般都比民宅规模大，越有权势的家族祠堂往往越讲究，高大的厅堂、精致的雕饰，成为这个家族光宗耀祖的一种象征。

中国古村落中还保留着大量的民间寺庙，除了宗教性质的佛教寺庵、道教宫观、清真寺之外，还有许多供奉传统和地方诸神仙的庙宇，如关帝庙、土地庙、文昌阁、魁星阁、真武阁等等。对于中国人来说，无论是传说中的文臣武将还是管天管地的各路神明，无论是外来的菩萨还是本土的道主，只要能带来平安、圆满与护佑，就都可纳入信仰和崇拜的范围，享受香火。

（三）戏台

戏台常设于一村最为繁华的核心地段，用于逢年过节戏班演戏或举行其他典礼仪式。这种戏台建筑一般独立高耸，一面或三面开敞，屋角向四面挑起，有飞扬般的轻盈感，戏台多雕梁画栋，风格华丽。

（四）牌坊

牌坊又称"牌楼"，是一种中国传统的门洞式纪念性建筑物，盛行于明清时期，在民间被广泛地用于旌表功德、标榜荣耀。在古村落中，牌坊一般安放在村口，用来旌表和纪念某人某事，也可仅仅用来当作一种装饰。各地牌坊不仅建筑结构自成一格，而且通常集雕刻、绘画、匾联文辞和书法等多种艺术于一体，集中体现了古人的生活理念、道德观和民风民俗，具有了很高的审美价值和深刻的历史文化内涵。

第四节　古代村落的结构与环境

一、中国古村落的村落结构

中国古代村落的社会结构受制于经济和民风等诸多因素影响，经济是农村发展的基础，古代小农自耕自足的经济，为农村村落奠定了基础，而村落的发展同时也受到一定的制约。村落的构成形式都往往取决于民风及民俗，一个村落建村建房的指导思想来自民俗和信仰，这正是中国古代村落形成的共同特点。

中国人自古以来对生活的追求，重在现实，以人为本。中国人把今生今世看得更重。在有生之年，希望可求得美满的生活。故村落的布局是以人为中心，把人的生活放在主导地位。从村落选址、总体安排、民宅位置，无不把生活起居、人的精神追求、人际往来以及集体活动放在首要地位。像村民公共活动的场所，如祠堂、鼓楼、庙寺、学堂等，必须要放在村落最重要的位置，有的位于村头，有的位于中心。而保平安的土地爷、灶王爷、山神爷常退居次要的位置。村里村外的一切安排，景物选择、环境组织等等，都是以人追求的物质和精神诸多方面的活动场所为转移的。如村前的廊桥、路亭，村头的石凳、风水树，宗祠前的小广场，村中心区的晒谷坪，井台前的小坪，土地庙前聚会的场地，院内小天井，户内起居的堂屋等场所，都是基于村民的实际生活需要，为一个村落小社会安排的。

中国古村落的形成，虽然把人放在中心位置去塑造自己的生活空间，但首先考虑的是择地，而后再建村。古人所言"观乎天文，以察时变，观乎人文，以化成天下"（《易贲　象》），"天文"乃自然秩序，"人文"乃人事条理。多求一切人事条理与自然秩序取得和谐统一，则风调雨顺，人丁兴旺，万事大吉。凡保留至今兴旺发达的古村落，都具有非常好的地理环境，巧妙地利用自然条件，因地制宜，创造出优美的生活环境。引山溪之水，辟良田，开渠道。建筑依山傍水，后有山峦丛林，前有平川良田，生活空间和生产场地与大自然有机统一，融为一体，妙道所在且天人合一。

二、中国古村落环境构成

中国古村落虽然有民族和地域的差异，但几千年来在中华民族华夏文化圈的相互交流和渗透的影响下，逐渐形成一个共同的环境观。这个环境观包含了中华民族几千年来的文化积累，无论古村落的具体布局如何千差万别，在塑造村落的环境中，都有一个共同的准则，即把"人"放在主导的位置，一切从人居的要求出发，敬神是为了求得神的保佑，祭天地乃祈求上天赐福于人。中国古代村落社会不存在宗教，在村落里找不到庙寺，在明清时代汉族的古村落里最大的宗教建筑只有小小的土地庙。所供奉的神都是放在居民的家里，大多放在堂屋，灶王爷则供在灶台上。祭天的活动往往在露天的广场上进行，有的民族常在山上或森林里进行。村落的布局都是围绕村民生活起居的一切活动安排的。这种以人为本的思想，自古以来，一脉相承，已经成为构建村落环境不可动摇的准则。

正因为以人为本，不同的民族因生活习俗的差异导致各自的传统环境观。

不同民族的传统环境观是根据他们各自的人生观、宇宙观和审美意识形成的。

汉民族以"礼"来安排。比较完整的村落，从居室到公共活动的祠堂、场院，所构成的大小环境，都与"礼"有相应的关系。一切布局，讲究规矩，崇尚秩序。

边远地区少数民族虽然或多或少受到中原汉族文化的影响，但他们仍保持各自的民族习俗和信仰。他们依据自身的风俗习惯去安排家园，更多的是顺应自然地理条件去规划适合他们的生活空间，他们的生活哲理并不把"礼"放在首要位置上。

中国少数民族因地域和气候条件的差异、民族传统文化的不同、风格习惯和信仰的不同，世代因袭所形成的传统环境观也有各自特征，有的用游猎为主的少数民族，居住不固定，很少组成村落。像傣族信奉小乘佛教，每个村子都建佛寺，而佛寺只是作为宗教活动的场所，虽也是村内的公共建筑，但它没有侗族鼓楼那样承担多种社会职能。故傣族佛寺——甸寺常常位于村子的边沿地带，很少位于居住房屋的中心。信奉伊斯兰教的回族村落，村内所建的清真寺虽也位于居住区的外侧，但它的位置朝向很有讲究。苗族的保家楼、羌族的碉楼，都作为防御哨所出现在村落的前沿，高高耸立在村头，成为羌寨或苗寨的标志。

（一）中国古村落与自然环境的关系

中国古村落有的位于平原地带，有的位于丘陵，边远地区的古村落位于山区，先民常在条件不好的情况下，创造出令人陶醉的田园，这一切应归功于建设者对人与自然环境的把握。在古村落的布局中"师法自然、择势而居"，创建者据自然环境条件，因地制宜，确定村落的总体布局，安排村落的道路系统。道路是与地形的变化、溪流的走向密切结合在一起的。古村落往往因山就势，巧妙安排在道路两侧或山坡上，与山体结合紧密，融于自然。

（二）中国古村落对境界的追求

中国许多历史悠久的古村落，非自然形成，大多是通过立意，确定主题并结合自然条件，精心规划设计，以求达到理想的境界。

有的以景为主题，构成许多景点，以丰富村落环境景观。人们往往借助村里溪流石桥，塑造"小桥流水人家"的境界。如怀化铁坡江坪村，妙用村内山石和花丛构成村内小八景，巧借村外溪流山岸塑造村外大八景，为江坪村增加景色，平添文化情趣。

有的取意哲理，如兰溪诸葛村结合山形地貌，塑造一个八卦形的村落。再如永嘉楠溪江芙蓉村，取意"七星八斗"，村中以七块石墩为星，八个水池为斗，寓意于会试高中，光宗耀祖；苍坡村取意"文房四宝"，将池为砚、石为墨、山为笔架、街为笔，用象征的手法达到立意的目的。

三、中国古村落的环境艺术

中国古村落的环境由三大部分组成：①村落前沿场地；②村落里公共活动场地；③农舍生活院落。这三部分序列布局，相互渗透，相互依存，在村落外围远山丛林、清溪塘池的衬托下，地构成一处富于生机的田园景色。

村落的环境艺术有别于城市，它是以大自然为背景环境所构成的一幅幅画卷，它具有浓郁的生活气息。不同地域、不同民族、不同民俗、不同信仰的村落所追求的东西不同，与大自然构成的环境空间所展现的田园风格也各具特色。

村落的景色以大自然为背景，受到时空的制约多，一年四季的景色变化较大，与城市景观有一定差别。城市的环境界面以建筑为主体，虽然村落的房舍也不会大变，但农村的房舍大多融于自然之中，体量较小，山水田园在环境构成起主导作用。古村落的环境艺术，离不开田园风光，一栋造型独特的有艺术价值的农舍，如没有环境衬托，难于达到环境优美的艺术境界。分析古村落的环境艺术必须从整体上去观察，尤其是去观察自然环境中村落的景色。如建筑物位置得当，能获得画龙点睛的效果。

就一个村子而论，可以从几个角度去看它的景界：

第一，由高处俯视一个村子，一览无余，全村皆收眼底。村落融于自然环境之中，主体是自然山水，田园风光，村落只不过是大环境中的一部分。一切进入到视线的村子：村落整体色彩鲜明，白墙灰瓦，突出在青山绿水之中，村落的建筑高低起伏，参差有致，充分展示建筑群体之美。

第二，由低处仰视一个村子。山村位于半山或丘陵，借助地形的变化，村子三五成群坐落在竹林里、树丛中，溪流山脚萦绕，构成一幅山庄田园景色。

第三，平视一个村子。必须借助山林作背景，衬托出了村落高低起伏的建筑配合村前的田园或溪流，更显示出田园风光的景色层次。

第四，进村后所看到的村落景色。

四、古村落里的生活空间

一个规模较大的村落，村子的入口是一处重要的生活空间，由一个小场院和几棵古树组成，是村落的前沿标志、村民常聚集的场所。

村子的中心区常设有场院或桥亭，是全村居民活动的中心，溪上的小桥或路旁的凉亭在村内常起到点景的作用。

村内的井台边常设有各种水池，这些水池具有浓郁的生活气息，村民在这里汲水、洗衣、洗澡、交流闲谈。

有的古村利用自然石坪，种上几棵树界定一处公共聚会的场地，因地制宜设定这处古村活动环境，如湖南怀化江坪村。

中国古村落以宗族建村的较多，故村内的祠堂成为村内居民的活动中心，节日喜庆一般都集中在此活动，祠堂选择村落最好的位置建设。通常地，祠堂依山傍水，视野开阔，前面布置广场，形成一处环境优美的公共活动场地。祠堂建筑体量大，造型华丽，是全村最突出的公共建筑，在村落环境里居标志性地位，成为村落的重要景观。

中国古村落常在建村之时，结合村里村外的自然条件来组景，如怀化地区江坪村借用村外的山、溪流、树木构成外八景，利用村内山石、码头、花丛、大树构成内八景。也有的村落在建村的同时，人为地利用道路起伏、转折，筑寺、建桥、建筑小品来造景。例如在路口建小土地庙，溪边建凉亭，小巷道上架过街桥，设防火券门，设立牌坊等等。用这些处理手法，以形成村内小景观，增加村内环境情趣。

古村落居家院落往往也可见到许多小景，每户的院落大门都各具自己的特色，依主人的经济实力建筑力所能及的大门，尽量表现出大门的艺术性，有的筑八字门楼，有的虽只建垂花披檐，却显得美观大方，其艺术性不亚于华丽高大的门楼。如永嘉县楠溪江芙蓉村某一院落的木门楼，悬山披檐两坡顶，几根方木柱装点得十分典雅，不失明代遗风，比一般砖刻门楼更胜一筹，院落大门造型在中国古村里非常丰富，是古村里一道靓丽的风景线。

村落院内的环境常结合农村的生活起居安排，大院落的场地种植果木花卉，小院落点缀盆景花卉，增加几分生气。

古村落院内建筑很重视装修，无论外檐的砖雕、内檐的雕梁画栋，及门窗福扇，这些建筑局部构件都用中国传统文化主题内容去装饰，给生活增添无尽的情趣，把一处居住院落装点得丰富多彩。

第六章 古代的楼阁、桥梁与水利工程

第一节　中国古代的楼阁建筑

　　楼阁是两层以上的装饰精美的高大建筑，可以供游人登高远望，休息观景，还可以用来藏书供佛，悬挂钟鼓。在中国辽阔的土地上，楼阁建筑随处可见，这些各具特色的建筑，折射出中华文明的丰富多彩及博大精深。

一、中国古代楼阁建筑综述

　　早期"楼"与"阁"是有所区别的。"楼"指的是重屋，多狭而修曲，在建筑群中处于次要位置；"阁"指的是下部架空、底层悬高的建筑，平面呈方形，两层，有平座，在建筑群中居于主要位置。"楼"与"阁"在形制上不易明确区分，而且人们也时常将"楼阁"二字连用。所以，后来"楼"与"阁"就逐渐互通，并无严格区分。

　　中国古代的楼阁建筑多出现在宫城和园林中，不但可以作为人们休息之处，还可作为景观观赏的对象。同时，中国古代的建筑师们在建造楼阁时往往善于从自然、文化、历史、地理、地域等具体条件出发，利用日照、山形、水势、风向来布局，因地制宜地进行设计，因而楼阁凝聚着中国古代建筑艺术的结晶。中国古代楼阁建筑大多善于"借景"，方便远眺美景，占据园林的重要观景位置或者最佳视角位置。

二、中国古代楼阁建筑的发展与类型

　　中国楼阁建筑历史悠久，种类繁多，古往今来，历朝历代修建的楼阁，或用来纪念大事，或用来宣扬政绩，或用来镇妖伏魔，或者用来求神拜佛，承载着不同凡响的文化意义和景观功能。

（一）中国古代楼阁建筑的发展

中国古代楼阁建筑起源于中国独有的高台建筑，有许多种建筑形式和用途。

1.秦汉及其前的楼阁建筑

春秋战国时期，双层楼阁建筑已十分普遍，青铜器上常刻有楼阁宴乐的画面。秦汉时期，楼阁等高台建筑达到鼎盛时期。阙楼、市楼、望楼等都是汉代出现较多的楼阁形式。汉武帝时建造的井干楼高达"五十丈"。而作为楼阁种类之一的城楼在汉代已高达三层。汉代的楼阁建筑在木架构的运用上，已能做到充分满足遮阳、避雨和凭栏眺望的要求。各层栏檐和平座有节奏地伸出和收进，使外观既显稳定又有变化，并产生虚实明暗的对比，创造了中国楼阁的特殊风格。

2. 魏着时期的楼阁建筑

魏晋时期，随着佛教的传入以及佛教文化与中国神仙思想、传统文化的融合，中国古代高台楼阁建筑成了中国佛教"浮屠"的建筑基础模范，由此，诞生了一大批宗教楼阁建筑，如北魏洛阳永宁寺木塔，高"四十余丈"，百里之外，即可遥见。

3. 宋以后的楼阁建筑

北宋是中国楼阁建筑的集大成时期，木架构技术已经达到了很高的水平，并且形成了我国独特的建筑风格和完整的体系，对后来楼阁建筑技术的发展产生了很大的影响。

明清以来的楼阁构架，将各层木柱相续成为通长的柱材，与梁杭交搭成为整体框架，形成通柱式的建筑风格。此外，尚有其他变异的楼阁构架形式。而且，此时期历史上有些用于皮藏的建筑物也称为阁，但不一定是高大的建筑，例如文汇阁。

（二）中国古代楼阁建筑的类型

中国古代楼阁建筑的类型，依据其功能意义，可以划分为民居楼阁、文化楼阁、宗教楼阁、军事性楼阁和游赏性楼阁。

民居楼阁是一种独特的中国古代居室建筑。有些是木、竹材料建构的，有些是石砖材料建构的，有些是属于休闲赏玩的怡楼雅阁，有些是属于安身息住的静阁寝楼。

文化楼阁主要用于储藏经书，如明代浙江天一阁和储存《四库全书》的清代皇家藏书楼文渊阁、文津阁、文澜阁、文溯阁、文汇阁等。

宗教楼阁是宗教建筑常见的形式，其内常供奉高大佛像或神像。

军事性楼阁如城楼、箭楼、敌楼、城市中心的钟鼓楼等，用于抵御、灭杀来犯之敌或传达通告某些军事信息。其平面较为简单，体量高大，宏伟壮观。

游赏性楼阁依据其可登临远眺、观赏风景、自成风景的特点，成为了中国古建筑文化中极具吸引力的单体建筑。

三、中国古代楼阁建筑的典范

中国古代著名的楼阁多因景而盛，因文而显。

（一）黄鹤楼

黄鹤楼号称江南三大名楼（岳阳的岳阳楼、武昌的黄鹤楼、南昌的滕王阁）之一，原址在湖北武昌蛇山黄鹤楼矶头，相传它始建于三国吴黄武二年（223）。在历史发展的长河中，黄鹤楼历经沧桑，屡毁屡建，不绝于世，可以考证的就达30余次之多。黄鹤楼最后的一次被毁是清末光绪十年（1884）八月，因汉阳门外董家坡居民房屋起火，风大火猛，殃及此楼，很快将这千古名楼化为灰烬，仅存数千斤宝盖铜楼鼎一架。1984 年重建的黄鹤楼在蛇山西端的高观山西坡上，处于穿过长江大桥的京广铁路和分路引桥之间的三角形地带内。新楼共 5 层，高 51.4 米，钢筋混凝土仿古结构，攒尖顶，层层飞檐，四望如一。其各层大小屋顶，交错重叠，翘角飞举，仿佛是展翅欲飞的鹤翼。楼层内外绘有仙鹤为主体，云纹、花草、龙凤为陪衬的图案。在主楼周围还建有胜象宝塔、碑廊、山门等建筑。虽较黄鹤楼故址离江远了些，但是因山高楼耸，气势雄伟，视野开阔，黄鹤楼大观空前，无与伦比。

（二）岳阳楼

岳阳楼位于历史悠久的文化古城岳阳，岳阳古称"巴陵"，位于湖南省北部，烟波浩渺的洞庭湖与绵延万里的长江在这里交汇，岳阳楼就坐落在傍水而建的古城西门城头，矗立于洞庭湖东岸，西临烟波浩渺的洞庭湖、北望滚滚东去的万里长江，水光楼影，相映成趣。以岳阳楼、君山为中心而构成的巴陵胜景，闻名遐迩，素以"洞庭天下水，岳阳天下楼"而享誉中外，是我国著名的旅游胜地之一。

岳阳楼始建于公元 220 年前后，距今已有 1700 多年的历史，其前身相传为三国时期东吴大将鲁肃的"阅军楼"；西晋南北朝时称"巴陵城楼"；初唐时，称为"南楼"；中唐李白赋诗之后，始称"岳阳楼"。唐朝以前，其功能主要作用于军事上。自唐朝始，岳阳楼便逐步成为历代游客和文人雅士游览观光，吟诗作赋的胜地。此时的巴陵城已改为岳阳城，巴陵城楼也随之而称为岳阳楼。岳阳楼高 21.5 米，三层、飞檐、纯木结构。楼顶覆盖黄色琉璃瓦，造型奇伟，"岳阳楼"匾额为郭沫若手书。历史上的诗人如杜甫、韩愈、刘禹锡、白居易、李商隐等均前来登临览胜，留下了不少名篇佳作，使岳阳楼名扬天下。北宋庆历四年（1045）春，滕子京重修岳阳楼，并且请好友、文学家范仲淹作了《岳阳楼记》，从此，岳阳楼更是名满天下。

岳阳楼久经沧桑，屡毁屡修。现在看到的岳阳楼，是清同治六年（1867）重修的。整个楼的建筑，可用八个字来概括：四柱、三层、飞檐、纯木。岳阳楼主楼高 3 层，高达 15 米，中间以 4 根大楠木撑起，再以 12 根柱作内围，周围绕以 30 根木柱，结为整体。整个建筑没有用一颗铁钉，没有用一道巨梁。12 个飞檐，檐牙高啄（似鸟嘴在高空啄食）。屋顶为黄色琉璃瓦，金碧辉煌，曲线流畅，陡而复翘，宛如古代武士的头盔，名叫盔顶。盔顶下的如意斗拱，状如蜂窝玲珑剔透。岳阳楼"纯木结构，盔式楼顶"的古老建筑风格，充分显示了我国古代建筑艺术的独特之处和辉煌成就。

（三）滕王阁

滕王阁巍然耸立于赣江之滨，是一座声贯古今，誉播海内外千古名阁，素有"江西第一楼"之称。

滕王阁因滕王李元婴始建而得名。李元婴是唐高祖李渊的第 22 子，唐太宗李世民之弟，贞观十三年（639）六月受封为滕王，之后迁到洪州（南昌）任都督。在南昌任职期间，他别无建树，唯在唐永徽四年（653）于城西赣江之滨建起一座楼台为别居，此楼便是"滕王阁"。

滕王阁为历代封建士大夫们迎送和宴请宾客之处。明代开国皇帝朱元璋也曾设宴阁上，命诸臣、文人赋诗填词，观看灯火。滕王阁建立1300多年以来，历经兴废28次。明代景泰年间（1450～1456），巡抚都御使韩雍重修后，其规模为三层，高27米，宽约14米。1926年军阀混战时，被北洋军阀邓如琢部纵火烧毁。新中国成立后，江西省政府重建滕王阁。如今的滕王阁，连地下室共九层，高57.5米，占地达47000平方米，明三层暗七层，加上两层底座一共九层，琉璃绿瓦，锚金重檐，雕花屏阁，朱漆廊柱，古朴高雅，蔚为壮观。主阁南北两侧配以"压江"、"挹翠"二亭，与主阁相接。主阁之外，还有庭园、假山、亭台、荷池等建筑，无论其高度，还是面积，均远胜于历代四阁，同时也超过了现在的黄鹤楼和岳阳楼。如今，作为"江南三大名楼"之一的滕王阁，较1300多年前的建筑更巍峨壮观，充分体现"飞阁流丹，下临无地"的气势；内有多间仿古建筑的厅堂，用作古乐、歌舞、戏曲的表演厅或展览馆等。登楼眺望，南昌景致尽收眼底。

滕王阁之所以享有极大的声誉，很大程度上归功于一篇脍炙人口的散文《滕王阁序》。传说当时诗人王勃探亲路过南昌，正赶上阎伯屿重修滕王阁后，在阁上大宴宾客，王勃当场一气写下这篇令在座宾客赞服的《秋日登洪府滕王阁饯别序》（即《滕王阁序》），由王仲舒作记，王绪作赋，历史上称为"三王文章"。自此，序以阁而闻名，阁以序而著称。

（四）蓬莱阁

蓬莱阁，与黄鹤楼、岳阳楼、滕王阁并称全国四大名楼。它位于烟台市西，坐落在蓬莱城北面的丹崖山上。传说汉武帝多次驾临山东半岛，登上突入渤海的丹崖山，寻求"蓬莱仙境"，后人就把这座丹崖山唤作蓬莱。因而，蓬莱自古就有"仙境"之称。据文献记载，唐代曾在这里建过龙王宫和弥陀寺；宋朝时的1。61年，由郡守朱处约建蓬莱阁供人游览；明万历十七年，也就是1589年，巡抚李戴在蓬莱阁附近操办增建了一批建筑物；1819年，知府杨丰昌及总兵刘清和又主持扩建，使蓬莱阁具有了现在的规模。

蓬莱阁建在丹崖山顶上。远远望去，楼亭殿阁掩映在绿树丛中，高踞山崖之上，恍如神话中的仙宫。蓬莱阁下方有结构精美、造型奇特的仙人桥，那是神话中八仙过海的地方；东侧有上清宫、吕祖殿、普照楼和观澜亭等；西厢为避风亭、天后宫（俗称娘娘殿）、戏楼和龙王宫。这些楼阁高低错落有致，与蓬莱阁浑然一体，统称"蓬莱阁"。蓬莱阁每个建筑单体由多种风格的楼亭殿阁所簇拥，犹如众星拱月。阁内布局奇巧，浑然成体；层层叠叠，错落有致。各亭殿内楹联碑文琳琅满目。蓬莱阁主阁是一座双层木结构建筑，丹窗朱户，飞檐列瓦，雕梁画栋，古朴壮观。登上主阁，凭栏四顾，轻纱般的云雾缠绕阁下，亭楼殿阁在掩映中时映时现，使人超凡出世之感油然而生。蓬莱阁作为一座占地32800平方米、建筑面积达到18960平方米的庞大古建筑群（共有100多间），楼亭殿阁分布得宜，建筑园林交相辉映，各因地势，协调壮观，山丹海碧，清风宜人而成为名扬四海的游览名区。1982年国务院公布水城及蓬莱阁为国家重点文物保护单位。

（五）鹳雀楼

鹳雀楼位于山西省永济市蒲州古城西面的黄河东岸，共六层，前对中条山，下临黄河，是唐代河中府著名的风景胜地。

相传当年时常有鹳雀（额，鹤一类水鸟）栖于其上，所以得名，该楼始建于北周（557—580），到宋以后被水淹没，废毁于元初。

鹳雀楼由于楼体壮观，结构奇巧，加之区位优势，风景秀丽，唐宋之际文人学士登楼赏景留下许多不朽诗篇，其中以王之涣的《登鹳雀楼》诗："白日依山尽，黄河入海流。欲穷千里目，更上一层楼"堪称千古绝唱，流传海内外。21世纪初，国人拟重建鹳雀楼。1997年12月，鹳雀楼复建工程破土动工，重新修建的鹳雀楼为钢筋混凝土减力墙框架结构，设计高度为73.9米，总投资为5500万元，截至2001年，主体工程完成封顶。现在，这座黄河岸边九层高的鹳雀楼与相隔不远的普救寺，成为当地两大著名人文景观。

第二节　中国古代桥梁

数千年来，中国劳动人民因地制宜，就地取材，建造数以百万计、类型众多、构造别致的桥梁，成为华夏建筑文化的重要组成部分。

一、中国古代桥梁建筑综述

我国幅员辽阔，河道纵横交错，著名的长江、黄河和珠江等流域，有数量众多的桥梁。桥梁不仅是连接空间、沟通山水的工具，也是一种建筑艺术，一种人文景观，一种文化思维。建筑在河道上的桥梁往往与周围环境相融合，与周围环境刚柔相济、曲直相通、虚实相邻、动静相辅。中国古代桥梁建筑的辉煌成就，成为了中国地缘文化艺术的一种载体，在东西方桥梁发展史上占有重要的地位。

我国的桥梁建筑诞生于氏族公社时代，距今4000～5000年。它的雏形是"垒石培土，绝水为梁"，即用石土垒起，以断绝水流的方式修筑。后来古人开始在浅水中设置步墩，又称蹬步。这类桥虽然达到了跨河越谷的目的，但它并不具备桥梁的本质，因为桥梁是以架空飞越为标志的。但这种早期的桥梁，却是道路向桥梁转化的一种过渡，即桥梁的雏形。经过很长时间的发展，到了东汉时期，基本形成了梁桥、拱桥、吊桥及浮桥四种桥梁基本体系。尤其是拱桥，其形式之美，造型之多，为世界少有。进入隋、唐、宋时期，古代桥梁建筑技术达到了巅峰，随后的元、明、清三代，将前代的造桥技术进行了全面总结，初步形成了各种桥型的设计、施工规范。19世纪后期，随着工业革命成果的传播，以砖、木为主要材料的古代桥梁逐渐淡出历史舞台。

二、中国古代桥梁建筑的典范

中国桥梁的建筑形式多种多样：大桥小桥，长桥短桥，直桥曲桥，硬桥软桥，平桥拱桥等不一而足。中国古代的桥梁建筑艺术，有不少是世界桥梁史上的创举，充分地显示了中国人的非凡智慧。

（一）灞桥

中国的古代桥梁建筑最古老、最负盛名的当属西安市东北十公里处灞水上的灞桥。

春秋时期，秦穆公称霸西戎，将滋水改为灞水，并修了桥，故称"灞桥"。秦汉时期，人们就在灞河两岸筑堤植柳。阳春时节，柳絮随风飘舞，好像冬日雪花飞扬。王莽地皇三年（22），灞桥水灾，王莽认为不是吉兆，曾将桥名改为长存桥。自古以来，灞水、灞桥、灞柳就与送别相关联。唐朝时，在灞桥上设立驿站，一切送别亲人与好友东去，多在这里分手，有的还折柳相赠，因此，曾将此桥叫"销魂桥"，流传着"年年伤别，灞桥风雪"的词句。"灞桥风雪"从此成了西安的胜景之一。以后在宋、明、清期间曾先后几次废毁，到清乾隆四十六年（1781），陕西巡抚毕沅重建灞桥，但桥已远非过去的规模了。直到清道光十四年（1834）巡抚杨公恢才按旧制又加建造。

灞桥是中国石柱桥墩的首创，桥长 380 米，宽 7 米，旁设石栏，桥下有 72 孔，每孔跨度为 4 米至 7 米不等，桥柱 408 个。1949 年后为加固灞桥，对桥进行了扩建，将原石板桥改为钢筋混凝土桥，现桥宽 10 米，两旁还各自留宽 1.5 米的人行道，大大地改善了灞桥桥面的公路交通运输。

（二）赵州桥

赵州桥位于河北省赵县，建于隋代大业年间（605–618），由著名匠师李春设计和建造，距今已有约 1400 年的历史，是当今世界上现存最早、保存最完善的古代敞肩石拱桥，被誉为"华北四宝之一"。

赵州桥长 50.82 米，跨径 37.02 米，券高 7.23 米，两端宽 9.6 米，中间略窄，宽 9 米。因桥两端肩部各有二个小孔，不是实的，故称敞肩型，这是世界造桥史的一个创造（没有小拱的称为满肩或实肩型）。这种建造方法既节省了修桥的材料，又减轻了桥身的重量和桥基的压力；水涨时，还可以增大排水面积，减少水流推力，延长桥的寿命，是具有高度科学水平的技术与智慧的创造。

赵州桥造型美观大方，雄伟中显出秀逸、轻盈及匀称。桥面两侧石栏杆上那些"若飞若动"、"龙兽之状"的雕刻，令人赞叹，体现了隋代建筑艺术的独特风格，在世界桥梁史上占有十分重要的地位。同时，赵州桥还是一座无比坚固的桥，自建立起，经历了 10 次水灾、8 次战乱和多次地震，特别是 1966 年邢台发生的 7.6 级地震，赵州桥都没有被破坏。著名桥梁专家茅以升说，先不管桥的内部结构，仅就它能够存在1300 多年就说明了一切。1961 年被国务院列为第一批全国重点文物保护单位。1991 年，美国土木工程师学会将赵州桥选定为第 12 个"国际历史土木工程的里程碑"，并在桥北端东侧建造了"国际历史土木工程古迹"铜牌纪念碑。

（三）卢沟桥

卢沟桥在北京市西南约 15 公里处丰台区永定河上。因横跨卢沟河（即永定河）而得名，是北京市现存最古老的石造联拱桥。

早在战国时代，卢沟河渡口一带已是燕蓟的交通要冲，兵家必争之地。原来只有浮桥相连接。1153 年金朝定都燕京（今北京市宣武区西）后，这座浮桥更成了南方各省进京的必由之路和燕京的重要门户。卢沟桥始建于 1189 年 6 月，1192 年 3 月完工，名"广利桥"。后因桥身跨越卢沟，人们都称它卢沟桥。明正统九年（1444）重修。清康熙时毁于洪水，康熙三十七年（1698）重修，建两侧石雕护栏。康熙命在桥西头立碑，记述重修卢沟桥事。桥东头则立有乾隆题写的"卢沟晓月"碑（"卢沟晓月"为燕京八景之一）。1908 年，清光绪帝死后，葬于河北省易县清西陵，须通过卢沟桥。由于桥面窄，只得将桥边石栏拆除，添搭木桥。事后，又将石栏照原样恢复。1937 年 7 月 7 日，日本帝国主义在此发动全面侵华战争。宛平城的中国驻军奋起抵抗，史称"卢沟桥事变"（亦称"七七事变"）。中国抗日军队在卢沟桥打响了全面抗战的第一枪，成为中国展开全国对日八年抗战的起点。中华人民共和国成立之后，在桥面加铺柏油，并加宽了步道，同时对石狮碑亭作了修缮。1961 年卢沟桥和附近的宛平县城被公布为第一批国家重点文物保护单位。

卢沟桥是华北地区最长的古代石桥，工程浩大，建筑宏伟，结构精良，工艺高超，为我国古桥中的佼佼者。整座桥全长 266.5 米，宽 7.5 米，最宽处可达 9.3 米，桥面宽绰，有桥墩十座，下分 11 个券孔，中间的券孔高大，两边的券孔较小，整个桥身都是石体结构。卢沟桥的 10 座桥墩建在 9 米多厚的鹅卵石与黄沙的堆积层上，坚实无比。桥墩平面呈船形，迎水的一面砌成分水尖。每个尖端安装着一根边长约 26 厘米的锐角朝外的三角铁柱，这是为了保护桥墩抵御洪水和冰块对桥身的撞击，因此人们把三角铁柱称为"斩龙剑"。在桥墩、拱券等关键部位，以及石及石之间，都用于银锭锁连接，以互相拉连固牢。这些建筑结构是科学的杰出创造，堪称绝技。

卢沟桥还以其精美的石刻艺术享誉于世。桥的两侧有 281 根望柱，柱头刻着莲花座，座下为荷叶墩。望柱中间嵌有 279 块栏板，栏板内侧与桥面外侧均雕有宝瓶、云纹等图案。每根望柱上有金、元、明、清历代雕刻的数目不同的石狮，其中大部分石狮是明、清两代原物，金元时期的不多。这些石狮蹲伏起卧，千姿百态，生动逼真，极富变化，是卢沟桥石刻艺术的精品。由于石狮非常之多，所以，北京地区流传着一句歇后语："卢沟桥上的石狮——数不清。"

（四）潮州广济桥

潮州广济桥以其"十八梭船二十四洲"的独特风格与赵州桥、洛阳桥、卢沟桥并称"中国四大古桥"，是中国第一座启闭式浮桥，曾被著名桥梁专家茅以升誉为"世界上最早的启闭式桥梁"。该桥建在广东省潮州城东门外，横卧滚滚韩江之上，东临笔架山，西接东门闹市，南眺凤凰洲，北仰金城山，景色壮丽迷人。

广济桥，俗称湘子桥，宋乾道七年（1171）太守曾江所创，初为浮桥，由八十六只巨船联结而成，始名"康济桥"。经过数代历毁历修，形成自己鲜明的特色。

1."十八梭船廿四洲"

梁舟结合，刚柔相济，有动有静，起伏变化，是广济桥的一大特色。其东，西段是重瓴联阁，联芳济美的梁桥，中间是"舸舻编连、龙卧虹跨"的浮桥。这简直是一道妙不可言的风景线。从结构上说，梁舟结合，开创了世界上启闭式桥梁的先河，是现存最早的开关活动式大石桥。

2."廿四楼台廿四样"

广济桥草创阶段，便有筑亭、"覆华屋"于桥墩上的举措，并冠以"冰壶"、"玉鉴"等美称。明宣德年间，知府王源除了在500多米长的桥上建造百二十六间亭屋之外，还在各个桥墩上修筑楼台，并分别以奇观、广济、凌霄、登瀛、得月、朝仙、乘驷、飞跃、涉川、右通、左达、济川、云衢、冰壶、小蓬莱、凤麟洲、摘星、凌波、飞虹、观滘、泡翠、澄鉴、升仙、仰韩为名。至此，桥楼的建造达到了登峰造极的地步，其规模之大，形式之多，装饰之美，世罕其匹。

3."一里长林一里市"

广济桥是"全粤东境，闽、粤、豫章，经深接壤"的枢纽所在，桥上又有众多的楼台，因此，很快便成为交通、贸易的中心，成为热闹非凡的桥市。在古代，天刚破晓，江雾尚未散尽，桥上已是"人语乱鱼床"了。待到晨曦初露，店铺竞先开启，茶亭酒肆，各色旗幡迎风招展，登桥者抱布贸丝，问卦占卜，摩肩接踵且车水马龙。

（五）泉州洛阳桥

泉州洛阳桥在福建省的泉州市附近的泉州湾和洛阳江的汇合处。宋皇祐五年（1053）兴建，因建桥处海潮汹涌，江宽流急，建桥工程非常艰巨。为此，采用了一种新型建桥方法，即在江底随桥的中线铺满大石头，筑起一条二十多米宽，500米长的水下长堤。然后在石堤上用条石横直垒砌桥墩，成为现代桥梁工程中"筏形基础"的先驱。这种技术，直到19世纪，欧洲人才开始采用。为使桥墩更为牢固，巧妙地利用繁殖"砺房"的方法，来联结胶固石块。这种用生物加固桥梁的方法，古今中外，绝无仅有。洛阳桥的建造历时六年，嘉祐四年（1059）大桥建成后，桥上还装饰有许多精美的石狮子、石塔、石亭，桥两端立有石刻人像守护。洛阳桥的修建成功，轰动了泉州远近，引起当地造桥热潮，先后造了十大石桥，其中建在晋江上的安平桥，规模也十分宏伟。

泉州洛阳桥1200米长，5米宽，有44座桥墩。桥上两边有扶栏。如今石桥只剩下31座桥墩，1188米长了。因为它是中国第一座海湾大石桥，洛阳桥（原名万安桥）素有"海内第一桥"之誉，是古代著名跨海梁式石构桥，在中国桥梁史上与赵州桥齐名，有"南洛阳，北赵州"之说。著名桥梁专家茅以升称之为"中国古代桥梁的状元"，世界著名科技史专家李约瑟也对它作了很高的评价。

第三节 中国古代水利工程

"兴水利，而后有农功；有农功，而后裕国。"在这种治国理念的支配下，先人们世世代代与水抗争，既努力避风涛之险，又使水安澜而适量。他们或择水而居，或疏川导滞，或修堰筑塘，或架桥开渠，治水历来是关乎国计民生的一件大事。

一、中国古代水利工程综述

水利建筑是与河流关系最密切的人类活动，一个建造完善的水利工程不仅可以满足灌溉、供水防洪等需求，还有利于本区域的自然环境。

原始社会末期，中国已经开始修建水利设施，自大禹治水"以导代堵"以后，人类水利建筑又揭开了新的一页。至夏朝时，我国先民就掌握了原始的水利灌溉技术。西周时期已有了蓄、引、灌、排的初级农田水利体系。春秋战国时期，都江堰、郑国渠等一批大型水利工程的完成，促进了中原、川西农业的发展。其后，农田水利事业由中原逐渐向全国发展，两汉时期主要在北方有大量发展，如六辅渠、白渠的建造。同时，大的灌溉工程已跨过长江。魏晋之后，我国古代的水利事业继续向江南推进，到了唐代基本上遍及全国。宋代更掀起了大办水利的热潮。元、明、清时期的大型水利工程虽不及宋朝以前多，但仍不少，并且地方小型农田水利工程兴建的数量越来越多。各种形式的水利工程在全国几乎随处可见，发挥着显著的作用。在这些水利建筑中，绝大多数是公共水利工程，对于古代中国经济的发展具有重要意义。

二、中国古代水利工程的典范

中国古代的水利建筑类型多样，主要形式有"井渠"式建筑（如新疆地区的坎儿井）、防海建筑（如沿海地区的海塘建筑）、蓄水导流的水利建筑（如漳水十二渠、都江堰、郑国渠）、漕运建筑（如京杭大运河、广西灵渠及许多区域性小运河）等。

（一）坎儿井

坎儿井，新疆维吾尔语称为"坎儿孜"。伊朗波斯语称为"坎纳孜"（Kanatz）。俄语称为"坎亚力孜"。从语音上来看，彼此虽有区分，但差别不大。中国新疆汉语称为"坎儿井"或简称"坎"。中国内地各省叫法不一，如陕西叫做"井渠"，山西叫做"水巷"，甘肃叫做"百眼串井"，也有的地方称为"地下渠道"。它是荒漠地区的一种特殊灌溉系统，早在《史记》中便有记载，时称"井渠"。吐鲁番现存的坎儿井，多为清代以来陆续修建，普遍存在于中国新疆吐鲁番地区，总数近千条，全长约 5000 公里，如今，仍浇灌着大片绿洲良田。吐鲁番市郊五道林坎儿井、五星乡坎儿井，可供参观游览。坎儿井与万里长城、京杭大运河并且称为中国古代三大工程。

坎儿井是开发利用地下水的一种古老式的水平集水建筑物，适用于山麓、冲积扇缘地带，主要是用于截取地下潜水来进行农田灌溉和居民用水。根据 1962 年统计资料显示，中国新疆共有坎儿井约 1700 多条，灌溉面积约 50 多万亩。其中大多数坎儿井分布在吐鲁番和哈密盆地，如吐鲁番盆地共有坎儿井约 1100 多条，灌溉面积 47 万亩，占该盆地总耕地面积 70 万亩的 67%，对发展当地农业生产和满足居民生活用水具有很重要的意义。

坎儿井的结构，大体上是由竖井、地下渠道、地面渠道和"涝坝"（小型蓄水池）四部分组成，吐鲁番盆地北部的博格达山和西部的喀拉乌成山，春夏时节有大量积雪和雨水流下山谷，潜入戈壁滩下。人们利用山的坡度，巧妙地创造了坎儿井，引地下潜流灌溉农田。坎儿井的独特结构，使它并不因炎热、狂风而损失大量水分，所以流量稳定，保证了自流灌溉。

（二）海塘建筑

海塘是人工修建的挡潮堤坝，也是中国东南沿海地带的重要屏障。海塘的历史至今已有 2000 多年，主要分布在江苏、浙江两省。从长江口以南，至甬江口以北，约 600 公里的一段是历史上的修治重点，其中尤以钱塘江口北岸一带的海塘工程最为险要。高大的石砌海塘蜿蜒于几百公里长的海岸上，蔚是壮观。

海塘最早起源于钱塘江口，有关海塘最早的文字记载见于汉代的《水经》。南北朝地理学家郦道元介绍了《钱塘记》中这样一个故事：汉代有一个名叫华信的地方官，想在今天杭州的东面修筑一条堤防，以防潮水内灌。于是他到处宣扬，谁要是能挑一石土到海边，就给钱一千。这可是个大价钱！于是，附近的地方百姓闻讯后，纷纷挑土而至。谁知华信的悬赏只是个计策，等到挑土的人大量涌来的时候，他却忽然停止收购。结果，人们一气之下纷纷把泥土就地倒下就走了。华信就是利用这些土料，组织百姓，建成了防海大塘。从五代、两宋到元朝，苏、沪、浙的海塘，有了初步发展。

天宝三年（910），吴越王钱修在杭州候潮门外和通江门外，用"石囤木桩法"构筑海塘。这种方法，编竹为笼，将石块装在竹笼内，码于海滨，堆成海塘，再在塘前塘后打上粗大的木桩加固，还在上面铺上大石。这类新塘，不像土塘那样经不起潮水冲刷，比较坚固，防潮汐的性能较好。但是，石囤塘的竹木容易腐朽，必须经常维修；同时，散装石块缺乏整体性能，无力抵御大潮。经过人们多年的探索、改进，至南宋和元朝，在海塘的建设方面，取得了许多成就。南宋嘉定十五年（1222），浙西提举刘庭又在当地创立土备塘和备塘河。它是在石塘内侧不远，再挖一条河道，叫备塘河；将挖出的土，在河的内侧又筑一条土塘叫土备塘。备塘河和土备塘的作用，平时可使农田与咸潮隔开，防止土地盐碱化；一旦外面的石塘被潮冲坏，备塘河可以消纳潮水，并使之排回海中，而土备塘便成为防潮的第二道防线，可以拦截成为强弩之末的海潮。元朝时在杭州湾两岸，都进行了规模较大的石塘修建，在技术上还有许多创新。

明代针对涌潮的严重威胁，政府频繁地组织人力、物力，修建当地的海塘。其中几次都比较重要。一是洪武三年（1370）的工程，这次筑成石塘 2370 丈。二是永乐年间的两次大修。一次在永乐九年（1411），筑土石塘共 11185 丈；另一次在永乐十一年到十三年，此次调集军民十余万人，担任劳务，"修筑三年，费财十万"。三是成化十三年（1477）和万历五年（1577）的两次工程，这两次工程均分别修建石塘2370多丈。

在频繁修建浙西海塘的进程中，人们不断总结经验，改进结构，以提高抗潮性能。其中最重要的是浙江水利佥事黄光升创造的五纵五横鱼鳞石塘，就是用条石纵横叠砌的重型石塘。除浙西海塘外，为防止长江口的涌潮危及南岸产粮区，明朝对嘉定、松江等地海塘的修建，也比较重视。其中平湖、宝山等地受海潮威胁较大的地段，在土塘后面，又加筑一条土塘，称里护塘。后来，由于在土塘外面，又淤出大片新地，因此，万历十二年（1584），上海知县颜洪范，又在新地上再建成9200丈新土塘，出现了三重海塘。清代大部分时间，钱塘江涌潮的主流，仍然对着海宁、海盐、平湖等浙西沿海，所以这一带仍是海塘工程的重点。康熙、雍正、乾隆三代，朱轼曾先后担任浙江巡抚、吏部尚书等重要职务。在任职期间，他多次主持修建苏、沪、浙等地的海塘。起初，朱轼的新鱼鳞石塘，由于造价高昂，每丈需银300两，没有推广，只造了500丈。经这次大潮考验后，被公认为海塘工程的"样塘"。为了浙西的安全，清政府遂不惜花费重金，决定将钱塘江北岸、受涌潮威胁最大的地区，一律改建成新式鱼鳞石塘。

此外，在崇明岛，清朝也着手兴建海塘工程。千百年来，苏、沪、浙海塘工程的发展，反映了当地人民与潮灾斗争的坚强毅力和聪明才智，海塘的修建，对广大人民的人身安全，对当地的工农业生产，都有巨大的保障作用。

（三）京杭大运河

京杭大运河，是世界上里程最长、工程最大、最古老的运河之一，和万里长城并称为中国古代的两项伟大工程，闻名于全世界。它北起北京（涿郡），南到杭州（余杭），经北京、天津两市及河北、山东、江苏、浙江四省，贯通海河、黄河、淮河、长江、钱塘江五大水系，全长约1794公里，至今已有2500多年的历史。

大运河肇始于春秋时期，形成于隋代，发展于唐宋，最终在元代成为沟通海河、黄河、淮河、长江、钱塘江五大水系、纵贯南北的水上交通要道。在2000多年的历史进程中，大运河为中国经济发展、国家统一、社会进步和文化繁荣作出了重要贡献。京杭大运河是中国古代劳动人民创造的一项伟大工程，是祖先留给我们的珍贵物质和精神财富，是活着的、流动的重要人类遗产，对中国南北地区之间的经济、文化发展与交流，特别是对沿线地区工农业经济的发展和城镇的兴起均起巨大作用。

（四）安丰塘

安丰塘位于安徽省寿县城南30公里处，古名芍陂，建于春秋楚庄王时，为楚国令尹（丞相）孙叔敖所建，至今已有2500多年的历史。隋唐之后，在芍陂所在地置安丰县，故改名安丰塘至今。安丰塘曾被誉为"水利之冠"、"神州第一塘"。千百年来，安丰塘在灌溉、航运、屯田济军等方面起过重大作用，至今仍发挥着巨大效用，为全国重点文物保护单位。

安丰塘堤周长25公里，面积34平方公里，蓄水量1亿立方。放水涵闸19座，灌溉面积93万亩，是我国水利史上最早的大型陂塘灌溉工程。它选址科学，工程布局合理，水源充沛。安丰塘的建造，对后世大型陂塘水利工程提供了宝贵的经验。

安丰塘历史悠久，环境清新而幽雅；良田万顷、水渠如网；环塘一周，绿柳如带；烟波浩渺，水天一色。造型秀雅的庆丰亭点缀在平波之上，与花开四季的塘中岛相映成趣，构成了一幅蓬莱仙阁图。现存有许多古迹名胜。著名的十大景点是：邓艾庙塔、利泽门赏月、罩口观夕阳、孙公纪念祠、古城墙遗址、石马观古塘、五里迷雾、凤凰观日出、洪井晚霞及沙涧荷露。

（五）引漳十二渠

引漳十二渠是中国战国初期以漳水为源的大型引水灌溉渠系，由战国初期的西门豹主持兴建，也称西门豹渠。建渠的目的是引漳水灌溉邺田（今河北临漳县一带），以改良盐碱地，发展生产。

引漳十二渠是我国多首制引水工程的创始。多首，就是从多处引水，所以渠首也有多个。"十二渠"即修筑的十二个渠首引水。漳水是多沙河流，多首引水正是适应这种特点而创造的。多沙河流因泥沙的淤积变化，常使主流摆动迁徙，不能与渠口相对应，无法引水，多设引水口门，就可以避免这样的弊端。另外，如果一条或一组引水渠淤浅了，还可以用另一条或另一组引水渠来引水清淤。漳水渠的这种合理科学的设计，不但有引灌、洗碱、泄洪的作用，而且易于清淤修护，反映出了当时农田灌溉事业的进步。直到汉初，漳水渠仍有很好的灌溉功效。

第七章 其他的古代建筑

中国古塔、古楼阁、长城、古桥、古堰河等是中国古代建筑的重要组成部分，由于宗教、地方特色、功能作用、使用材料等方面的特殊性，使得中国古代塔、楼阁、长城、桥、堰河在我国古代建筑中具有很高的研究价值。虽然古桥和古堰河一般不被列入以往的建筑教材中，但由于本书知识性与适用性等特点，所以将桥和堰河这两种工程建筑一并收入其他建筑中。

第一节 古塔

塔，最初是埋葬佛教创始人释迦牟尼舍利的建筑物。早期汉译为"窣堵波"，于东汉随佛教传入我国。

一、古塔的起源与发展

从历史文献记载和我国现存古塔、古塔遗址的调查分析得知，塔的发展大体可分为三个阶段：

第一阶段，从东汉到唐初，是印度窣堵波开始和我国传统建筑形式相互结合，并不断磨合的阶段。

佛教初入中国时，人们对佛、舍利、窣堵波、佛像等印度佛教名物是十分陌生的。佛教的教义与中国固有的王权思想、儒家学说、宗教信仰等存在分歧、冲突。为了力争以人们习惯或熟悉的思维及行为方式来扩大自己的影响，佛教不得不采取调和的立场。在这种情况下，来自印度的半圆形窣堵波自然就不可能保持其原有形态，势必要在迎合中国传统建筑风格的前提下改变其本来面目，由此形成中国最早期的佛塔。

从东汉开始，高台建筑逐渐为木构高楼所替代。秦汉时期的帝王、贵族普遍热衷于求仙望气、承露接引等事，木构高楼不仅是当时最显高贵的建筑，同时也是十分具神秘性的建筑，把窣堵波"嫁接"其上，是一类非常有利于佛教传播的明智之举。

这种由构架式楼阁与窣堵波结合而成的方形木塔，自东汉问世以来，历魏、晋、南北朝数百年而不衰，成为这一时期佛塔的经典样式。对此，《魏书·释老志》说得很明确："凡宫塔制度，犹依天竺旧状而重构之，从一级至三、五、七、九级。世人相承，谓之'浮屠'，或云'佛屠'。"很显然，"天竺旧状"指的就是来自印度的窣堵波，而"重构之"就是多层木楼阁。

第二阶段，从唐朝至两宋、辽、金，是我国古塔发展的高峰时期。

唐、两宋时期塔的建造达到了空前繁荣的程（引自刘敦桢《中国古代建筑史》）度。塔的总体数量较前代大增，建塔的材料也更为丰富，除了木材和砖、石以外，还使用了铜、铁、琉璃等材质。楼阁式、密檐式以及亭阁式塔的发展达到高峰，同时出现了花塔和宝篋印经塔等新的形式。这一时期，是从以木塔转向砖石塔的最后阶段，由于材料的改变，使建筑造型与技术也相应有所变化。其中最重要的一点，是塔的平面从四方形逐渐演变为六角形和八角形。

根据文献记载和实物考察得知，早期的木塔平面大多是四方形，这种平面来源于楼阁的平面。隋唐及其以前的砖石塔，虽然有少量的六角形、八角形平面，甚至还有嵩岳寺塔十二边形的特例，然而就现存的唐塔看，大多还是方形平面。但入宋以后，六角形、八角形塔很快就取代了方形塔。塔的这种平面变化，主要是由于抗震和使用的需要以及材料的变化造成的。在长期的实践中，人们发现塔的锐角部分在地震时由于受力集中而容易损坏，而钝角或圆角部分则因受力均匀而不易震损。另外，方形木塔可以挑出平座供人们凭栏远眺，但木塔改为砖石塔后，平座就不能挑出太远，于是塔的平面改为了六角形或八角形，这样不仅能有效地扩大了视野，而且还有利于减杀风力。因此，出于使用和坚固两方面考虑，自然要改变塔的平面。

由于社会风习的变化，唐代与宋、辽、金时期的古塔，在审美特征上也有了明显的差异。唐时修塔一般不尚装饰，唐人追求的主要是简练而明确的线条、稳定而端庄的轮廓、亲切而和谐的节奏。唐塔所表现出来的是唐人豪放的个性和气度，而宋人却是刻意追求细腻纤秀、精雕细琢、柔和清丽。所以宋塔的艺术便在装饰、表现、外在的方面开拓了新的境界，极力渲染其令人目眩的轮廓变化和颇有俗艳之嫌的形式美。至于辽和金，则是在唐风宋韵的混合之中，谱写了中国古塔黄金时代里的又一辉煌篇章。宗教内在的感召力，是造塔者极力要表现的唯一主题。

第三阶段，从元代经明代到清代，是我国古塔建设渐趋衰落的阶段。

元代以后，塔的材料和结构技术再无更高的突破，仅仅是在形式上有了一些新的发展。最为明显的是，随着喇嘛教的传播，瓶形的喇嘛塔进入了中国佛塔的行列。这种带有强烈异域风格的塔，长期保持了庄重硕壮而又匀称丰满的造型，其主要的变化体现在塔刹（即十三天）比例的变更，从元代的尖锥形，发展为后来的直筒形。明代以后，仿照印度佛陀伽耶金刚宝座塔形式而来的金刚宝座式塔又和喇嘛塔一起，推动中国古塔的建造出现了一次回光返照般的高潮。然而，从整体来看，元以后，塔的数量已经大大减少，佛塔的建造处在不断衰落之中，而各种与佛教关系不大的文风塔、风水塔却大量涌现，但除个别精品之外，大多粗制滥造，几乎没有审美价值可言。

二、古塔的鉴赏

（一）古塔的组成部分

我国的古塔虽然种类繁多，它们的建筑材料和构筑方法也不尽相同，但塔的基本结构却是一样的。我国的塔通常由以下几个部分构成：

1. 地宫

地宫也称为"龙宫""龙窟"，是用砖石砌成的地下室，为宫殿、坛庙、楼阁等建筑所没有。据考察，印度的舍利并不是深埋地下，只是藏于塔内。而传到中国之后，与传统的深藏制度结合起来，便产生了地宫这种形式。凡是建塔，首先要在地下修建一个地宫，以埋藏舍利和陪葬器物，这与中国帝王陵寝的地宫相似。塔的地宫内所安放的主要是石函。石函匣或小型棺椁层层相套，其内安放舍利。此外，地宫内还陪葬有各种器物、经书、佛像等。

2. 塔基

塔基是整个塔的下部基础，覆盖在地宫上。很多塔从塔内第一层正中即可探到地宫。

早期的塔基一般都比较低矮，只有几十厘米。例如现存两座唐代以前的塔——北魏嵩岳寺塔和隋代历城四门塔的塔基。到唐代，为了使塔更加高耸突出，在塔下又建了高大的基台，明显地分成基台与基座两部分。例如西安唐代的小雁塔、大雁塔等，以及亭阁式塔中的山西泛舟禅师塔、济南历城神通寺龙虎塔等。辽、金的基座，大都做成"须弥座"形式，装饰繁复，成为全塔的重要组成部分。后来，其他类型塔的基座也越来越往高大、华丽的方向发展。喇嘛塔的基座体量占了全塔的大部分，高度占到总高的1/3左右。金刚宝座塔根本就是大基座和小塔的强烈对比。过街塔的座子也较上面的塔高大得多。

塔基座部分的发展与中国古建筑传统一贯重视台基的作用有着密切的关系。它不仅保证了上层建筑物的坚固稳定，而且也起到庄严雄伟的艺术效果。

3. 塔身

塔身是古塔结构的主体。由于塔的建筑类型不同，塔身的形式也各有异，塔身的形制是塔分类的主要依据。

塔身内部的结构情况，主要有实心和空心两种。实心塔的内部，用砖石或夯土全部满铺、满砌，有的用木骨填入，以增加塔的整体连接或挑出部分的承载力量，结构比较简单；空心塔一般来说是可以登临的塔，塔身比较复杂，建筑工艺的要求也比较高。

此外，覆钵式塔，即喇嘛塔的塔身，状似瓶形。明、清以后，建筑师们又在塔肚正中增设了焰光门，形如小龛。

在我国现存的古塔中，还有一些形制特别的塔身，有的在覆钵上加上多层楼阁，有的是楼阁、覆钵、亭阁相结合，还有的塔身状如笔形、球形及圆筒形等等，形态多样。

4. 塔刹

塔刹，俗称塔顶，即安设在塔身上的顶子。就塔刹的结构而言，其本身就是一座完整的古塔，由刹座、刹身、刹顶、刹杆等部分组成，人们把塔刹的"刹"也作为佛寺的别称，可见其重要和代表性。

刹座，是刹的基础，覆压在塔顶上，压着椽子、望板、角梁后尾和瓦垄，并包砌刹杆。刹座大多砌为须弥座或仰莲座、忍冬花叶形座，也有砌成素平台座的，以承托刹身。在有的刹座中，还设有类似地宫的窟穴，被称为刹穴。刹穴可以供奉舍利，可以存放经书和其他供器。

相轮，刹身的主要形象特征，是套贯在刹杆上的圆环，也有称为金盘、承露盘的，是作为塔的一种仰望的标志，具有敬佛、礼佛的作用，一般大塔的相轮较多而刹顶，是全塔的顶尖，在宝盖之上，一般为仰月、宝珠所组成，也有做火焰、宝珠的，有的在火焰之上置宝珠，也有将宝珠置于火焰之中的。因避"火"字，有的称为"水烟"。

刹杆，是通贯塔刹的中轴。金属塔刹的各部分构件，全都穿套在刹杆之上，全靠刹杆来串联和支固塔刹的各个部分。即便是较低矮的砖制塔刹，当中也有木制或金属刹杆。长而大的刹杆称为刹柱。有的刹柱与塔心互相连贯，直达地宫之上。

综上所述塔刹的结构形制，是较具代表性的。

（二）古塔的主要类型

在我国塔的种类很多，分类的方法也不少。从形态上分，主要有楼阁式塔、亭阁式塔、密檐式塔、花塔、覆钵式塔、宝箧印经塔及金刚宝座式塔等。

1. 楼阁式塔

楼阁式塔，在我国古塔中历史最为悠久，体形最为高大，保存数量也最多，因为这种形式的塔，来源于我国传统建筑中的楼阁，故名楼阁式塔。楼阁，是中国古代建筑中气势最雄伟高大的一种建筑类型。在佛教传入我国之前就已经有了多层的高大楼阁。据《洛阳伽蓝记》载：永宁寺中，有九层木构高塔一座，高"九十丈"，塔身之上还有塔刹，又高"十丈"，总计高出地面"一千尺"，从京师洛阳百里以外就可以看见。塔刹上有金宝瓶，一个承露金盘三十重，还有铁链4条。塔身有四面，每层每面有3门6窗，均用以朱漆。门扇上有9行金钉，计5400枚。门上又有金制的兽面门环。每层的檐角下和金盘周围、铁链上下，都悬挂着金钟。塔上共有金钟120个，每当夜深风高的时候，金钟齐鸣，声传数十里。

木构楼阁式塔，由于火灾、风雨的侵袭及灭佛事件等原因多已被毁，现仅存辽代（907—1125年）的应县木塔等很少几处。

隋、唐以后，建塔材料转向砖石，出现以砖石仿木构的楼阁式塔。其特征是：

第一，每层之间的距离较大，相当于楼阁一层的高度；

第二，塔身以砖石做出与木构楼阁相同的门窗、柱子、额枋、斗拱等部分；

第三，塔檐仿木结构塔檐，有挑檐檩枋、椽子、飞头、瓦垄等部分；

第四，砖木混合的楼阁式塔，出檐更为深远，平座、栏杆等均与木构一样，从砖体塔身内挑出；

第五，塔内有楼层供登临眺望，有楼梯供人上下；

第六，楼层一般与塔身的层数一致，有暗层的塔内部楼层比塔身外观层数要多。这是与密檐式塔区别的特征，后者正好相反，其外部檐多而内部楼层少。

我国早期楼阁式塔的实物虽已不存,但仍可从丰富的壁画、石刻中找到形象的实物。例如:敦煌石窟、云冈石窟、龙门石窟等处都有许多北魏、隋、唐时期的楼阁式塔的图像、绘画与雕刻。云冈石窟中第1、第21窟的塔柱,形象逼真,可以说是北魏时期楼阁式塔的缩影。

唐代以后的楼阁式塔,由于采用砖石砌筑,留存的实物就非常丰富了。例如:长安大雁塔、苏州虎丘塔、杭州六和塔、广州六榕寺花塔、泉州开元寺双石塔、定州料敌塔、银川海宝塔等,数量很多。

2. 亭阁式塔

亭阁式塔在中国起源也很早,也叫单层塔,几乎与楼阁式塔同时出现。平民百姓出资修建的佛塔和高僧墓塔,多采用这种形式,是古塔中较多的一类。它们的特点是:

塔身呈亭子状,外观多为方形、六角形、八角形或者圆形等。

多为单层,有的在顶上加建一个小阁。塔身内设龛,安置佛像或墓主人的塑像。亭阁式塔现存实物大多是砖石结构,具代表性的有:山东历城四门塔、长清灵岩寺慧崇塔、山西五台佛光寺祖师塔、运城泛舟禅师塔等。早期的木构亭阁式塔已很少保存。敦煌石窟前的一座木构亭阁式塔为宋代建筑,是一个珍贵的范例。自宋代,由于花塔以及覆钵式喇嘛塔的兴起,亭阁式塔逐渐衰落,和尚坟大多采用了喇嘛塔的形式。

3. 密檐式塔

密檐式塔是古塔中较为高大的一种,高度、体量均与楼阁式塔差不多,但是其外檐层数最多,在古塔中占有重要的地位。其特征是:

第一层塔身比例特别大,是全塔的重点,佛教内容、建筑艺术都集中表现在这里,装饰雕刻比较华丽。

第一层塔身以上,各层檐子之间的塔身,没有门窗、柱子等楼阁结构,有的虽开有小窗,但是也仅是为了采光通气。

大部分不能登临眺览。

从密檐式塔的发展历史来看,辽、金以后,我国北方建造的密檐式塔较多,而南方仍以楼阁式塔为主。我国现存著名的密檐式塔有北京天宁寺塔、河北昌黎源影塔及辽宁北镇崇兴寺双塔等。

4. 花塔

花塔的主要特征,是在塔身的上半部装饰着各种繁复的花饰,看上去好像一个巨大的花束,因此被称为花塔。装饰的内容由简到繁,各呈异彩。有巨大的花瓣、有密布的佛龛,有的则雕饰或塑制出各种佛像、菩萨、天王、力士、神人,以及狮、象、龙、鱼等动物形象和其他装饰。有些花塔原来还涂有各种色彩,富丽堂皇,不愧花塔的称号。

花塔塔形的来源可能有两方面:一方面,中国的古塔从原来的朴质向华丽发展,从可供登临眺览的实用性向纯粹象征信仰的观瞻性方向发展,从宗教的角度说,更增添了佛的神秘感。另一方面,受印度、东南亚一些佛教国家寺塔雕刻装饰的影响。其结果,原有的一些实用价值成分失掉了,成了纯粹的艺术品。

从现存花塔实物中考察,早期的花塔是从装饰单层亭阁式塔的顶部和楼阁式、密檐式塔的塔身发展而成的。山西五台山佛光寺的唐代解脱禅师墓塔,顶上装饰重叠的大型莲瓣，可说是开了先河，但其装饰程度还是比较简单朴实的。到了宋、辽、金时期，才算真正形成了花塔这种类型。现在保存的花塔实物不多，可能是因为当时建造的就少。据调查，全国现存花塔也不过十余处而已。

花塔仅盛行于宋、辽、金200年左右的时间，到元代以后便逐渐濒于绝迹。

5. 覆钵式塔（喇嘛塔）

印度窣堵波传入我国之后，和我国的楼阁、亭子等结合，创造出中国式的塔，其原来的形象反而被溶蚀掉了。到了元代，窣堵波才又从尼泊尔传入内地，大事兴建，成了古塔中数量较多的一种类型。因为喇嘛教建塔常用这种形式，所以又称为喇嘛塔、藏式塔。

覆钵式塔的特征非常明显，其塔身部分是一个半圆形的覆钵。覆钵之上设置高大的塔刹；覆钵之下，建一个庞大的须弥座承托。半圆形覆钵基本上保存了坟冢的形式。

我国现存年代最早的一座大型喇嘛塔，是北京的妙应寺白塔（1271–1279年），为元世祖忽必烈敕令尼泊尔匠师阿尼哥所设计并主持修建的，是元皇室进行宗教活动和百官习仪的场所和蒙汉佛经以及其他书籍的印译之处。

6. 金刚宝座式塔

金刚宝座塔属于佛教密宗的塔，主供五方佛。从现存的实物来看，金刚宝座塔在我国大多是明朝以后修建的，但其形象早在南北朝时期就已经出现了。北朝绘制的敦煌壁画、山西朔州崇福寺内保存的北魏兴安元年（452年）刻制的小石塔等，均明显表现了金刚宝座塔的形式。

五台山南禅寺大殿内的石刻小型楼阁式塔，高仅51厘米。从塔的形制看，大约与大殿同为中唐时期的作品。塔为四方形楼阁式，下面刻做一个四方形台子。台子的四角各刻圆形亭屋一个，与主塔构成五塔的形式。这种小圆亭屋，是表示僧侣们禅修的建筑，有坐化其内之意，可作为塔来解释。因此，也具有金刚宝座五塔的形式。

现存金刚宝座式塔的实物不多，全国大约只有十余处。著名的有北京真觉寺金刚宝座塔、云南昆明官渡妙湛寺金刚宝座塔、湖北襄樊广德寺多宝佛塔、山西五台圆照寺金刚宝座塔、甘肃张掖金刚宝座塔、北京碧云寺金刚宝座塔、内蒙古呼和浩特慈灯寺金刚宝座舍利塔等等。

7. 宝箧印经塔

宝箧印经塔是一种特殊形式的塔。五代时期吴越王钱俶，仿照印度阿育王建造八万四千塔的故事，制作了84 000座小塔，作为藏经之用。因其形状好似一个宝箧，内藏印经，故称宝箧印经塔，又叫阿育王塔。又因其大都为金属铸制，外涂以金，故又称金涂塔。这种塔的形式，不仅在中国发掘出不少，而且远传日本。

宝箧印经式塔原来是楼阁式塔、亭阁式塔塔刹的形式。例如云冈石窟中北魏时期的石刻塔，济南历城四门塔的顶子。唐、宋时期取了塔刹部分作为寺庙或塔基地宫内储放舍利之用。在宋、元以后，一些寺庙中又修建了在露天的石塔，但其尺度也较小，并有所发展。例如，浙江普陀山普济寺的多宝塔，发展成三重塔，北京西山灵光寺和尚塔，也采用了这种形式，并对塔座部分作了改进。

现存这种塔型的实物，分作小型和大型两种：小型的为寺庙中储存舍利，或埋于塔下地宫内储存舍利之用；大型的大多在寺庙院内，例如广州光孝寺、潮州开元寺等寺院中，尚保存了不少。

8.过街塔和塔门

过街塔，顾名思义，是建于街道中或大路上的塔。塔门与过街塔基本相同，把塔的下部修成闸洞的形式。塔门一般只容行人经过，不行车马。

过街塔的建筑造型，也是与我国古代建筑中的城关式建筑相结合而创造出来的，因此曾经有不少人把这种塔称为"关"。例如北京居庸关的云台，本是一个过街塔的塔座，后因塔废座存，人们便把塔座说成是居庸关了。江苏镇江的过街塔，在几百年前就有人把它称作"昭关"，并且还作为塔的名字刻在门洞上。

在佛教宣传上，过街塔可以算得上是一大发明。它把过去佛教宣传的礼佛念经要费尽很大心力的苦修、苦练、苦拜的教《修塔记》上就这样说，修建这样的塔就是让过往行人得以顶戴礼佛，凡是从塔下经过的人，就算向佛行一次顶礼了。这是因为塔在上面，佛也就在上面。

过街塔和塔门，是从元代才开始出现的。由于元朝大兴喇嘛教，大建喇嘛塔，所以过街塔和塔门上的塔也大多是喇嘛塔。现存的过街塔不多，典型的有镇江的云台山过街塔、承德普陀宗乘之庙与普宁寺大乘之阁的塔门、北京颐和园后山香岩宗印之阁的塔门等。

由于我国地域广阔、民族众多，在古塔发展的历程中，除上述八种主要类型外，各地又创造了多种形式的古塔。例如，山东历城的九顶塔、神通寺的阙式塔、辽宁义县万佛堂的圆筒塔等。此外，还有钟形塔、球形塔、笔形塔、经幢式塔以及高台列塔等。在我国还有把几种形式的塔结合在一起构成的古塔，如北京云居寺北塔、天津蓟州区观音寺白塔、甘肃兰州白塔山白塔及山西五台山显通寺铜塔等。

（三）古塔的基本功能

古塔原本是埋藏佛舍利的建筑，以后发展为埋藏高僧的遗骸，或者供奉佛像，后来又兼有瞭望、赏景的功能。同时，还有一些古塔纯粹是为了别的用途而修建的，没有一点儿佛教的意味。从我国古塔的历史和现状来看，其基本功能大体有以下五种：

1.最原始、最基本、最主要功能：埋藏、保存、供奉舍利

佛祖释迦牟尼圆寂火化后得到了许多舍利，弟子们为了保存它们便创建了窣堵波——塔。在传播佛教教义的时候，除了利用佛经、佛像，最重要的手段就是建塔传教。塔中供奉着佛教最崇高的圣物——佛舍利，对于塔的顶礼膜拜就是对佛的顶礼膜拜。由此可见，塔在佛教中的地位。

为了促进佛教的传播，公元前3世纪的古印度孔雀王朝的阿育王，曾经建造了84 000座塔，分别收存着释迦牟尼的舍利，并送往各地供奉。

随着佛教的广泛传播，人们不仅建塔供奉释迦牟尼的舍利，就是高僧圆寂火化后的遗骸，也作为舍利建塔供奉。北京大觉寺的迦陵禅师塔、河南登封法王寺的净藏禅师塔、山西五台山佛光寺的祖师塔等，就是这样的舍利塔。

建塔埋藏、保存、供奉舍利的方法不但佛教使用，道教也借用了，道士墓塔数量不多，

其形式和佛塔也没有什么差别，仅仅是照搬而已。

2. 军事功能：观察敌情

古时候没有气球、飞机，更没有卫星之类高空侦察工具，人们只好利用高突的自然物或修建敌楼、烽火台来观察敌情。然而高山、大树不是随处都有，敌楼、烽火台的建筑也不高，都不够理想。塔这种建筑物，不但高，而且可以作为隐蔽、住歇、观察敌情以至防御射击之所。因此，军事家们，其中有些也是佛教信徒，把它看中了。

河北定州的料敌塔就是以供奉舍利为名，而实则以观察敌情为目的修建起来的瞭望塔。这座塔修了50多年（1001～1055年）才完成。塔成之后，即取名为料敌塔，直言不讳，连舍利之名都省略了。为了更好地发挥观察敌情的作用，工匠们把塔的高度修到了当时工程技术所能达到的最高水平，总高84米有余，是我国现存最高的一座古塔。现在当人们登上塔顶，极目四望，冀中平原的山川形势尽收眼底，可见当初它的料敌效果是多么显著。另外，著名的应县木塔，实际也是辽军用来观察宋方军事情况的塔，只是塔名还称为释迦塔。

3. 游览功能：登高赏景

中国塔之所以出现游览用途，主要是与我国的楼阁相结合才产生的。我国的高层楼阁，本来就具有登高眺览的用途。按照楼阁形式修建的古塔，也具有同样功能。北魏灵太后胡氏在洛阳永宁寺塔完工之后不久，即于神龟二年（519年）八月，"幸永宁寺，躬登九层浮屠"。这说明在很早的时候，佛塔就具有登临眺览的用途。唐、宋以后，登塔游览之风更为盛行。西安大雁塔的"雁塔题名"，成了文人学士们追求向往的一桩美事。当时考中进士的学子，都要到大雁塔游览，登高极目，舒展胸怀，还要在塔下题名纪念，刻石长存。达官显宦、文人学士们也都喜欢登塔、题名，并把它当作一件荣耀的事情。盛唐时期的两位著名诗人白居易及刘禹锡在扬州相遇，携手同登栖灵寺的九级浮屠，并且各自留下了优美的诗篇。

为了更好地发挥登高眺览的作用，古代造塔工匠们运用其聪明智慧，对塔的结构作了许多改进。例如，把塔内的楼层、楼梯尽量修造得便于攀登和伫立，门窗开口尽量宽敞，特别是每个楼层，使用平座挑出塔身之外，形成周绕回廊，设立勾栏，人们可以走出塔身，在游廊上凭栏眺览城镇面貌、山川景色。

4. 交通功能：导航引渡

由于古塔大都是高耸挺立的建筑物，所以人们便把它作为导航引渡、指示津梁的标志。在平川旷野之中，远远看见桥头的高塔，就知道从哪里可以过河，不致绕道。

在我国江河岸边、海湾港埠以及长桥古渡等地方，许多古塔成为重要的标志性建筑。福建福州马尾的罗星塔，在世界航海地图上，早已经被列为重要航海标志之一；著名的杭州六和塔，正位于钱塘江转折处的江岸上，白天航行至此，远远即可知道快到江海转折处了；安徽安庆的迎江寺塔，屹立长江转折处，白天远远就可看到。塔身有灯龛数百，晚上燃点了起来，照亮了滚滚长江，有"点燃八百灯龛火，指引千帆夜竞航"的诗句。

5. 景观功能：美化风景

赏景与造景是我国古塔的一项重要功能，自古有之。到了明、清时期，这种装点河山、美化风景的塔就直截了当地兴建，大量风水塔、文风塔、文星塔及文昌塔等不断出现，甚至连佛的名义也不借用了。

在陕西韩城县有一个文星塔，建于明代。明朝冷崇《创建文星塔记》对建塔的目的说得非常清楚。其中说道：自古以来那些优美的风景名胜区，虽然自然风景占了一半，而人为的加工也要占一半。杨公来我县为官，上任后就游览了韩城县的山川名胜，对韩城的风景非常喜爱。但是感到有所不足的是，东北方向的山峰还不够耸拔，于是与本县乡绅人士们商议，修建一座浮屠（风水塔）来弥补它。塔上塑了一个魁星像，塔北建了一座文昌庙，于是风景更加完美了。从这一创建塔记中可以看出，除了袭用一个佛塔的旧名"浮屠"二字之外，再也找不出佛的痕迹。像这样为了美化风景而修建的古塔，所在皆是，不胜枚举，古塔已经成为风景名胜区不可缺少的内容了。

第二节　古楼阁

一、古楼阁的起源与发展

楼阁是中国古代建筑中的多层建筑物。楼与阁在早期是有区别的。楼是指重屋，阁是指下部架空、底层高悬的建筑。阁一般平面近方形，两层，有平座，在建筑组群中可居主要位置，佛寺中有以阁为主体的，如独乐寺观音阁。楼则多狭而修曲，在建筑组群中常居于次要位置，如佛寺中的藏经楼，王府中的后楼、厢楼等，处于建筑组群的最后一列或左右厢位置。后世楼阁二字互通，无严格区分，不过在建筑组群中给建筑物命名仍有保持这种区分原则的。如清代皇家的几处大戏园，主体舞台建筑平面近方形的均称阁，观戏扮戏的狭长形重屋都称楼。

古楼阁有多种建筑形式和用途。城楼在战国时期即已出现。汉代城楼已高达三层。阙楼、市楼、望楼等都是汉代应用较多的楼阁形式。汉代皇帝崇信神仙方术之说，认为建造高峻楼阁可以会仙人，武帝时建造的井斡楼高达"五十丈"。佛教传入中国后，大量修建的佛塔建筑也是一种楼阁。历史上有些用于收藏的建筑物也称为阁，但不一定是高大的建筑，如石渠阁、天一阁等。可以登高望远的风景游览建筑往往也用楼阁为名，如黄鹤楼、滕王阁等。

中国古楼阁多为木结构，有多种构架形式。以方木相交叠垒成井栏形状所构成的高楼，称井干式；将单层建筑逐层重叠而构成整座建筑的，称重屋式。唐宋以来，在层间增设平台结构层，其内檐形成暗层和楼面，其外檐挑出成为挑台，这种形式宋代称为平座。各层上下柱之间不相通，构造交接方式较复杂。明清以来的楼阁构架，将各层木柱相续成为通长的柱材，和梁枋交搭成为整体框架，称作通柱式。此外，还有其他变异的楼阁构架形式。

二、古楼阁的鉴赏

在我国，楼阁的种类很多，分类方法也不少，可从建筑材料、结构构造、平面布局、楼层数量等方面进行逐一分类，但本节仅从性质上分析楼阁的主要类型：

（一）城门楼和其他军事防御性楼阁

防御性楼阁建筑在我国的楼阁中占有较大的比重，且大部分至今保存完好。它们多以高台式为主，包括城楼、箭楼、角楼以及长城城墙的敌楼等。

古人历来对城防建设十分关注。以明清都城北京为例来说明，当时的北京城为了军事防御及城市整体格局的需要，拥有内外及皇城三道城墙。每道城墙上分别建有城门、城楼即"内九外七皇城四"。城门楼属于高台式建筑，建立在城台之上。北京正阳门是明清北京城内城的南正门，由城楼、箭楼及两座楼之间的瓮城组成，在功能上城楼门兼有行人出行和军事防御的作用。

（二）报时性楼阁

报时性楼阁，是指钟楼和鼓楼。这类建筑在我国大、中、小城市和寺庙中均有。因此至今保存完好的也很多。这是我国民族传统文化中的一笔宝贵财富。钟楼和鼓楼同城楼、箭楼等一样，也属于高台式建筑。有的钟鼓楼又称前门箭楼，位于今北京市前门大街北端、老北京内城中轴线最南端，和明代北京城一起建成于永乐十八年（1420年），明代正统元年（1436年）重修。

（三）观景性楼阁

观景性类楼阁分布很广，南方有，北方也有，但以南方居多。为便于观赏风景，楼阁的体量比较高大，外部多修有平座、栏杆，以利眺览。

在古代，观景性楼阁也是文人雅士们会聚之所。所以，许多文学名篇，如王之涣的《登鹳雀楼》、韩愈的《滕王阁记》、王勃的《滕王阁序》、崔颢的《黄鹤楼》、范仲淹的《岳阳楼记》、孙髯翁的"大观楼长联"等，皆因楼阁而感发，正所谓文因楼而生，楼因文而名矣。

观景性楼阁多位于江边、湖边、海边或风景名胜区。因造型美观，其本身也成了该地或该风景区中的重要景点。

（四）其他楼阁

1. 藏书楼

我们的祖先很注意图书资料的收藏和保存，因此，也很重视藏书楼的修建。天禄阁和石渠阁，就是2000多年前汉代修建的著名藏书楼。

在古代，官宦修建藏书楼，喜好书籍而又有条件的个人也修藏书楼。我国现存修建年代最早、保存最为完好的藏书楼宁波天一阁，就是一座著名的私家藏书楼。以后，为了收藏和保存《四库全书》，清代修建的文津阁、文渊阁等7座藏书楼就是按照天一阁的制式和布局设计建造的。明清藏书楼建筑的设计特点，主要是解决藏书中的火、霉、蛀三害问题，同时兼顾环境设计，营造宁静及优美的阅读环境。

各大寺庙中的藏经楼或藏经阁，都属于藏书楼性质的建筑。

2. 供神、祭神楼阁

在古代，这类楼阁建造的数量不少，至今保存尚好的也很多。观音阁、大悲阁、大乘阁、真武阁、文殊阁、普贤阁等，几乎全国各地都有。而且，这类楼阁的体量也不小，大多是各自所在建筑组群中的主体建筑或主要建筑，设计、施工都很讲究，为我们留下了非常珍贵的古建筑精品。为了容纳高大的神像，在这类楼阁中有相当一部分属于空筒式或空井式建筑，内部有一个很大的空间，装饰也很精美。

3. 戏楼

戏楼又称乐楼，是楼阁建筑中的一种重要类型。在我国的佛寺和道观中建有乐楼、戏楼，在城镇中建有戏楼，在昔日的皇宫中也建有戏楼，皇宫中的戏楼，不但规模大，设计也好。

4. 倡导文教、提倡文风的楼阁

此类楼阁各地都有。有的楼阁中供奉着文昌帝或魁星的神像，也被称为文昌阁或魁星阁。由此看来，这类楼阁也是供神、祭神中的一种，但又具有倡导文教的特殊意义。

第三节　长城

一、长城的起源与发展

城，是中国古代都邑四周用于军事防范的墙垣，通常规模较大，形成一套围绕城邑建造的完整防御构筑物体系。它以闭合的城墙为主体，包括城门、墩台、楼橹、壕隍等，坚固、陡峭、不易攻取，具有很多城防设施。

长城，是中国古代规模最宏大的防御工程。它与一般的城不同，整体不形成封闭式城圈，长度可达数百里、数千里或上万里，故称为长城，又称长垣、长墙等。在空间观念上，长城是古代都邑四周墙垣的极度扩大，它绵延起伏于祖国辽阔的大地上，好似一条巨龙，盘旋、飞腾于巍巍群山、茫茫草原、瀚瀚沙漠，奔入森森大海，其尺度之巨、工程之艰、历史之悠与气势之雄，世所罕见。

据文献记载，春秋时期楚国最早筑长城长数百里，称作"方城"，在今河南方城县，北至邓县。《左传》有云，楚成王十六年（前656年），齐国发兵攻楚，挺进到轻这个地方，得悉楚成王派大将屈完前来迎战。两军在召陵对阵。屈完对齐侯说，你想攻打楚国吗，谈何容易。楚国有汉水可作屏障，有"方城"可以抵御。齐侯见楚之"方城"的确坚不可摧，就罢兵自撤了。"方城"是长城的雏形。又据文献，楚穆王二年（前624年），晋国又举兵伐楚，结果遇"方城"而息鼓。楚康王三年（前557年），晋军又犯楚境，为"方城"所阻而无功自返。楚长城防御之功乃莫大焉。

在那个"冷兵器"时代，长城可使刀枪无奈，弓箭不入，战骑难以跨越。当时建造长城遵循就地取材原则，有土堆土、有石垒石，或以土石杂以其他材料，如草木之类。这正如《括地志》所说，"无土之处，累石为固"。当然，有些长城地段，天堑未通，故难以修筑，正好以此天险为"城"，也起到了御敌的作用。

楚"方城"独步于天下后，齐、魏、燕、赵、秦等国也纷纷效仿，相继兴筑。

秦始皇以过去秦、赵、燕三国的北方长城作为基础，修缮增筑，成为西起临洮，东至辽东的万里长城。在建造技术上，秦长城已有许多进步。它经过黄土高坡、沙漠莽原，跨越无数高山峻岭、河流溪谷，施用黄土版筑或是用沙砾石、红柳或芦苇层层压叠的施工工艺，经历千年风雨，有的地段，现仍残存五六米高，令人叹为奇迹。

秦以后直到明末，长城曾经过多次的修缮和增筑。

汉代为了抵御塞外势力强大的匈奴，修了两万里长城，是历史上修筑长城最长的一个朝代。西汉所建长城尤其是河西长城及其亭障、要塞、烽燧与列城等，丰富了长城的建筑样式，防御功能也丰富起来，而且改进了长城的地理布局。由于长城的修筑比以往更为坚固、高耸，使骑兵难以跨越，阻止了匈奴的进攻，促进了西域的农牧业生产。尤其汉代已有了著名的"丝绸之路"，长城的修筑，让屯田、屯兵于长城一线成为现实，有利于保护丝绸之路的畅通、安全与繁荣。

明代长城修筑工程最大，西起自嘉峪关，东达鸭绿江，全长 7300 多公里。有些地段，还修了复线，至于北京北部的居庸关、山海关与雁门关一带的城墙有好几重，有的竟多达 20 多重。这一重又一重的城墙，好比北京的甲胄，也好比挡在北京前面的盾牌，使北京这个自朱棣（明永乐帝）开始的明朝首都固若金汤，万夫莫开。

明朝时代，砖的技艺已发展得十分成熟，明代有条件建造更为雄伟、坚固、美观的长城。同时，由于明朝沿海经常遭受海盗骚扰，所以明朝又出现了沿海防御据点。明代立朝，自 1368—1644 年，其前后 200 多年间，差不多都在建造长城，直到 1600 年前后，才告一段落。

明长城代表了中国长城的最高技艺水平，它已经不是简单的军事防御工事，而是以建筑手段所创造的一种特殊的大地文化。其造型主体，除了城墙，还有敌台、烽火台、堡、障、堪和关等，是一系列配套的建筑设施。这一切都证明雄奇险峻、宏大壮观的明长城是空前绝后的。人类社会进入 17～18 世纪以后，虽然随着火器枪炮的使用，长城的防御功能已逐渐退出了历史舞台，但古老的万里长城却仍以其逶迤浩大的建筑成就，及其系统完美的工程艺术形象，被列为伟大的世界文化遗产及世界八大奇迹之一。

二、长城的鉴赏

现在保存下来的长城，大部分是明朝遗物。简单地说，长城由城墙、敌台、烽火台、关隘等四大部分，以及城堡（城）等建筑物组成。

（一）城墙

长城的主体是城墙。城墙的位置，多选择蜿蜒曲折的山脉，在其分水线上建造。其构造按地区特点有条石墙（内包夯土或三合土）、块石墙、夯土墙、砖墙（内包夯土或三合土）等数种；特殊地带利用山崖建雉堞或劈崖作墙；在辽东镇有木板墙及柳条墙，在黄河凸口处冬季还筑有冰墙。这些不同种类的构造中，以夯土墙和砖石墙为最多。城墙的高度，视地形起伏而定，往往利用陡坡构成城墙的一部分，高约 3 ～ 8 米之间，厚度视材料和构造也有所不同，顶宽约在 4 ～ 6 米之间。

（二）敌台

城墙上每隔 30 ～ 100 米建有敌台（哨楼）。敌台有实心、空心两种，平面有方有圆。实心敌台只能在顶部瞭望射击，而空心敌台则下层能住人，顶上可瞭望射击。空心敌台是明中叶的新创造，高二层，突出于城墙之外，底层与城墙顶部平，内为拱券结构，设有瞭望口和炮窗，上层设瞭望室及雉堞，造型雄壮有力，此外，也有砖石外墙而内部用木楼层的敌台。

（三）烽火台

烽火台是报警的墩台建筑，亦称烽燧、亭燧、烽堆、烟墩等，建在山岭最高处，台与台相距约 1.5 公里。一般烽火台用夯土筑成，重要的在外包砖，上建雉堞和瞭望室，实心的墩台用绳梯上下，也有在夯土台中留孔道上下的。台上储薪（即干柴），遇有敌情日间焚烟，夜间举火，依规定路线很快传至营堡。若干座烽火台之间设总台一座，总台往往建在营堡附近，外有围墙，形如空心敌台。另外，还有与烽火台类似的另一种墩台，主要是为防守使用，建在长城附近。墩台相距约 500 米，因明朝已使用火炮，射程约 350 米，在 500 米的距离中可以构成交叉火力网。墩台有围墙，内住兵士、储粮薪，旁掘水井，是长城附近纵深方面的防御体系。这些烽火台墩台的总台附近，筑有高约 1.7 米，长约 2.6 米的矮墙，纵横交叉，以阻止骑兵驰近。

（四）关隘

凡长城经过的险要地带都设有关隘。关隘是军事孔道，所以防御设置极为严密，一般是在关口置营堡，加建墩台，并加建一道城墙以加强纵深防卫。重要关口则纵深配置营堡，多建城墙数重。如雁门关是由大同通往山西腹地的重要关口，建在两山夹峙的山坳中，关周围山岭以重重城墙围绕，据记载原有大石墙 3 道，小石墙 25 道之多，关北约 10 公里处的山口，又筑广武营一座以为前哨。又如居庸关是京师北部的重要孔道，因而在两山夹峙长约 25 公里的山道中设立城堡 4 座。其中岔道城为前哨，北部建城墙一段，山上建墩台以为掩护；往南为居庸关外镇，是主要防守所，建在八达岭山坳，东西连接城墙，形势极为险要；再往南即居庸关，是屯重兵之所在；最南为南口堡，系内部接应之所，并且起着防守敌兵迂回袭关的作用。其他如山海关控制海陆咽喉、嘉峪关是长城的终点及娘子关是重镇，关城建筑都很坚固雄壮。

（五）城堡

城的主要组成部分。

城墙，古代称墉，土筑或砖石包砌，断面为陡峭的梯形。墙身每隔一定距离筑突出的马面。马面顶上建敌楼，城顶每隔 10 步建战棚。敌楼、战棚及城楼供守御和瞭望之用，统称"楼橹"。

城门，即木构架门道或砖砌券洞。台顶上建木构城楼，城楼 1 ~ 3 层，居高临下，便于瞭望守御。

瓮城，即围在城门外的小城，或圆或方，方的也称"方城"。瓮城高与大城同，城顶建战棚，瓮城门开在侧面，以便在大城、瓮城上从两个方向抵御攻打瓮城门之敌。正面的战棚在南宋时改为坚固的建筑，布置弓弩手，称为"万人敌"，到明代发展为多层的箭楼。瓮城门到明代又增设闸门，称为闸楼。

马面，即向外突出的附城墩台，每隔约 60 步筑一座。相邻两马面间可组织交叉射击网，对付接近或攀登城墙的敌人。

敌楼、战棚和团楼，是防守用的木构掩体，建在马面上的称敌楼，建在城墙上的称战棚，建在城角弧形墩台上的称团楼，构造相同，结构都是密排木柱，上为密梁平顶，向外 3 面装厚板、开箭窗，顶上铺厚约 1 米的土层以防炮石。到明代，敌楼发展为砖砌的坚固工事。

城壕，就是护城河，无水的称隍。城门处有桥，有的在桥头建半圆形城堡，称"月城"。

羊马墙，是城外沿城壕内岸建的小隔城，高 8 尺至 1 丈，上筑女墙（即矮墙）。羊马墙内屯兵，与大城上的远射配合阻止敌人越壕攻城。

雁翅城，是指沿江、沿海有码头的城邑，自城沿码头两侧至江边或者海边筑的城墙，又称翼城。

第八章　古代园林的构景要素和构景手法

第一节　中国古典园林的组成要素

中国古典园林所蕴涵的精湛的造园技法为世人称赞，历代相传。中国古典园林的构成要素，可以概括为筑山、理池、建筑、树木花草及书画墨迹五个方面。

一、叠山造景

地形是构成园林的骨架，主要包括平地、土丘、丘陵、山峦、山峰、凹地、谷地、坞、坪等类型。其中，筑山而形成的山景是园林风景形成的骨架和支托，为表现自然，叠山是造园的最主要的因素之一。园林中的山可以分为三大类，即土山、石山和土石山。土山，是自然形成或人工堆成，山道平缓，宜于绿化，形成自然山林外貌；石山，江南多用灰岩、砂岩，有的还用石英岩人工叠置；土石山，是由土、石混叠而成，一般是大型园林中人造山陵。例如秦汉的上林苑，用太液池所挖土堆成岛，象征东海神山，开创了人为造山的先例，初步开创了一池三山的造园形制，中国古典园林叠山造景的艺术手法有以下几种。

（一）嵌理壁岩艺术

在江南较小庭院内掇石叠山，有一种最常见、最简便的方法，是在粉墙中嵌理壁岩。正如计成在《园冶》卷三的《掇山·峭壁山》中说道："峭壁山者，靠壁理也，借以粉壁为纸，以石为绘也。理者相石皱纹，仿古人笔意，植黄山松柏、古梅、美竹、收之圆窗，宛然镜游也。"这类处理在江南园林中很多见，有的嵌于墙内，犹如浮雕，占地很小；有的虽于墙面脱离，但十分逼近，因而占地也不多，其艺术效果与前者相同，均以粉壁为背景，恰似一幅中国山水画，通过洞窗、洞门观赏，其画意更浓。苏州拙政园海棠春坞庭院，于南面院墙嵌以山石，并种植海棠、慈孝竹，题名海棠春坞。

（二）点石成景艺术

点石于园林，或附势而置，或在小径尽头，或者在空旷之处，或在交叉路口，或在狭湖岸边，或在竹树之下；其分布要高低错落、自由多变，切忌线条整齐划一或简单地平衡对称；多采用散点或聚点，做到有疏有密、前后呼应、左右错落，方能产生极好的艺术效果。如在粉墙前，宜聚点湖石或黄石数块，缀以花草竹木。这样，粉墙似纸，点石和花木似笔，在不同的光照下，形成了一幅幅活动的画面。

不同的石置于园林又可产生不同的艺术效果。比如，为了表达春天的意境，常用竹子，配置竖瘦的石笋，青竹虽直，但低弯的尖梢使石笋藏其身而露其头，产生虚实的变化，盎然春意脱颖而出；再比如，为表达夏天的意境，则多用玲珑四通的湖石，构成深涧绝谷、峭壁危峰、山脚清流环绕、山顶乔木繁荫、盘根垂蔓等清意幽深的意境。

选择石峰形体，要注意凹与凸、透与实、皱与平、高与低的变化。玲珑剔透的山石，混合自然，容易构成苍凉寥落、古朴清旷、妙极自然的特点，再配以得体的竹木，使得"片石多致、寸石生情"，既有绿意，又有情趣。

（三）独石构峰艺术

独石构峰之石，太多采用玲珑剔透、完整一块的太湖石，并需具备透、漏、瘦、皱、清、丑、顽、拙等特点。由于其体积硕大，因而不易觅得，常需要用巨金购得。园主往往把它冠以美名、筑以华屋，并且视作压园珍宝。

（四）旱地堆筑假山艺术

旱地筑山一般用于地势平坦，既无自然山岭可借，又缺乏了活泼生动水面的地方，用大量的叠山作为园林的艺术点缀。主要的方法有六种：第一种，园中高山的堆叠。园中高山多采用峭壁的叠法。如位于北京故宫宁寿宫花园的萃赏楼前后的假山，均有陡直的峭壁，高耸挺拔。所用石材大小相同，叠砌得凸凹交错，形象自然，且有绝壁之感。第二种，峭壁的堆叠。峭壁上端做成悬崖式。这是采用悬崖与陡壁相结合的叠山手法，北京故宫宁寿花园的耸秀亭檐下的悬崖，挑出数尺的惊险之景，与崖边石栏杆，凭栏俯视，如临深渊，颇为险峻。第三种，山峦的叠筑。叠筑多采用山峦连绵起伏的手法。峦与峰又往往结合使用，以增加起伏之感。第四种，山峦起伏的表现。用突起的石峰进行散置堆筑，以加强整个山势的起伏变化，园中除了山顶多用石峰以外，山腰、山脚、厅前、道旁等处，也多散置石峰。有的采用整块耸立的巨石，有的用几块湖石连缀而成。第五种，虚实配合，相反相成，互为益彰。如同在北京故宫宁寿宫花园的古华轩东侧的假山，中间做出卷洞，包以湖石，设以米红卷门，开门如洞窟，具神秘感。这种上台下洞的处理，也属虚实结合的形式。第六种，山体幽静深邃的表现。在峭壁夹峙的中间堆出峡谷，给假山以幽静深邃。如北京故宫宁寿宫花园的延趣楼前与延棋门里各有一条极狭的山谷，仅60厘米宽，只能侧身通行。虽非主要山道，但在叠山艺术中却增添了宽狭、主次、虚实等情趣的变化，丰富山林的造型。

（五）依水堆筑假山艺术

计成特别推崇依水堆筑的假山，因为"水令人远，石令人古"，两者在性格上是一刚一柔、一静一动，起到相映成趣的效果。《园冶》一书里，多次谈到这一点："假山依水为妙。倘高阜处不能注水，理涧壑无水，似少深意。"理山，园中第一胜也。若大若小，更有妙境。就水点其步石，从巅架以飞梁；洞穴潜藏，穿岩径水；峰峦飘渺，漏月招云。还提道："石须知占天，围土必然占地，最忌居中，更宜散漫。"苏州狮子林，以湖石假山众多著称，以洞壑盘旋出入的奇巧取胜，素有假山王国之誉。园中的假山，大多依水而筑。堆叠假山之所以"依水为妙"，被视为"园中第一胜"，正如郭熙所言，"水者，天地之血也"；"山以水为血脉"，"故山得水而活"，山"无水则不媚"。

二、理水造景

中国古典园林中有一个重要的理池手法，是曲水流觞。一般最简单的理水方式是造池，然而简单的池中也有相当多细节，如池中植物的种植，是否要养水族的考量；池水要如何循环流动；它周围的布景，如亭子的方位，进园的走向等，古籍中往往都有所记载。较大规模的理水方式，是将池的规模扩大到水路的安排，如恰好园外有溪，则想办法将它引进园中来，或是起假山，造小型瀑布如帘。更大型的理水方式则扩充至人工湖泊和水路的营造，湖中甚至有小岛，小溪则有造桥等。经典的中国园林中，理水方式皆具有巧妙的对比，如池如镜，瀑如帘，一动一静，以符合园林最终追求的天人合一境界。

在中国古典园林中，理池形成的水景是园林景观的脉络。水体分为静水和动水两种类型，静水包括湖、池、塘、潭、沼等形态；动水常见的形态有河、溪、渠、涧、瀑布、喷泉、涌泉、壁泉等，水声及倒影也是园林水景的重要组成部分。中国古典园林理水之法，一般有三种。

（一）掩

以建筑和绿化，将曲折的池岸加以掩映。临水建筑，除主要厅堂前的平台外，为突出建筑的地位，所有亭、廊、阁、榭，皆前部架空挑出水上，水犹似自其下流出，用以打破岸，边的视线局限；或临水布蒲苇岸、杂木迷离，造成池水无边的视觉印象。

（二）隔

或筑堤横断于水面，或隔水净廊可渡，或者架曲折的石板小桥，或涉水点以步石，正如计成在《园冶》中所说，"疏水若为无尽，断处通桥"。如此则可增加景深和空间层次，使水面有幽深之感。

（三）破

水面很小时，如曲溪绝涧、清泉小池，可用乱石为岸，怪石纵横、犬牙交错，并且植配以细竹野藤、朱鱼翠藻，那么虽是一洼水池，也令人似有深邃山野风致的审美感觉。

在中国古典园林中，水体通过建筑、山石、树木的点缀和组合，像一件件艺术品，极富诗情画意，达到虽由人作，宛自天开的境界。在水体的设计上模拟自然，突出意境，以曲径通幽为胜，有不尽深远之意。特别是"小中见大"造园手法的运用，更让人有一种景点丰富，愈达愈深的感觉。

三、建筑造景

园林建筑不同于一般建筑，它是园林的重要组成部分，建筑的有无是区别园林与天然风景区的主要标志。园林建筑除了满足游人遮阳避雨、驻足休息、林泉起居等多方面的实用要求，与山水、花木及动物等密切结合，有时还起着园林中心景观的作用。经过造园家们的长期探索与积累，中国古典园林建筑无论在单体设计、群体组合、总体布局、类型及与园林环境结合等方面，都有着一套相当完整而成熟的经验。

建筑在园林中起着十分重要的作用，可以满足人们生活享受和观赏风景的需要。中国古典园林建筑一方面要可行、可观、可居、可游，一方面起着点景、隔景的作用，使园林移步换景、渐入佳境，以小见大，又使园林显得自然、淡泊、恬静、含蓄。根据园林的立意、功能要求、造景等需要，必须考虑适当的建筑和建筑的组合，同时还要考虑建筑的体量、造型、色彩以及与其配合的假山艺术、雕塑艺术、园林植物、水景等诸多要素的安排，并要求精心构思，强化建筑的艺术感染力，使园林中的建筑起到最佳的效果。古典园林中的建筑形式多样，有厅、堂、楼、阁、馆、轩、斋、榭、舫、亭、廊、桥、墙等多种类型。

（一）馆

馆，原为官人的游宴处或客舍。江南的私家园林中的"馆"，并不是客舍性质的建筑，一般是一种休憩会客的场所，建筑尺度不大，布置方式多种多样，常与居住部分和主要厅堂有一定的联系，如苏州拙政园内的玲珑馆、网师园内的蹈和馆，都建于一个与居住部分相毗连而又相对独立的小庭园中，自成一局，形成了一个清静、幽雅的环境。苏州沧浪亭的翠玲珑小馆别具一格，它把建筑分为三段，一横、一竖、一横地曲尺形布置，使整座建筑处于竹丛之中。在北方的皇家园林中，"馆"常作为一组建筑群的统称。例如颐和园中的听鹂馆，原是清代帝后欣赏戏曲的地方，庭园中还设有一座表演用的小戏台；宜芸馆，原是帝后游园时的休息处所，重建之后改为光绪皇后的住所。

（二）榭

榭，古代台上有屋叫榭，榭是一种开敞建筑。最初的榭原本是讲武、阅兵和供帝王狩猎的地方，后来才逐渐成为园林等建筑中的小品，是园林中游憩建筑之一，建于水边。榭的基本特点是临水，尤其着重于借取水面景色，一般都是在水边筑平台，平台周围有矮栏杆，显得十分简洁大方。例如苏州拙政园的芙蓉榭，被毁的圆明园中也有许多水榭。

在我国古典园林建筑中，榭依山逐势，畔水号立，一面在岸，一面临水，给人以凌空感受，水中游鱼与水面花影相映，诗情画意油然而生。幽静淡雅、别有情趣的榭，自然成了人们游园时读书、抚琴、作画、对弈、小酌、品茗、清谈的最佳所在。作为一种临水的建筑物，建筑与水面池岸一定要很好地结合，使其自然、贴妥。

（三）舫

舫，中国古典园林中，常见一种仿船形建筑称为石舫。在空间造型之上，石舫前部三面临水，"船头"有平桥与岸连接，多为敞棚，以供赏景；底部以石建造，"船舱"多为木构，中舱最矮，类似水榭，舱的两侧开长窗以供休息、宴客；尾舱最高，多分为两层，四面开窗，以便登临远眺。头、尾舱顶为歇山式样，中部舱顶为船篷式样。舫体构造的下实上虚、舱顶各部分的式样变化，欲动实静的感官对比，构成了石舫舒展轻盈的造型美。当游客置身于石舫中，凭栏远眺，又与周围环境气氛相融合，具有意境美。这类建筑初看像是轩、榭、楼的组合体，细加玩味，其体形空间，则寄托着游船画舫的情调。由于徒具船形而不能行动，故又名"不系舟"。

石舫在江南文人的写意山水园多有出现，以"妙在小、精在景、贵在变、长在情"为特色的江南园林，欲在"咫尺山林，多方胜景"中，展现出水乡地域的特点，使得在划不了船的小水面上，仍能获得"置身舟楫"的感受。

建于明代的苏州拙政园，是江南园林的代表作，该园以水景为特点，作为全园精华的中园西部，面水筑有石舫建筑的香洲，上楼下轩，造型轻巧，东面隔水与倚玉轩相对，互相映衬。内舱横梁上悬有文徵明所书"香洲"两字匾额。舱中有大镜一面，映着对岸倚玉轩一带景色，扩景深远，是虚实对比和借景手段的极好表现。头舱轩廊之前有一个小月台，取船头甲板之意，尽量与水体接近。此外，扬州何园的东园筑有船厅，系旱地建筑；冶春园的西园池中，筑有石舫；大明寺西园池中，筑有船厅。上海明代所建的豫园，在萃秀堂东墙外，筑有亦舫，俗称船厅，有舟楫画舫之状，也是旱地建筑。

从园林构景因素这个特定的建筑意义分析，石舫在舍弃舟船"济险安渡"的实用功能后，却获得了有别于亭台楼阁的更为独特的审美价值。

（四）廊

廊虽是一种比较简单的建筑物，但造型很丰富，艺术性很强。从廊的横剖面分析，大致可分单面空廊、双面空廊、复廊、双层廊四种；从廊的总体造型及其与地形、环境结合的角度来考虑，又可分成直廊、曲廊、回廊、抄手廊、爬山廊、叠落廊、暖廊、水廊、桥廊和花廊等。

1. 单面空廊

廊的一边为空廊，面向主要景色；另一边沿墙，或者附属于其他建筑物，形成半封闭的效果。其相邻空间有时需要完全隔离，则做实墙处理；有时宜添次要景色，则须隔中有透、似隔非隔、做成空窗、漏窗、灯窗、花窗及各式门洞。有时窗外虽几竿修篁，数叶芭蕉，二三石笋，得为衬景，却饶有风趣。北京颐和园昆明湖东北角的乐寿堂，临湖一侧筑有单面空廊，靠湖一侧为墙体，墙体上依次排列一长串什锦灯窗，人们透过连续灯窗，可得到一组组时断时续的景物形象，产生引人入胜的效果。北京恭王府花园西园沿湖而建的单面廊，旨在引导游客观看湖面景色，同时起到分隔中园与西园的作用。

2. 双面空廊

在建筑之间按一定的设计意图联系起来的直廊、折廊、回廊、抄手廊等，多采用双面空廊的形式。双面空廊，即两边均无墙体，两边均可自由观景。既可运用于风景层次深远的大空间中，也可在曲折灵巧的小空间中运用。廊两边景色的主题可不同，但顺着廊子这条路线行进时，必须有景可观。北京颐和园的长廊是这类廊中的一个著名实例，它循万寿山南麓，沿昆明湖北岸构筑，东起邀月门，西迄石丈亭，中穿排云门，两侧对称点缀留佳、寄澜、秋水、逍遥四座重檐八角攒尖的亭子。廊长728米，共273间。内部枋梁上绘有精美的西湖风景及人物、山水和花鸟等苏式彩画14000余幅，享有"画廊"之称。它的建筑构思十分巧妙，整个画廊随坡就弯建成，长廊中间的四座八角亭起到了高低过渡和变向连接点的作用，同时利用前后枋梁上的彩画和左右的自然景观，转移了游人的视觉观感，打破了长廊的单调，让整个长廊富有音乐韵律感。

3. 复廊

复廊是在双面空廊的中间隔一道墙，形成两侧单面空廊的形式。中间墙上多开有各式各样的漏窗，从廊子的每一边可以透过漏窗看到另一边的景色。这种复廊一般安排在廊的两边都有景物可赏，而景物的特征又在各不相同的园林空间中，用复廊来划分和联系景区。此外，通过墙的划分和廊的曲折变化，来延长观景线的长度，增加游廊观赏中的兴趣，达到小中见大的目的。例如，苏州沧浪亭东北面的复廊，该园原系一高阜，缺水，而园外有河，造园家因地制宜，石驳河岸，以复廊将园内园外进行了巧妙的分隔，形成了既分又连的山水借景，山因水而活，水随山而转，使园内的山丘和园外的绿水融为一体。游人在复廊临水一侧行走，有"近水远山"之情；游人在复廊近山一侧行走，有"近山远水"之感，通过复廊，将园外的水景和园内的山景相互资借，联成一气，手法甚妙。

4. 双屋廊

把廊做成两层，上下都是廊道，即变成了双层廊，或称楼廊，古称复道。双层廊可提供人们在上、下两层不同高度的廊中观赏景色，让同一景色由于视觉高度的不同，得到两种不同的观赏效果。

（五）轩

轩，最初是指有窗的长廊，后一般指建于高旷地以敞朗为特点的房子叫轩。

在园林中，轩一般指地处高旷、环境幽静的建筑物。苏州留园的闻木樨香轩，是个三跨的敞轩，位于园内西部山冈的最高处，背墙面水，西侧有曲廊相通，地处高敞，视野开阔，是园内主要观景点之一。拙政园的倚玉轩、留园的绿荫轩、网师园的竹外一枝轩、上海豫园的两宜轩等，都是一种临水的敞轩，临水一侧完全开敞，仅仅在柱间设美人靠，供游人凭倚坐憩。

此外，还有许多轩式建筑，采取小庭园形式，形成清幽、恬静的环境气氛，如苏州留园的揖峰轩，拙政园的海棠春坞、听雨轩，网师园的小山丛桂轩、看松读画轩与殿春簃等，都以一个轩馆式的建筑作为主体，周围环绕游廊与花墙，构成一个空间不大的小庭园，以静观近赏为主。园内的主要花木品种和山石特征，常构成庭园的主要特色。例如，听雨轩，院内满植芭蕉，取"雨打芭蕉"之意而得名；海棠春坞，以院内的海棠为主要观赏内容；看松读画轩，因轩前有古松，苍劲耸秀，故筑轩而起名。北方皇家园林中的轩，一般都布置于高旷、幽静的地方，形成一处独立的有特色的小园林，如颐和园谐趣园北部山冈上的霁清轩，后山西部的倚望轩、嘉荫轩、构虚轩、清可轩，避暑山庄山区的山近轩、有真意轩等，都是因山就势，取不对称布局形式的小型园林建筑。它们与亭、廊等结合，组成错落变化的庭园空间。因为地势高敞，既可近观，又可远眺，有轩昂高举的气势。

（六）亭

中国古典园林中亭的运用，最早的记载始于东晋、南朝和隋代，距今已有 1600 多年的历史。而且在漫长的发展过程中，它逐步形成了自己独特的建筑风格和极为丰富多彩的建筑形式，令人目不暇接，叹为观止。

亭子的体量虽然不大，但造型上的变化却是非常多样灵活的。其造型主要取决于其平面形状、平面上的组合、亭顶形式与装修式样、色彩等。我国古代的亭子，起初的形式是一种体积不大的四方亭，木构草顶或瓦顶，结构简易，施工方便。以后，随着技术的发展和人们审美情趣的提高，逐渐发展为多角形、圆形、"十"字形等较复杂的形体。在单体建筑平面上寻求多变的同时，又在亭与亭的组合，亭与廊、墙、房屋、石壁的结合，以及在建筑的主体造型上进行创造，出现重檐、三重檐、两层等亭式，产生了极为绚丽多彩的建筑形象。

亭子的顶最讲究，最具美学姿态。一般以攒尖顶为多，也有用歇山顶、硬山顶、盔顶、卷棚顶的，新中国成立后则有用钢筋混凝土做成平顶式亭的，从造型艺术角度看，中国古典园林中的亭大致有以下几种类型。

1. 三角横尖顶亭

这种亭不多见，因为只有三根支柱，因而显得最为轻巧。著名实例有杭州西湖三潭印月中的三角亭，绍兴兰亭"鹅池"三角碑亭。新中国成立后建造的有兰州白塔山上的三角亭，广州烈士陵园中的三角休息亭等。

2. 正方形亭

正方形亭形态端庄，结构简易，可独立设置，也可与廊结合为一个整体。例如，苏州拙政园的绿漪亭、梧竹幽居亭，苏州沧浪亭的沧浪亭，扬州瘦西湖的钓鱼台亭，北京团城的玉瓮亭，杭州西湖文澜阁假山西部方亭，北京颐和园的知春亭等。

3. 六角形亭

六角形亭有单檐攒尖顶、重檐攒尖顶和盔顶单檐等。单檐攒尖顶的有苏州怡园小沧浪亭，无锡梅园天心台六角亭，扬州瘦西湖六角亭，成都杜甫草堂六角亭，南宁南湖公园仿竹六角亭，上海天山公园荷花亭等；重檐攒尖顶的有苏州西园湖心亭，南宁邕江大桥桥头纪念亭；盔顶单檐的有北京太庙井亭等。

4. 八角形亭

北京颐和园昆明湖东岸紧靠十七孔桥端的廓如亭、苏州拙政园西园南端尽处的塔影亭、苏州天平山四仙亭等为八角形亭，前者重檐攒尖顶，后者单檐攒尖顶。

5. 圆形亭

单檐圆亭有北京北海公园园亭、苏州留园舒啸亭、苏州拙政园笠亭等；重檐圆亭有北京故宫乾隆花园的碧螺亭及北京景山观妙亭等。

6. 扇形亭

扇形亭的平面如折扇展开，大弧部向外，小弧部在内，别具一格。如拙政园西园与谁同坐轩，意取古人词句："与谁同坐？明月、清风、我！"其轩依势而筑，平台作扇形，连轩内的桌、凳、窗洞都为扇形，故亦称扇亭。此外，北京颐和园有扇面殿，其殿成扇形展开；苏州狮子林西南园墙角有扇子亭，建于曲尺形的两廊之间，与廊贯通，亭后空间辟为小院，布置竹石，犹如一幅小图画，显得十分雅致。

7. 半亭

半亭，即紧靠墙廊只筑半个亭，其余半个亭消融在墙廊之中。如苏州拙政园共有三座半亭，一是由东园到中园入口处的倚虹半亭，取杜甫诗句"绮绣相展转，琳琅愈青荧"之意，不仅成为门洞的突出标志，也打破了墙垣的沉重和闭塞之感，有化实为虚之妙。二是中园南部有松风亭，依廊面水而筑，建于小院的一角，翼角飞舞，点染得闲亭小院意趣盎然，有置之死地而后生的妙用。三是在中园与西园相隔的水波廊中部筑有别有洞天半亭，通过圆洞门，举目望去，另外有一番生动景象。

8. 重檐亭

重檐较单檐在轮廓线上更为丰富，结构上也较为复杂。在亭与廊结合时往往采用重檐形式。北方的皇家园林规模大，对建筑要求体型丰富而持重，因而多采用重檐。例如，北京颐和园十七孔桥东端岸边上的廓如亭，是一座八角重檐特大型的亭子，是我国现存的同类建筑中最大的一个，面积达130多平方米，由内外三圈二十四根圆柱和十六根方柱支撑，体形稳重，气势雄浑。又如北京中山公园松柏交翠亭，是一座六角重檐亭，庄重、大方、华丽。再如，北京景山顶上正中的方形万春亭，是三重檐攒尖顶亭（这是庞大亭族中最庄重的形式之一）的一个著名实例，它位于贯穿全城南北中轴线的中心制高点上，起着联系与加强南起正阳门、天安门、端门、午门、故宫，北至钟楼、鼓楼的枢纽作用。此外，承德避暑山庄的金山亭，为六角三层攒尖顶；安徽歙县唐模村水口亭，为歇山顶，三层。重檐中，还有两檐形制不一样的，如北京北海公园五龙亭中的龙泽亭，为攒尖顶、上圆下方；北京故宫御花园万春亭，为"十"字形、圆攒尖，它让造型更加丰富多彩。

9. 组合亭

组合亭有两种基本方式，一种是两个或两个以上相同形体的组合；另一种是一个主体与若干个附体的组合。其目的是为了追求体型组合的丰富与变化，寻求更优美的造型。例如，北京颐和园万寿山东部山脊上的荟亭，平面上是两个六角形亭的并列组合，单檐攒尖顶。从昆明湖上望过去，仿佛是两把并排打开着的大伞，亭亭玉立在山脊之上，显得轻盈飘逸。北京天坛公园中的双环亭，是两个重檐圆亭的组合，和低矮的长廊组成一个整体，显得圆浑、雄健。

（七）桥

我国古典园林中，在组织水面风景中，桥是必不可少的组景要素，具有联系水面风景点，引导游览路线，点缀水面景色，增加风景层次等作用，小桥流水已经成为园林中的典型景色。桥的主要类型有步石（又叫汀步、跳墩子）、梁桥、拱桥、浮桥、吊桥、亭桥与廊桥，等等。庭园中的拱桥多以小巧取胜，如网师园的石拱桥以其较小的尺度、低矮的栏杆以及朴素的造型与周围的山石树木配合得体。

（八）墙

园林的围墙，用于围合及分隔空间，有外墙、内墙之分。墙的造型丰富多彩，常见的有粉墙、云墙和游墙。在中国园林中，墙的运用很多，也很有自己的特色。这显然与中国园林的使用性质与艺术风格有关。

在皇家园林中，园林的边界上都有宫墙以别内外，而园内每组庭园建筑群又多以园墙相围绕，组成内向的庭园。江南私家园林，多以高墙作为界墙，与闹市隔离。由于私家园林面积小、建筑物比较密集，为了在有限范围内增加景物的层次，常以墙敉分景区，纵横穿插、分隔，组织园林景观，控制、引导游览路线，"园中有园，景中有景"，墙成为空间构图中的一个重要手段。

（九）厅堂

厅堂是园林中的主体建筑，是园主人进行会客、治事、礼仪等活动时的主要场所，一般在园林中居于最重要的地位，既与生活起居部分之间有便捷的联系，又有良好的观景环境；建筑的体型也较高大，常成为园林建筑的主体与园林布局的中心。

1.南方传统的厅堂

南方传统的厅堂较高而深，正中明间较大，两侧次间较小，前部有敞轩或回廊；在主要观景方向的柱间，安装连续的棉扇（落地长窗）；明间的中部有一个宽敞的室内空间，以利于人的活动与家具的布置，有时周围以灵活的隔断和落地门罩等进行空间分隔。

2.皇家国球的殿堂

北方皇家园林中将作为园主的封建帝王所使用的建筑称为殿、堂,并与一定的礼制、排场相适应。园林中的殿，是最高等级的建筑物，布局上一般主殿居中，配殿分列两旁，形式严格对称，并以宽阔的庭园及广场相衬托，充溢着浓重的宫廷气氛。由于布置在园林内，故仍要考虑与地形、山石、绿化等自然环境的结合，创造出一种既堂皇又变化的园林气氛，如颐和园中的仁寿殿、排云殿，避暑山庄中的淡泊敬诚殿等。

皇家园林中的堂，是帝后在园内生活起居、游赏休憩性的建筑物，形式上要比殿灵活得多。其布局方式大体有两种：一是以厅堂居中，两旁配以次要用房，组成封闭的院落，供帝后在园内生活起居之用，如颐和园的乐寿堂、玉澜堂、益寿堂，避暑山庄的莹心堂，乾隆御花园中的遂初堂等。二是以开敞方式进行布局，堂居于, 中心地位，周围配置亭廊、山石及花木，组成不对称的构图。堂内有良好的观景条件，供帝后游园时在内休憩观赏，如颐和园中的知春堂、畅观堂及涵虚堂等。

（十）园路

"因景设路，因路得景"，是中国园路设计的总原则。园路是园林中各景点之间相互联系的纽带，使整个园林形成一个在时间和空间上的艺术整体。它不仅解决了园林的交通问题，而且还是观赏园林景观的导游脉络。这些无形的艺术纽带，很自然地引导游人从一个景区到另一个景区，从一个风景点到另一个风景点，从一个风景环境到另一个风景环境，使园林景观像一幅幅连续的图画，不断地呈现在游人的面前。导游的连贯性与园路形态的变幻性，构成中国园路的两大本质。

首先，讲究迂回曲折。一般道路的要求总是"莫便于捷"，因而总是尽量筑得笔直，而园林中的道路则讲究"莫妙于迂"，尽量曲折迂回。我国古代园路的设计，都毫无例外地避免笔直和硬性尖角交叉，强调自然曲折变化和富于节奏感。

其次，追求自然意趣。中国园林艺术追求自然为上，园林中的道路当然也应"贵乎自然"，追求自然的意趣。上述妙于曲折，应以合于自然为前提，违反自然原则的曲折，其效果便会适得其反，令人产生矫揉造作之感。举凡一切与自然环境十分融洽、贴切的道路形式，都可相机选用，使人产生与大自然更加贴近的亲切感，以求得"自成天然之趣，不烦人事之功"。

最后，讲究路面的装饰效果。我国古典园林中的道路，不仅注意总体上的布局，而且也十分注意路面本身的装饰作用，使路面本身成为一种景。以形式分，有以画面的边框为长方形、方形、菱形、梯形、矩形、多边形的七巧图；有以石榴、苹果、佛手、扁豆角、瓜、蝙蝠、古磬等形状为画面轮廓的什样锦；有在各种形式的多宝格上，陈设古玩、字画、山石盆景等图案的博古图；有在回纹或"卍"字锦底纹上，嵌出了各种连续画面的带形画等。

（十一）园门

园林总是以围墙来圈定其边界范围，并设置园门，作为人们进出园林的一种控制。有的园林除设置大园门以外，还在园林内的小园林中设置小园门。

1. 牌坊门

牌楼是一种形象很华丽而且起点睛作用的建筑物，它以丰富的造型和精美的装修、绚丽的色彩，令人注目，成为具有中国风格的民族建筑之一。牌坊的形式，是从华表柱演变而来的，在两根华表柱的上头，安上横形的梁枋，即成了最初的牌坊形式。牌楼的种类，依据所使用的材料，可划分为木、石、琉璃、木石混合、木砖混合五种；依据外形，则可划分为柱出头（俗称冲天）与不出头两种。

牌楼大体有一间二柱、三间四柱、五间六柱等几种，其中以三间四柱式最为常见。例如，颐和园东宫门外的木牌楼，就是三间四柱七楼式，四根立柱分为三个开间，中间比左右两侧间稍宽，柱上架着大小额枋，额枋上端以细巧的端拱支承着七段屋顶，中间明楼最高，两旁侧楼稍低，明楼与侧楼之间的夹楼再逐层降低，形成了丰富而跳动的造型。柱的下部以较高的石基座固定，柱的前后用俄柱支承，以防倾倒。牌楼正面额上写着"涵虚"，影射着前面水景；背面额上写着"菴秀"，暗指着背面的山景。我国传统的牌楼，庄重、华丽，硕大而又轻巧，高耸而不感到沉重，达到了结构与建筑外形的高度统一与完美，堪称作我国古建筑设计的绝妙之笔。

2. 垂花门

垂花门的形式特点是在檐檩下不置立柱，而改做倒挂的莲花垂柱，其屋顶由清水脊后带元宝脊，前后勾搭而成。它作为一种具有独特功能的建筑，在中国古建筑中占有一定的位置，我国传统的住宅、府邸、寺观、园林，都有它独特的地位。

垂花门在园林建筑中，一般作为园中之园的入口。此外，常常用于垣墙之间，作为随墙门；用于游廊通道时，则以廊罩形式出现，既具有划分园林空间的作用，又具有隔景、障景与借景等艺术作用。由于垂花门本身就是风景优美的点景建筑，可以独立成为一个景观，因此在中国古典园林建筑中，有着非常重要的地位。

垂花门的类型很多，最常见的是做成前、后两个屋顶，以钩连搭的方式组成为一个整体。屋顶可以是两个卷棚悬山顶，或者一个卷棚顶与一个清水脊顶的组合。门的前面两旁柱上挑出横木，支承出檐，并带有垂柱，柱头常雕刻成旋转状的莲花形。所有木构架都做油漆彩画，以冷色为基调，间以五彩缤纷的小画面。颐和园中的宜芸馆、益寿堂、清华轩、介寿堂等处的入口，都是这种形式。

3. 砖雕门楼

砖雕门楼多运用于江南园林中，尤以徽式园林中更为多见。它作为建筑物的入口标志，采用考究的雕刻装饰手法，构成各种不同的造型，打破了在平整的白粉墙面上的单调之感，达到古建筑艺术美的效果。其造型主要有垂花式门楼、字匾式门楼、牌坊式门楼三种。

江南园林中的垂花式门楼与北方垂花门楼大致相同，只是北方的为木质，颜色艳丽；南方的为砖质，简朴淡雅，但其立体感不如北方木质垂花门。

字匾式门楼，即挑沿线下，由上杭、下枋、挂落以及两边各一花版，中间镶以字匾组成，式样古朴大方。

牌坊式门楼，四柱立地，明间两柱高，次间两柱低。柱杭多采用水磨青细砖，有时也采用石柱与砖雕混合结构。柱顶飞檐翘角，下有砖雕斗拱、额梁、花板，梁枋下端有雀替，柱脚有抱鼓石等，显得雄伟壮观，庄严巍峨。常见的有四柱三楼和四柱五楼。砖雕在构思方面，大都采用吉祥如意、福寿平安、忠孝节义、八仙八宝等象征图案和历史人物、飞禽走兽、楼阁轩榭等题材，构思精巧，技艺精湛，千姿百态，栩栩如生及给人以美的享受。

4. 屋宇式门

在园林中运用得十分广泛。牌楼式门在平面上只有一片，缺乏深度，不便于遮阳避雨，必须与其他建筑结合在一起运用；垂花式门虽然形象丰富，但它的尺度有限，仅用于小的入口，一般不用于园林的正门。屋宇式门可避免上述两种形式的不足，它的形式多样，且随着时代的发展而不断有所变化。我国私家园林的大门，大多采用屋宇式门，如南京瞻园、苏州拙政园、扬州何园等。

总之，园门建筑具有多种功能，既是不可缺少的管理设施，又是游客集散的交通设施，也是游园观赏者心理过渡的审美设施。但是无论怎样，它必须与园内的景观直接联系起来，起到引景、点景的审美作用。

（十二）漏窗、洞窗、洞门

漏窗，又名花窗，是窗洞内有镂空图案的窗，多用瓦片、薄砖、木材等制成，有几何图形，也有用铁丝做骨架，灰塑人物、禽兽、花木和山水等图案，其花纹图形极为丰富多样，在苏州园林中就有数百种之多。构图可以细分为几何图形与自然形体两大类，也有两者混合使用的。几何形体的图案，多由直线、弧线、圆形等组成，全用直线的有"醒"字、定胜、六角和穿梅花等。还有四边为几何图形，中间加琴棋书画等物图案的式样。自然形体的图案，取材范围较广，属于花卉题材的有松、柏、梅、竹、兰、菊、牡丹、芭蕉、荷花、佛手和石榴等，属于鸟兽的有狮、虎、云龙、蝙蝠、凤凰以及松鹤图和柏鹿图等，属于人物故事的多以小说传奇、佛教、历史传说等为题材。一般说来，以直线组成的图案较为简洁大方，曲线组成的图案较为生动活泼。直线与曲线组合的图案，通常以一种线条为主。直线和曲线都避免过于粗短或细长，以免显得笨拙、纤弱或凌乱。几何形图案的漏窗，通常以砖、瓦、木三者为主要材料。弧线或圆形，常采用板瓦或筒瓦做成。自然形体的图案，用木片、竹筋或铁条为骨架，外部以麻丝、灰浆塑造而成。其中又可细分成全部漏空的与窗中有图案的。漏窗高度一般在 1.5 米左右，与人眼视线相平，透过漏窗可以隐约看到窗外景物，取得似隔非隔的效果，以增加园林空间的层次，做到了"小中见大"。

洞窗，不设窗扇，有六角、方胜、扇面、梅花、石榴等形状，常在墙上连续开设，各个形状不同，故又称为什锦花窗。而位于复廊隔墙上的，往往尺寸较大，内外景色通透，与某一景物相对，形成一幅幅框景。北方园林有的在洞窗内外安装玻璃，内装灯具，成为灯窗。这样，白天可以观景，夜间可以照明，一窗两用，高妙至极。

漏窗与洞窗，较洞门更为灵活多变，可竖向、横向构图，大小花式可以有较大变化，主要依据环境特点加以设计，大体可以分为曲线型、直线型和混合型三类。

洞门的高度和宽度，需要考虑人的通行，下部要落地，因此尺寸较大，并多取竖向构图形式。其形式大致有方门合角式、圈门式、上下圈式、入角式、长八方式、执圭式、葫芦式、莲瓣式、如意式、贝叶式、剑环式、汉瓶式、花瓯式、蓍草瓶式、月窗式、八方式、六方式等，仅有门框而没有门扇。最常见的是圆洞门，又称月洞门。洞门的作用，不仅引导游览、沟通空间，而且其本身就是园林中的一种装饰，通过洞门透视景物，可以形成焦点突出的框景。采取了不同角度交错布置园墙的洞门，在强烈的阳光下，会出现多样的光影变化。

因此，具有特定审美价值的漏窗、洞窗、洞门，概括言之，其主要艺术功能有隔景和借景。一个母体园林总要分割成若干个子园，其分隔物一般采用粉墙、廊房，而粉墙、廊虎总同时伴随着漏窗、洞窗、洞门，起到隔而不死，实而有虚，亦即漏窗、洞窗、洞门与其载体粉墙、廊房一起，起到分割母园与隔景的作用。至于借景，乃是更重要的艺术功能。洞门、漏窗与洞窗后面，或衬片石数峰、竹木几枝；或把远山近水、亭台楼阁纳入窗框、洞框，让洞门、漏窗与洞窗外的景色组合成宛如水墨的小品画页。

通过门、窗望去，或似山水画卷，或如竹石小景。景中有画，画中有景，是园林景美的集中所在。

四、花木造景

园林植物是中国古典园林景观中最灵活、最生动及最丰富的题材。植物因素包括乔木、灌木、攀爬植物、花卉、草坪地被、水生植物等。自然式园林着意表现自然美，对花木的选择标准，一讲姿美，树冠的形态、树枝的疏密曲直、树皮的质感、树叶的形状，都追求自然优美；二讲色美，树叶、树干、花都要求有各种自然的色彩美，如红色的枫叶，青翠的竹叶、白皮松，白色的广玉兰，紫色的紫薇等；三讲味香，要求自然淡雅和清幽。最好四季常有绿，月月有花香，其中尤以腊梅最为淡雅、兰花最为清幽。花木对园林山石景观起衬托作用，又往往和园主追求的精神境界有关。如竹子象征人品清逸和气节高尚，松柏象征坚强和长寿，莲花象征洁净无瑕，兰花象征幽居隐士，玉兰、牡丹、桂花象征荣华富贵，石榴象征多子多孙，紫薇象征高官厚禄等。古树名木对创造园林气氛非常重要，可形成古朴幽深的意境。

中国古典园林中山若起伏平缓，线条圆滑，种植尖塔状树木后，可使地形外貌有高耸之势。巧妙地运用植物的线条、姿态、色彩可和建筑的线条、形式、色彩相得益彰。

中国古典园林种植花木，常置于人们视线集中的地方，以创造多种环境气氛。例如，故宫御花园的轩前海棠，乾隆花园的丛篁棵松，颐和园乐寿堂前后的玉兰，谐趣园的一池荷花等。在具体种植布局中，则"栽梅绕屋"、"移竹当窗"、"榆柳荫后圃，桃李罗堂前"。玉兰、紫薇常对植，"内斋有嘉树，双株分庭隅"。许多花木讲究"亭台花木，不为行列"，如梅林、桃林、竹丛、梨园、橘园、柿园、月季园、牡丹园等群体美。

五、书墨造景

中国古典园林的特点，是在幽静典雅当中显出物华文茂。书画墨迹在造园中有润饰景色，揭示意境的作用。书画，主要是用在厅馆布置，创造一种清逸高雅的气氛。墨迹在园中的主要表现形式有题景、匾额、楹联、题刻、碑记、字画，不但能陶冶情操，还可以为园中的景点增添诗画意境。

"无文景不意，有景景不情"，书画墨迹在造园中有润饰景色，揭示意境的作用。园中必须有书画墨迹并对书画墨迹作出恰到好处的运用，才能"寸山多致，片石生情"，从而把以山水、建筑、树木花草构成的景物形象，升华到更高的艺术境界。匾额是指悬置于门楣之上的题字牌，楹联是指门两侧柱上的竖牌，刻石指山石上的题诗刻字。园林中的匾额、楹联及刻石的内容，多数是直接引用前人已有的现成诗句，或略作变通，如苏州拙政园的浮翠阁引自苏东坡诗中的"三峰已过天浮翠"。还有一些是即兴创作的。另外还有一些园景题名出自名家之手。匾额、楹联与刻石，不但能够陶冶情操，抒发胸臆，也能够起到点景的作用，为园中景点增加诗意，拓宽意境。园寓诗文，复再藻饰，有额有联，配以园记题咏，园与诗文合二为一，人入园中，诗情画意。

第二节　中国古典园林的构景方法

抑景，又称障景。中国古典园林最讲究含蓄，给人以曲折多变、繁复多姿的感觉，所以古典园林中的主要风景总是有隐有藏的，或"先藏后露"或"欲扬先抑"。园林采取抑景的办法，可使园林显得有艺术魅力，还通过障景等手法，把园内划分为若干景区，使游者在游览线路上依次观赏到各种迥异的由山水、建筑和花木所组合的景观特色，起到曲折含蓄、步移景异、引人入胜及小中见大的艺术效果。

二、添景

当观景点与远方的对景之间为一大片水面或中间没有中景、近景为过渡时，为了增强景致的感染力，体现景色的层次美，就需要在观景点和对景之间添景，一般以高大、美观的乔木、花卉作为添景的取材。如当人们站在北京颐和园昆明湖南岸的垂柳下观赏万寿山远景时，万寿山因为有倒挂的柳丝是装饰而显得非常生动。

三、夹景

将景物置于由建筑或植物形成的狭长空间的尽端所形成的景象为夹景。如园林道路两侧种植植物，形成绿色走廊，走廊尽头再设置景观，就形成了夹景的效果。夹景是为了突出优美的景致，将游览路线的两边或两岸，利用树丛、山石、建筑等作为配景的点缀，突出空间端部的景物，且增添深处寻幽的意境。如在颐和园后山的苏州河中划船，远方的苏州桥主景，为两岸起伏的土山和美丽的林带所夹峙，构成了明媚动人的景色。

四、对景

对景，一般指园林中观景点和景物之间具有透景线而形成人与景或景与景相对的关系。园林中厅、堂、楼、阁等重要建筑物的方位确定后，在其视线所及具备透景线的情况下，即可形成对景。中国古典园林的对景是随着曲折的平面，移步换景，依次展开。对景的作用主要用来加强园内景物之间的呼应与联系。

五、框景

利用门框、窗框、树干树枝所形成的框，或者山洞的洞口框等，把远处的山水美景或人文景观包含其中，这便是框景。建筑的门窗最适合用来作框景之用，因为园林建筑的门窗造型各异，或方或圆或长或扁，为框景提供极大的构图选择空间。框景使种种景物构成一幅幅天然图画，通过框景可以优化审美对象，把自然美升华到艺术美。

六、漏景

由框景发展而来，即在园林的围墙上，或走廊一侧或两侧的墙上，常常设漏窗把墙外的景物透漏进来。漏景可以使景物时隐时现，千变万化，诱人入胜。漏窗图案是带有民族特色的几何图形，如民间喜闻乐见的葡萄、石榴、老梅、修竹等植物，或者是鹿、鹤、兔等动物。另外，漏景还可以通过花墙、漏屏风、漏隔扇、树干及疏林等取景。

障景和漏景的不同之处在于藏、露程度的不同。障景是藏多露少，给人以深邃莫测的感受；而漏景是露多藏少，就像漏窗中看风景，景色含蓄雅致。两者是"深藏"和"浅藏"的区别，但都要藏露有度，使景色若隐若现且引人入胜。

七、借景

借景一般是指发现并借用园林用地外的自然或人文景观，使园林内、外的景观形成一个有机的整体，以达到造景和延伸视觉空间的目的。借景有五种方式：远借、邻借、仰借、俯借、应时而借。借景不受空间的限制，形式多种多样，可借的因素有山有水，有日、月、云雾、雪，还有飞禽、游鱼，甚至风声、雨声、涛声、钟声等；近借、邻借一般通过景门和景窗来实现，远借则可借园外高大的物体（山或塔），或者在高处观赏园外之景物；借空中的飞鸟，叫仰借；借池塘中的鱼，叫俯借；借四季的花或者其他自然景象，叫应时而借，例如春观蜂蝶飞舞，秋观霜叶红紫，雨听雨打芭蕉等。

第九章 古代皇家园林和私家园林

第一节 皇家园林的价值

一、皇家园林的发展轨迹

在中国园林建筑的体系中，形成了皇家园林、私家园林与寺观园林三大类型，其中皇家园林无论是从外观的皇家气势还是内在精致设计都要高出许多。皇家园林是中国古代园林建筑的精华，也最能反映出建筑的高超水平。

皇家园林是专供帝王享乐的地方，是归属于皇帝个人和皇室所有，它是在皇帝王权的出现后才形成的，是依据封建社会的最高社会地位和权力建造的。古书里记载的苑、苑囿、宫苑、御苑和御园都是现在所称的"皇家园林"。

据文献记载，早在商周时期，中国人就已经开始利用自然的山泽、水泉、树木、鸟兽进行初期的造园活动。当时主要是划地圈囿，养殖野生动物、种植蔬菜与果树。周文王的"灵台"、"灵囿"是有文字记载的最早的园林。它有高台、池沼，风物宜人，方圆70里，百姓也可去樵采狩猎，足见是非常自然的景观。

春秋时期，皇家园林的营建渐趋豪华，如吴王夫差建姑苏台、梧桐园、天池、桑梓园等，开江南造园风气之先。战国时期各国更是"高宫室，大苑囿，以明得意"。北方燕、赵等国古都遗址中，宫苑部很大，其中建筑物星罗棋布，燕下部宫苑里竟有台基30余座，气魄宏大。

秦始皇统一全国后，在都城咸阳大建宫室，并于渭水之阳作上林苑，用阿房宫为中心建造了许多离宫别馆。

西汉王朝的建立使皇家园林的建筑不断完善。汉武帝在位时，社会经济、政治的繁荣促进了文化艺术等多方面的发展，园林建筑也开始注重功能的多样和内容的丰富。汉武帝对秦朝的上林苑进行了扩建，使之纵横300余里，覆盖五县。据录中记）记载，汉"上林苑门十二，中有苑三十六，宫十二，观二十五"。苑中奇花异木多达2000余种，其中有不少来自南方和西域。苑中还饲养了多种珍禽异兽，包括用于观赏的鱼、鸟、白鹿和大象等。苑中山林，南有终南山，北有九峻山，其间更"聚土为山"，构成了"十里九坡"的地形和地势。除八条流经苑内的天然河道外，还开凿了许多不同规模的水面，其中以昆明池和太液池最为有名。因汉武帝相信神仙之说，便引渭水为太液池，以池为中心建筑假山，分别设蓬莱、方丈、瀛洲，象征东海三仙山，这种"一池三山"的建园布局一直沿用到清代，成为历代王朝建造王室宫苑的一种模式。总的来说，这一时期的皇家园林不仅面积很大，且越来越注重园林的功能建设。

隋炀帝即位后迁都洛阳，在附近兴建了大量宫苑，其中最著名的有西苑。西苑虽沿袭了海中三山的传统，但山、海的景观及组合方式比秦汉时期更为丰富。园内分为山海区、渠院区、无水宫室区、山景区等几大部分。每一景区都自成体系，同时又与其他景区相互映带。水系里分布有16座宫苑，到处种着奇花异草。

唐代长安的禁苑、大明宫太液池、兴庆宫龙池、芙蓉园和东都洛阳的神都苑，以及临潼骊山华清池等，它们的规模虽远不及秦汉宫苑特有的恢弘气势，但在内涵和性质上并无多大差异。规模的缩小，恰恰说明唐代宫苑跟私家园林一样，注意造园要素的典型化，注意山、水、花、木的"比兴"和"隐喻"，完全脱离了简单模仿自然的初始形态。即便是自然山水园，也被赋予深层的寓意。唐代的大明宫、太极宫和兴庆宫，都是宫和苑相结合的建筑群。隋唐时期的皇家园林已走向多样化，总体上已经形成大内御苑、行宫御苑、离宫御苑这三种类型，在建筑上不仅表现出外观的气派，而且更注重园林内部的布局设计。

宋代时期，中国的建筑艺术在唐朝繁荣景象的基础上继续发展，各方面都有了较大的进步，尤其是文化的发展极大地影响了皇家园林的建造，更接近于大自然山水画的风格。园林的单体建筑形式统一，造型丰富多样。木构建筑技术在这一时期达到了高峰，并形成以院落为基本模式的建筑群体。这一时期的皇家园林在继唐全盛之后，在规模和气派上虽不能和唐代皇室相比，但内容和形式却日渐稳定，同时江南民间的私家园林在这一时期有了极大的发展，皇家园林的建设也更加接近私家园林的风格。据有关文献记载，北宋时期，仅汴京城内和近郊的皇家园林就有琼林苑、金明池、玉津园和撷芳园等八九处。宋徽宗时更倾尽全国财力在旧城东北部兴建艮岳。艮岳是皇家园林成熟期的标志，是中国古代园林具有时代意义的经典之作。园林西北角引水为"曲江"，仿唐朝建有曲江池，池中筑岛，岛上按传统设有蓬莱堂。宋徽宗亲自参与建园工作。在周详的规划设计后，从全国各地选取优质的千姿百态的奇石来陈设和造山。园内形成的完整的水系。亭阁楼观和园内植物的品种很多，构成了具有浓郁的诗情画意的人工山水园。不过，北宋的皇家园林更趋小型化，这跟当时审美情趣的偏于细腻、婉约有关。金灭宋后，艮岳被毁，园林中的山石被运入北京，营建大宁宫（今北海）。北宋以后，金、元、明、清各代建都北京，因此北京的皇家园林盛况空前。

明代皇家园林仍以山、池为主，并有所发展。当时把北京的太液池向南扩展，形成了北海、中海、南海一贯的水域；同时在三海沿岸和池中岛上增建殿宇，和紫禁城（现故宫）构成宫苑相连的布局。

清代继续兴建皇家园林，营建了以圆明园为主的海淀三山五园（三山指香山，玉泉山和万寿山。这三座山上分别有静宜园、静明园、颐和园，再加上畅春园和圆明园，就是五园）和河北承德的避暑山庄。明清时期的皇家园林主要集中在华北，其特点是规模宏大，气势磅礴，以真山真水为造园要素；风格侧重富丽华彩，一派皇家气象。清代是中国皇家园林的又一个高潮期，历代各朝的建筑技术和艺术在这里得到了统一和升华，同时中国皇家园林艺术的发展也从此进入尾声。

二、气势恢宏的皇家园林

从秦朝统一中国到清朝灭亡的整个封建社会进程中的大多数时期，国家实行了统一治理。中央集权的封建帝国、封建社会和等级制度形成了一个等级森严的社会体制，严密的封建礼法和森严的等级制度构筑成一个统治权力的金字塔，皇帝居于这个金字塔的顶峰。所以有关皇帝的一切建筑都是等级最高的形式。皇家园林也不例外，尽管皇家园林是模拟山水风景的，但也要在不悖于风景式造景原则的情况下尽量显示皇家的气派，利用总体的规模和外观的气势来显示皇权的高贵。

皇家园林在历史的发展过程中不断受到当时社会所流行的文化、艺术思潮的影响，在注重建筑美的同时也追求和自然美的统一融合。魏晋南北朝时期，受当时文人艺术的熏陶，皇家园林的建造也开始注重自然山水的情趣。隋唐时期是皇家园林建设的成熟期。这一时期的园林建设规模和建筑技术都达到了一个高潮，在艺术设计方面也达到了前所未有的水平，园林的建造风格也逐渐成形，开始向诗画情趣发展。而到了宋代，皇家园林的造园风格已经很成熟，形成了自然山水意境的风景式园林。清代的皇家园林建设也经过了发展、鼎盛和衰落三个时期。康、乾鼎盛时期的园林建筑最具有代表性，精益求精的造园艺术结合大规模的园林建设，使得皇家园林的宏大气势和华丽变得更加明显。

大多数皇家园林建在郊外风景优美、环境幽静的地方，特点包括：

（一）规模宏大

皇家园林独具壮观的总体规划，规模宏大，气势磅礴，以展示"普天之下莫非王土"之气势。如周文王的灵囿，方圆70里；秦汉的上林苑方圆达300余里；北京的颐和园占地面积290公顷；规模最大的皇家园林是河北承德避暑山庄，占地564公顷。皇家园林是专供帝王享乐的地方，皇帝能够利用政治上的特权和经济上的富厚财力，占据大片的土地营造园林，供一己享用，因此皇家园林的规模之大远非私家园林可比拟。历史上的每个朝代几乎都有皇家园林的建置，它们不但是庞大的艺术创作，也是一项耗资甚巨的土木工事。因此，皇家园林数量的多寡、规模的大小，也在一定某种程度上反映了一个朝代国力的盛衰。

（二）真山真水

由于皇家园林的规模宏大，所以大多根据天然的山水依势而建，能够因地置景，造出各有特色的景观。如圆明园利用西山泉水，造出一系列水上景致，颐和园则以万寿山与昆明湖映照相生为主景，再如避暑山庄是以河西走廊的山林景色为其特征的。

（三）建筑富丽堂皇

在等级森严的封建社会里，皇家园林享受着最高的建筑级别，红墙黄瓦，雕梁画栋，色彩鲜艳。如在颐和园的万寿山上，自下而上有云辉玉宇、排云门、排云殿、佛香阁、智慧海等建筑。以佛香阁为中心，从昆明湖到万寿山的南北中轴线上，远远望去，金碧辉煌，光彩夺目，显示出了皇家园林的气魄。

（四）建筑体最高大

皇家园林风格雍容华贵，体现了皇权的至高无上。如万寿山的佛香阁，高达 41 米，建在高 20 米的石砌台基之上，整个建筑高出万寿山山顶，气势高大雄伟，是全园的中心和制高点和标志性建筑，也是全国现存最高的楼阁；颐和园中昆明湖东的十七孔桥，长 150 米，宽 8 米，是北京古桥中最大的一座，如此宏大壮观的建筑也只能在皇家园林中见到。

皇家园林占据整个古典园林建筑的历史舞台，这与它精湛的造园技术和独特的艺术风格是密不可分的。人们的智慧和才能在这里得到了充分的体现，遐想与创造得到了完美的发挥。

第二节 典型的皇家园林

一、避暑山庄

清代帝王除了在北京大造园林以外，还在承德地区兴建了避暑的行宫。避暑山庄规模宏大，占地面积约 564 万平方米，相当于北京颐和园的两倍，比北海公园大 8 倍，比承德市区还多 200 多万平方米，是中国现存的最大的帝王行宫。1994 年被收入《世界遗产名录》。

避暑山庄有一百余处各式风格园林建筑，他的特色在于山水相依，野趣横生，园中有园，胜景荟萃，兼具南秀北雄之美。群山环绕的避暑山庄以奇、秀、险突出了园林的景观，成为皇家囿苑中的一处自然山水园林。行宫区殿宇林立，气势庄重。湖光山色，峰峦叠嶂，绵延的群山巍峨盘踞，湖中岛屿玲珑精致，气势恢宏的园林胜景是皇家重要的造园艺术珍品，也是今天人们享受山林野趣的好去处。

避暑山庄于 1703 年开始修建，当时，遍历天下美景的康熙皇帝到热河下皇庄踏勘了山川形势。他纵马至武烈河畔，见岸柳成荫，碧水清澈，热河泉水雾弥漾，绿草如茵，麋鹿成群，骏马漫步于平缓舒展的天然牧场上，顿感心旷神怡。康熙皇帝当即决定兴建热河行宫（即避暑山庄），并亲自设计指挥营建。避暑山庄的修建前后用了 90 年才完全建成。承德是避暑山庄所在地，当地的砂砾岩在地壳的开降中，被天工雕琢，形成了千姿百态、气势雄伟、形态奇异的景象，享有了"紫塞明珠"之誉。康熙在这里设置围场以训练满蒙八旗军，并在北京到围场途中修建 20 多座行宫，其中避暑山庄是规模最大、地位最重要的一处。从历史方面来看，避暑山庄的兴建，对巩固国内统一、维护领土完整起到了一定的作用。皇帝年年都来此避暑，处理政务，接待大臣使者，因此，从康熙至乾隆年间，避暑山庄成为清政府在京都之外的重要政治中心。

　　山庄内的建筑不用雕梁画栋、飞檐斗拱，一律采用青砖、灰瓦和木柱，就连"澹泊敬诚殿"也没有设造高台阶，楠木梁柱和镂空雕花屏风均不施彩绘。整个避暑山庄以朴素淡雅的山村野趣为基调，取自然山水的本色，兼有江南和塞北的园林之美。追求朴素淡雅却又不失皇家建筑规整、庄重、肃穆的格局，是山庄建筑的一个显著特点。长 10 公里，高 3～6 米的长城式虎皮墙围绕着这座规模宏大的皇家园林。山庄内原有亭、台、楼、阁、庙、塔、廊、桥等建筑 120 多处，它们与山、水、泉、林、花、草、鸟、兽融为一体，构成了一幅幅景色绮丽的风景画。清代的康熙、乾隆皇帝分别于 1711 年和 1754 年将其中 72 处优美的风景点加以命名，这就是闻名遐迩的山庄 72 景。

　　山庄共分宫殿区和苑景区两大部分。宫殿区位于山庄东南部，由正富、松鹤斋、万壑松风和东宫四组建筑构成，是清帝在驻跸期间处理朝政、举行庆典、接见外国使节和帝后居住的地方。正富共有九重院落，高敞而严谨，中心建筑是"澹泊敬诚殿"、"四知书屋"和"万岁照房"。后面是皇帝的寝宫，中心建筑是"烟波致爽殿"，嘉庆皇帝和咸丰皇帝先后病死在这个殿堂里。"烟波致爽殿"外观朴素，内里极其奢华。慈禧太后与恭亲王奕訢在此策划了"北京政变"，实现了那拉氏梦寐以求的垂帘听政、篡夺清王朝最高权力的野心。宫殿区内的正宫大殿名澹泊敬诚殿，因全用楠木，又叫楠木殿。每当夏季，殿内楠木会散发出浓郁的香气。宫殿周围回廊曲折，使庭院显得分外清旷、幽深。正宫后面的烟波致爽殿，是清帝的寝宫，后有一座二层楼，可登临俯瞰群峰夕霭朝岚。宫殿区北部有一组建筑，主殿名"万壑松风"，是清帝读书、批阅奏章和接见官员的地方。东部的组宫殿中有勤政殿，是清帝处理朝政的别殿。另有一座清音阁，与紫禁城里的畅音阁和颐和园里的德和园大戏楼并列为清代宫廷三大戏台。

　　一苑景区可分为湖泊区、平原区和山峦区三部分。湖泊区在宫殿区以北，约占山庄总面积的十七分之一，是重点风景区。这里洲岛错落，长堤逶迤，垂柳依岸，荷花争艳，一派江南水乡风光。错落其间的建筑，大都仿江南名胜修建。洲北的青莲岛上有一座烟雨楼，是仿照浙江嘉兴南湖中的烟雨楼建成的。洲东侧湖中有一座用石砌筑的假山，仿照镇江金山寺的意境而建，也名"金山"，上有殿阁，俗称"金山亭"，是湖区的制高点。金山亭与烟雨楼同为避暑山庄有代表性的风景点。除此之外，还有芝径云堤、水心榭、月色江声、如意洲等，均具江南名胜特点。

　　平原区在湖泊区的北部，面积约 60 万平方米。这里平坦开阔，绿草如茵，一派北国草原气象。高达 67 米的永佑寺塔巍然屹立在东北角；西部沿湖区的旷野是清朝皇帝进行木兰秋狩前选马试箭的试马埭；中部则是古木参天的万树园，它是平原区的主要风景点，园内没有建筑，只是按蒙古习俗设置蒙古包及活动房屋，在宽敞明亮的蒙古包里，乾隆皇帝还曾款待过少数民族首领和外国使节。乾隆皇帝常在平原区举行野宴、摔跤、马技、歌舞及杂耍等活动。平原区西部建有清幽雅静的皇家藏书楼——文津阁。文津阁是皇家七大藏书楼之一，与北京故宫的文渊阁、圆明园的文源阁、沈阳故宫的文溯阁合称"内廷四阁"，又称"北四阁"。

　　山庄的西部和北部，约占山庄总面积的五分之四，自北往南有松云峡、梨树峪、松林峪、榛子峪等五条主要沟峪。这里峰峦叠秀，沟壑幽邃，林木葱郁，溪流奔泻，景色迷人。红墙黄瓦的亭阁轩斋掩映在万绿丛中，使自然山色更加绚丽多姿。山峦区最著名的景点是梨树峪，因种有万树梨花而得名。每到春季，花香袭人，花色如雪。此外，山庄东边的棒锤山上，有一巨大的石棒锤斜立，顶宽下窄，为承德一大奇观。芳园居的山岭上有"锤锋落照"亭，当太阳快要落进西山时，攀到"锤峰落照"亭上，东望庄外的棒锤山，感到它如在近前，远近错落、金碧辉煌的"外八庙"似乎也移进庄里。

　　总之，避暑山庄将人工美和自然美融为一体。康熙和乾隆经常来此巡幸，接待漠北、漠南、青海、新疆的蒙古族、维吾尔族、哈萨克族和西藏、四川等地的苗族、藏族以及台湾高山族等少数民族上层人士。邻国使节也来避暑山庄觐见皇帝。避暑山庄在建筑上善于借用庄外之景，这使它显得更加无边无垠。

　　避暑山庄的艺术特色，总体来说是风景奇丽、熔山水与古建筑于一炉，并具南秀北雄之美。山庄虽以山为名，而盎然的意趣实在水，山庄湖区的开筑不砌石叠岸，以求野趣横生的自然之美。仿建江南园林，求其神似，取其神韵。湖面山影绰约，菇蒲无涯，荷香四溢，长堤隐掩，水榭入画，松云之间，山峦起伏。环视四野，心旷神怡。与国内其他园林相比，避暑山庄是中国规模最大的一座皇家园林。它的主要艺术特点是：

　　第一，充分运用园外借景，突出自然山水之美。山庄建设发挥山体的优势，山水交融，构图完美。

　　第二，移天缩地，山庄独具南秀北雄的风格。山庄模仿江南、蒙古、西藏等地的名胜景物，造园体现了"移天缩地在君怀"的帝王之志。

　　第三，山庄园林与藏式建筑融为一体，有统一的多民族国家的象征性。清帝多次在山庄举办政治活动，推行"恩抚"政策，外八庙皆面向山庄，如众星捧月。

　　避暑山庄是经过几代统治者大兴土木精心建造的皇家园林，如今已成为劳动人民游览和避暑的场所。避暑山庄的优美景观征服了世界，游览过避暑山庄的人，无不感叹它大，无不赞叹它美。避暑山庄集中中国历代园林艺术之精华，成为中国同时也是世界园林艺术的珍品。承德避暑山庄是中国古代人民的血汗和智慧的结晶，充分体现了中国人民的伟大创造力。

二、圆明园

　　八百多年前，北京西郊一带，风景幽静秀丽，山峰起伏，连绵不断，潺潺的泉流汇成著名的昆明湖。历代在北京建都的皇帝都看中了这个地方，有的皇帝在这里建行宫别墅，有的皇帝在这里修花园。清朝皇帝雍正继位后，正式把这一带定为夏宫所在，扩建了避暑宫殿。到了乾隆皇帝时，他集中全国的能工巧匠，花数以万计的金银，前后共经过一百五十多年时间，终于建成了圆明园。

位于北京西郊的圆明园遗址，曾经有过辉煌的昨天，曾经有过令世人为之倾倒的壮美景观。在它鼎盛的时候，湖光山色、亭台楼阁、花鸟鱼虫及风和景明，自然风光和人文景观完美地结合在一起，美妙绝伦。圆明园是中国古代集园林和中西建筑精粹于一身的建筑典范，也是中国古代园林建筑发展到最高峰时的产物。

圆明园的外围总长度为 20 华里，总面积 5200 余亩，比现存的最大皇家园林颐和园还大 850 亩。它是清代建设的规模最大、景点最多、陈设最为富丽堂皇的皇家宫苑有"万园之园"之称。

圆明园始建于康熙四十八年（公元 1709 年），赐予皇四子胤禛，作为他的府第。当时圆明园规模尚小，但有些园景已初具规模，如牡丹台（后更名为楼月开云）。雍正继位后，设置了专门的官员对圆明园进行管理，并从公元 1725 年起对圆明园进行了大规模的修建，还令人将江南名园绘制成图，带回北京，仿制于园中。到了乾隆时期，人们开始对圆明园进行大规模修建。乾隆在位的 60 年中，圆明园几乎没有一天不在修建。特别是长春园内的西洋楼的修建，更是建筑史上的一大奇观。乾隆十年（公元 1746 年），由外国传教士朗士宁（意大利）、蒋友仁（法国）制图，由中国工匠施工，在园中建了几座洋楼，分别起名为"远瀛观"、"海宴堂"、"方外观"、"养雀笼"、"奇趣"，中西建筑各显风姿，又珠联璧合。圆明三园（即圆明、长春、万春三园）中除圆明园外，其他二园皆成于乾隆时期，而且规模日趋宏大，达到了圆明园的全盛时期。乾隆以后，建园工程也并未停顿，仍在不断地进行着，道光帝上位后续建，直到 1860 年被英法联军烧毁。

圆明园从开始兴建到被焚毁前后共经过了 151 年的经营，在这个过程中清统治者花费了难以计数的财力、物力和人力，圆明园的修建共花多少银子已难计算，仅据道光年间圆明园岁修（指每年有计划地对各种建筑工程进行的维修和养护工作）需 10 万两来计算，151 年岁修费达 1500 余万两，而且康乾盛世时期修补费要远远超出道光年间的修补费。而且这其中还没有计入新建和翻修所需银两。同时在园内还珍藏着许多中外古今的孤本秘籍、名人字画、鼎彝礼器、金珠珍品、铜瓷古玩。因此，它的价值是无法用具体的数字来估计的。

圆明园由三个园组成，除了圆明园外，还有万春园、长春园，因此也叫圆明三园。圆明园是三园之中占地面积最大、景物最多的一园，园名由康熙命名，殿额也是康熙亲笔所题。雍正在《圆明园记》中这样来解释圆明的涵义：圆明意志深远，殊未易窥，尝稽古籍之言，体认圆明之德。夫圆而入神，君子之时中也；明而普照，达人之睿智也。

三园的建筑从整体布局来看基本上是建在由水道、湖泊和水塘连成的水网上面，园内溪流纵横、大小湖泊星罗棋布，弯弯曲曲的河流像蛛网一样。若驾着小船沿着水路行驶，可以游遍园内大小每个景区。开挖水系的土方被堆成了台地和小山，上面建有亭子；山谷地带则是庭院和花园，其中还点缀着假山、太湖石与奇花异草以及郁郁葱葱的林木。

圆明园内有著名的"正大光明"等 40 余景。乾隆九年（公元 1774 年），依照热河避暑山庄 36 景四个字的题额之例，以四个字为一组题圆明园景 40 个，并在每一景内附上"乾隆御赋诗"一首。另外这著名的 40 景之外还有藻园、文源阁、舍卫城、三潭印月、紫碧山房、断桥残雪等著名景致。圆明园内有门18座，水闸3个。水发源于玉泉山，由西马厂流入西南进水闸，再分散于园内各处成为大大小小的湖泊，再根据湖泊经明春门北的五孔出水闸流出园墙，最后经长春园的七孔出水闸，流入东边的清河。圆明园主要分成三个景区，西部景区、福海景区和北部狭长风景带。西部景区是园内面积最大、建筑群最集中的地方。这一区南起大宫门，北到多稼如云（圆明园建筑景观），共有建筑群30余处。福海景区的福海是圆明园内最大的一个湖，面积达26万多平方米，稍小于颐和园中的昆明湖，10个小岛环列于"海"岸。整个福海的形状是内方外圆形，类似古时的圆形方孔钱。福海的建筑主要取材于神仙传说，特别是海中央的"蓬岛瑶台"，更似仙境一般。靠圆明园北墙自西向东有一个狭长的风景带，主要景致有紫碧山房、断桥残雪、鱼跃鸢飞、北远山村等。

从圆明园的福海继续向东走，过圆明园的明春门就是长春园。长春园有景点30多处，是座中西合璧的园林。主体建筑为淳化轩，左右廊的廊壁嵌有刻淳化阁帖144块。其他景有海岳开襟、狮子林、如园、西洋楼等。长春园成园时间大致在1751年，是乾隆在扩建圆明园的同时进行修建的。乾隆曾表示归政后要在这里"颐养"。长春园的命名有两层含义：其一是乾隆当太子时，被赐居于明园内的"长春仙馆"，并赐名"长春居士"。因此，乾隆继位以后，就常以"长春"二字命名书屋、宫宛。其二是"长春"乃永远不老、永远年轻之意，这也是历朝历代皇帝向往的。

万春园（同治以前叫绮春园）是三园之中面积最小的，也是成园时间最晚的。嘉庆以前绮春园主要还是清帝园居活动的场所，道光元年（公元1821年）迎孝和太后及诸太妃们入园，从此万春园便成为奉养太后太妃们的场所。同治年间，慈禧重修圆明园时，也想将此园恢复旧观作为自己的居所。由于万春园是由一些小园合并而成的，因此没有一个统一的规划和布局，小园之间有围墙相隔，各自独立。但各园之间又因河渠湖泊相连成一个整体。全园有大小景50余处，建筑群约30处，分成三个景区。东部景区主要有两大块，一块是宫门区建筑群，一块是建筑群北部的一个宽阔的湖面，湖中央有著名的凤麟洲，西岸是仙人承露台。中部景区是园中最大的一区，这一区水域面积比较大，在大小不同的水面岛上建有几组建筑，比较著名的有春泽斋、生冬室、庄严法界、展诗应律、卧云轩、四宜书屋、澄心堂、鉴碧亭、正觉寺等。西部风景区是后并入绮春园的，主要景致有含辉园、清夏堂、绿满轩及畅和堂等。

圆明园内不仅有雄伟、庄严的殿堂，也有玲珑轻巧的楼阁亭台、曲径回廊。园内的风景更是数不胜数，光是著名的风景就有一百多个，每一组景的建筑中又包括楼、阁、轩榭。单是长春园的"狮子村"一景，就包括十六景，每一景又有无数千变万化的幽美、壮丽的建筑。同时，园中的景物建筑还有象征热闹街市的"买卖街"，象征农村景色的"山村"。这些景物有很多是仿照各地的名胜古迹修建的。如果漫步园中，犹如游历神州的天南地北。园中还有许多景物是仿古代名家诗人的诗情画意建造的，如武陵春色、仙山琼阁等。除此之外，园中还有发源于玉泉山的潺潺泉水和位于全园中心的"福海"。"福海"中央有三个小岛，中心建有"蓬岛瑶台"。如果置身其中，犹如步入幻境一般。从雍正皇帝开始，到后来的乾隆一直到咸丰，他们每年大部分时间都住在这里。康熙和雍正皇帝还为圆明园的匾额和园内的十四处景物亲笔提了字。

圆明园被誉为"万园之园"。它不仅在建筑艺术上是世界园林的典范,它豪华的室内装修,讲究的陈设,园中数以万计的艺术珍品、历史文物等也为世界所惊叹。但是这样的一座园林建筑中的奇珍,却在第二次鸦片战争中遭到了英法联军的疯狂抢掠,被彻底的毁坏。宏伟的建筑、瑰丽的园林及其珍藏的金银珠宝都荡然无存了,更让人惋惜的是这里珍藏的大量历史文物至今仍流落在国外。1900 年八国联军入侵北京,已是断壁残垣的圆明园再遭劫掠,同治、光绪年间的陈设被洗劫一空,这群强盗在圆明园及京城里肆意毁损,抢劫财物不知其数。之后附近的贪官、兵痞、流民长期进入园中拆毁、盗卖石料,把树木烧炭出售,使圆明园彻底成为一座荒园,留下了一片残骸。

第三节　私家园林的审美

一、私家园林的诞生和发展

中国古代的园林,除皇家园林外,还有一类属于官吏、富商、地主等私人所有的园林,称为私家园林。私家园林是相对于皇家的宫廷园林而言的,是供皇家的宗室外戚、王公官吏、富商大贾等休闲的园林,是建在城市府邸宅院里的山水环境。

中国古代园林起于古代帝王的囿苑和园圃,最初的囿苑是指狩猎场所,园圃是指蔬菜瓜果种植场所,完全属于山野的产物。秦汉以后,统治者于囿苑内修建楼馆以作歇息之用,逐渐向园林转化。大约从汉代开始,皇亲显贵、富商大贾也争相效仿建立私园。历史上著名的汉代私园有西汉文帝第四子梁孝王刘武的兔园,东汉顺帝时梁皇后长兄大将军梁冀的家园群,以及西汉武帝时茂陵富商袁广汉的私园等。上述三家的私家园林,都是规模巨大,气势恢弘,有的甚至可以与皇家宫苑比肩。它们所采撷的园林山水要素,都是真山真水般大小,即使是人工堆筑的土山、石山,也都延亘数十里、高十余丈的庞然大物。

魏晋南北朝时期是中国古代园林发展史上一个不可忽视的历史阶段。

因为这一时期奠定了中国古代私家园林的基本风格和"诗情画意"的写意境界,并深刻影响了皇家园林的发展。魏晋南北朝以后,私家园林中的"文人隐逸园"异军突起,成为中国古代园林的主流形式。

隋唐两代,文人士大夫酷爱园林之风有增无减,私家园林逐渐步入成熟阶段,且由于国家统一,南北造园艺术交流渐多,艺术手法也日益深化和多样化。唐代有不少诗人和画家参与了造园活动,涌现出许多杰出的"造园艺术家"。他们按照自己熟悉的诗论或画论来建造园林,推动了造园理论的深化与确立。其中最著名的"造园艺术家"有诗人兼画家王维和大诗人白居易。王维曾作《辋川别业》,他以诗人的激情、画家的机敏赋予辋川别业及其周边环境以人文色彩,从而使别业脱去简单的自然山水的外表。如果说王维的辋川别业是一座植根于自然风景区里的"别墅园",那么白居易在洛阳的履道里宅园就是一座典型的人工"市隐宅园"。白居易曾在 20 年间苦心经营这座宅园，从他的《池上篇》序言中可以看出，这是一座以水为中心布局的园林。园中有岛、有桥、有石、有竹、有建筑，但是没有山，白居易实际上是把邻居家高起的亭脊当做西山。这种"因借"思想在唐代十分普遍，为以后造园学"借景"手法的确立打下了思想基础。

除了王维的辋川别业和白居易的履道里宅园，这一时期著名的"别墅园"及"市隐园"，还有李德裕的平泉山居、刘长卿的碧涧别墅等几处。从这些私家园林中可以看出，这一时期的造园宗旨将入画、入诗、入情、入趣作为追求的终极目的。

两宋时期的私家园林十分兴盛。在北宋时期，私家园林遍及京城内外，《洛阳名园》中记载洛阳城中的私家名园约有20余所，具有代表性的有"富郑公园""湖园""环溪""董氏东园"等，这些园林更加自然质朴，更具山林野趣。在南宋的造园文化中，文人园的疏淡雅宜成了正宗，就连大官僚韩侂胄的南园也要有"许闲"堂、"远尘"亭、"归耕"庄之类。

辽、金的园林基本上承袭唐、宋的风格，基本没有突破性的进展。元代值得一提的是山水画家倪瓒，他以一生对名山胜景的游历为基础，设计建造了许多园林，其中赫赫有名的苏州狮子林就是他的作品之一。他是继唐代王维和白居易之后以画家、诗人的身份从事园林艺术创作的"造园艺术家"。

私家园林的普遍发展是在明朝的嘉靖年间。据时人沈德符记载："嘉靖末年，海内宴安，士大夫富厚者以治园亭。"连素有俭朴之声誉的杭州，也出现了居人"踵事奢华，增构室宇园亭，穷极壮丽"的现象。一时间，园林即是宅第，宅第也是园林。明嘉靖以后，封建经济的深入发展，拉动了整个社会发展的速度，也促进了社会观念的变迁。特别是在清代，中国进入了封建经济的高度繁荣和传统文化的成熟期，尤其是处于经济发展高峰期的乾隆时期，奢靡之风充斥整个社会，而尤其流于整个社会上层。乾嘉时人钱泳曾论及当时的社会风气，他说："时际升平，四方安乐，故士大夫俱尚奢华，而尤喜狭邪之游。在江宁（南京）则秦淮河上，苏州则虎丘山塘，在扬州则天宁门外之平山堂，画船箫鼓，殆无虚日。"钱泳将其称为"醉乡"，以此为玩物丧志。然这种喜好游玩的风气与升平的环境，无疑从一定程度上怂恿了士大夫的构园热情，推动了以经济实力和文化修养为依托的园林建筑进入发展的高峰期。而江南一带山水相连的自然环境使这一地区城市园林的发展翘居于全国首位。

明清时期，文人分化出一部分从事专业的园林艺术创作。他们同工匠出身的造园家相结合，进而使造园事业向更高层次发展。有些文人还把造园经验加以总结，著书立说。其中较为著名的有明代《长物志》的作者文震亨、《园冶》的作者计成、清代《一家言》的作者李笠翁。尽管《长物志》和《一家言》并非造园学的专著，但这两本书都以较多的篇幅记述了造园经验。《园冶》又名《夺天工》，是中国古代保留下来的唯一一部造园学专著。明清时期的私家园林多集中在苏州、江宁、杭州、扬州。

二、诗情画意般的私家园林

（一）私家园林与皇家园林的不同特色

中国封建的礼法制度为了区分尊卑贵贱而对士民的生活和消费方式做出种种限定，违者罪为逾制和僭越，要受到严厉制裁。园林的享受作为一种生活方式，也必然要受到封建礼法的制约。因此，私家园林无论在内容或者形式方面都表现出许多不同于皇家园林之处。

私家园林与皇家园林都是中国传统的自然山水园林，但是私家园林常常是住宅的一部分，规模不大，在有限的空间里，运用曲折细腻的手法，创造出较多的景物，曲幽淡雅，与皇家的豪华之气形成鲜明对照。

从内容上看，皇家园林尤其是大型皇家园林兼有朝政、生活、游乐的多种功能，实际上是一座封建帝王的离宫；而私家园林则有待客、生活、读书、游乐的要求。

从规模上看，皇家园林占地面积大，有数百亩或者数千亩之广，多选择在京城之郊或其他空旷之地；而私家园林多与住宅结合在一起，占地面积不大，多者几十亩、十多亩，小者仅几亩之地。

从建筑布局来看，皇家园林为了突出整体宏大的气势，安排一些体量巨大的建筑与组合，在布局中多采用中轴对称及主次分明的多轴线关系，强调依山就势、巧若天成的造园理念。与皇家园林相比较，私家园林无论是园林的整体布局还是构思选材上，都显得内敛了许多。私家园林的宅在前，园在后，在布局上不求对称，依山就势，随水而曲，采用灵活的、不规则的布置。根据需要，园林内穿插安置着不同形式的厅堂、楼阁、亭榭、画舫，园林建筑之间多用曲折多弯的小路，追求一种山林野趣和朴实的自然美。

从园林风格来看，皇家园林受到"皇权至尊，天子威仪"的封建礼制思想的影响，其建筑金碧辉煌，追求宏伟的大气魄，讲究园林的整体构图与开阔的景观。皇家园林的建筑颜色多用强烈的原色，屋顶黄、绿色琉璃瓦和屋身的红柱采枋交错，求得鲜明的对比效果。而私家园林则追求平和、宁静的气氛，建筑不求华丽，在建筑外观上讲究线条的曲折、流畅、轻盈，环境色彩讲究清淡雅致，追求一种天然的清水芙蓉般的淡雅之美，创造出一种与嚣哗的城市隔绝的世外桃源的境界。

（二）私家园林呈现南多北少之势

魏晋南北朝时期，文人士大夫为了逃避现实，隐逸江湖，寄情于山水之间，开始在自己的生活居地周围经营起具有山水之美的小环境，这就是私家园林的开端。唐朝是中国园林全面发展的兴盛期，仅洛阳一地，就有私家园林千家之多。宋朝都城汴梁除大建皇家园林外，私园也有数百座。明清两朝时期的北京，凡王府和富有的官宅中多附有园林。中国的私人园林主要集中在物资丰盛、文化发达的地方，特别是北京、南京以及苏州、杭州、扬州、松江、嘉兴等地。但就全国而言，私家园林最发达的多集中在南方地区。

私家园林集中在南方,是因为南方地区具有造园的自然、经济和人文等方面的条件。

从自然条件来说,建造山水园林需要山和水。园林堆山,除土以外,不可缺石,而江苏、浙江一带多产石料,南京、宜兴、昆山、杭州、湖州等地多产黄石。苏州自古以来就出湖石,湖石采自江湖水涯,经过常年水流冲刷,石色有深浅变化,表面纹理纵横,形态多玲珑剔透,历来为堆山之上品用料,也宜罗列庭前成为可欣赏的景观。无天然山还可用土和石堆筑,但无天然水源,虽挖地三丈也不成池沼。江南江流纵横,河网密布,水源十分丰富。同时,南方气候温和,冬无严寒,空气湿度大,适宜生长常青树木,植物花卉品种多。

从经济条件来说,造园需花费大量钱财,但南方具备雄厚的经济基础。江浙乃古代鱼米之乡,手工业发达,苏杭一带自两汉以来即盛产丝绸。随着商品经济的发展,城市愈加繁荣。经济的发达,给造园提供了物质条件。18世纪中叶,乾隆皇帝六下江南,遍游名山名园,江南掀起了造园热潮。扬而盐商为了求得乾隆的御宠,凭借自身的雄厚财力,在扬州建了庞大的瘦西湖园林区,自城北天宁寺至平山堂,两岸楼台亭馆连绵不断,形成一条水上园林带。

从人文条件来说,园林作为一种文化建设,需要具备相关的人文条件。江南自古文风盛行,南宋时文人画和山水诗盛行,随着宋朝都城南迁至临安(杭州),大批官吏、富商拥至苏杭,造园盛极一时。明清两朝以科举取士,江南中举进京为仕者众多,这批文人告老返乡后多购置田地,建造园林。尤其在清朝后期,由于北方战乱,官僚富贾纷纷南逃,在江浙一带购地建造宅园,偷安一方。这批文人懂书画,好风雅,不但精心经营自己的宅邸,还亲自参与设计私家园林。这个时期在造园的数量与质量上都达到一个高峰,使江南一带成为私家园林的集中地区。

江南的私家园林多集中于苏州、扬州、杭州、无锡等地。苏州园林最多,其中沧浪亭、狮子林、拙政园、留园最负盛名,合称"苏州四大名园"。除此之外,苏州的曲园、怡园、耦国、网师园,扬州的个园、何园,无锡的寄畅园,上海的豫园等,都很有名,其中上海的豫园素有"东南名园之冠"的称号。

(三)私家园林的特点

私家园林主要集中在南方,与华北的皇家园林相比,江南私家园林有着自己的特点:

1. 面积规模较小

江南私家园林与皇家园林风格迥然不同,它是私人住宅和花园的结合,一般只有几亩至十几亩,面积虽小,但布局灵活紧凑,主要运用含蓄、抑扬、曲折、暗示等手法来启发人的主观再创造,形成一种深邃不尽的意境,扩大人们对于实际空间的感受,以达到"小中见大"的效果。如拙政园占地62亩,不及承德避暑山庄的1%,狮子林占地15亩,残粒园更小,只有1400平方米。私家园林规模虽小,但园中山、水、亭、台、楼、阁等样样具备,体现出"一粒砂中见乾坤"的意境。

2. 常用假山假水

由于规模较小,所以园景采用浓缩的手法,造以假山假水,点缀以花草树木。江南私家园林大多以水面为中心,四周散布建筑,构成一个个景点,几个景点再组成景区,较大的园林可有几个景区。私家园林的建造全部凭借人力，但是在艺术效果上则尽力追求以达到"虽由人作，宛自天开"的艺术境界。

3. 色彩淡雅素净

除了皇家园林建筑是用黄色和红色以外，私家园林建筑一般是灰色屋瓦、白色墙壁、褐色门窗，不施彩绘，但常用精致的砖木雕刻作装饰，显得朴素清雅，玲珑精致。

4. 整体精致典雅

私家园林整体上表现为小巧玲珑，造园技法精致典雅，园林风格清高风雅。因园林的主人多为文人，能诗会画，善于品评，因此，整个园林充溢着浓郁的书卷之气，充满诗情画意，表达着一种意境美。

三、私家园林的造园手法

私家园林，不论是南方还是北方，不论是文人园林还是官僚、贵族、富商的私家园林，其共同特点都是在不大的空间范围建成一个富有自然山水情趣的环境。白居易在《家园三绝》中这样描绘他的宅园："沧浪峡水子陵滩，路远江深欲去难，何如家池通小院，卧房阶下插鱼竿。"在文人的住宅和园林里，住房要隐蔽，读书处求宁静，待客厅堂需方便，而游乐区域又讲求自然山水之趣。那么怎样在几十亩乃至几亩之地的小范围里去安置这些建筑，并且能使它们各得其所呢？纵观古代私家园林的实践，可以看到，以下几方面的经验和手法已成为世代相传的造园原则及规范。

（一）在布局上采取灵活多变的手法

私家园林在布局上不采用中轴对称的规整形式，而是创造性地采取了灵活多变的总体布局。园林的建筑物之间多用小路连接，忌用径直的大道相连。道路既有露天的石径、小道，也有避雨遮日的廊子。廊子形式多种多样，有的沿墙而建，有的呈折线形，有的随山势地形之高低而成爬山廊或跌落廊，有的驾凌水面而成水廊。处于园林中的建筑都不是孤立的存在，往往与邻近的山、水及植物共同组成一处景观。造园者沿着这些曲折弯曲的道路或廊，巧妙地创造出具有不同景观的景点。或者是一栋亭、榭，或者是古木一棵，翠竹一丛，堆石一处，只要布局适宜，安置得体，皆可成景。游人一路行来，眼前景物因变化而富新意，毫无倦怠之感。如建于清朝的苏州留园，它的入口正处于两旁其他建筑的夹缝之中，宽仅 8 米，而从大门至园区长达 40 米。造园者在如此狭长的地段里安排了由曲廊相连而组成的三个空间。进门有一个小天井，过天井，经曲廊，才进入植有花木的第二个空间，再经过小廊到达第三空间，这里有古木一株，枝叶苍劲。连接小廊的是一座小厅屋，厅墙上开空格窗，窗外才是留园的主体。在这里，用厅、廊、墙组成不同的空间，以这些空间的转合、明暗与大小的变化，再加上古木景点的布置，让这一夹缝中的狭长入口变得妙趣横生。

（二）善于仿造自然山水的形象

中国古代早期的苑、囿是选择真山真水围合而成的园林。自魏晋南北朝之后，开始有了仿造自然山水的做法。宋朝在东京汴梁建皇家园林艮岳，宋徽宗要求在园中重现五岳的雄伟、蜀道的险峻，将人造山水的技艺推到了一个高峰。发展到明、清时期，人工仿造自然山水已经成为造园中很重要的一项工程技艺。

自然山水自有其本身的生态形象，要想把它们再现于私家园林的环境中，只能经过概括、提炼，然后对自然形象进行再创造。这就要求造园者对自然山水的形态进行观察与研究、总结，提炼出它们在造型上的规律，按园林的需要把它们典型地再现，这样才能以小见大，得自然之神韵。

先看造山，无论用土还是用石，形状上最忌二峰并列或诸峰并列如笔架，而要依园林景观要求而定，做到有主有从，有高有低。如果以土为主的堆山，则可在山上广植花木，使山体郁郁葱葱，并可在山的上下散置少量石块，如同石自土中露出。或以堆山石为主，则在石间培以积土，种植少量花树，使其具有自然生气。若用石太多，虽属乖巧灵石，也会失去自然之意。在私家园林中，往往喜欢在堂前屋后、廊下墙角立置单一或成组的石头而自成一景。这种石头犹如独立之雕刻品，十分注重本身的造型，或挺拔削奇，或浑厚滋润，或玲珑剔透，有的还在石旁、石下配置花草，组成形色俱佳的观赏景物。

再看理水，私家园林多数建于城中，即使在江南水乡，园林水池也多是人工挖凿而成。自然界有蜿蜒长流的江河、水面浩渺的湖泊和水塘，所以人造池塘切忌规整方正，而以曲折自然为好。水面如较大，宜用小桥分割为大小不一的水域，以增加水景的层次；为了使死水变活，往往将池中一角变为细弯水流，折入山石间或亭榭等建筑的基座之下，仿佛池水从这里流出，水有源而无头；水中宜种植莲荷等水生植物，使池水显出勃勃生机，但又不可满植，以免影响观看建筑在水中的倒影；池岸曲折，四周宜用黄石或湖石作驳岸，叠石有高有低，立在高处可观看四周景色，低处则可嬉水作乐。水池不分大小，只要掌握天然水面形态之要领，处理得当，可小中见大，不显呆板局促。处理不好，则池虽大也失自然之趣。

（三）十分讲究园林的细部处理

私家园林没有皇家园林那样广阔的空间，也没有宏伟的建筑群，只有含蓄曲折的空间，只有近在眼前的各种建筑和山水植物，所以要做到经看、经游，除了在布局、模仿自然山水上下工夫之外，还十分讲究园中建筑、山水和植物的细部处理。

从建筑方面来说，私家园林中建筑类型很多，有待客的厅、堂，有读书、作画的楼轩，有临水的榭船，还有大量的亭、廊。仅亭子就有方亭、长方亭、圆亭、五角、六角、八角、梅花、十字、扇面、套方、套圆等不同的形式，分别安置在园中适宜的位置，有的本身即为一景，有的是观景的绝佳点。

房屋与院墙上的门有长方门、圆洞门、八角门、梅花门、如意形与各种瓶形之门。墙上的窗除普通形状以外，还有花窗、漏窗、空窗，而窗上的花纹，仅在苏州一地的园林里即可找出上百种不同的式样。这些不同形式的窗子，远看如白纸上画的花，走近一看，却发现做工相当细致考究。门窗的边框多用灰砖拼砌，打磨得十分工整，并且在边沿上多附有不同的线脚。窗上的花格条纹用木料或灰或砖制作，不同形状与颜色的材料拼砌出各种花纹图案，显得自然而美观。

园林中的植物也很讲究不同树种与花卉的配置，以求得四季常青和色彩上的变化。桃红柳绿喜迎春，红枫临深秋，冬雪压松柏。芭蕉、翠竹在江南四季常绿，是园林中最常见的植物。古树、竹丛、芭蕉都注意树干、树冠的形态，经人工精心修裁以保持其自身姿态之完美，以求得与周围建筑山石、水池之配置和协调。造园家还常用书带草（麦冬草）来修正假山缺，它如兰叶般清秀苍劲，其温柔敦厚朴素大方的品格被视为民族风格的象征。花卉除地栽外，人们还喜用四季不同的盆花装点室内外。厅、堂内满室深色木家具，点缀秋菊数盆，即刻满堂生辉。春雨过后的室外地面，砖石缝中生出丝丝青草，即显勃勃生机。花草树木在私家园林里发挥着重要的作用。园林中不少景观都是因植物而创意的，如苏州拙政园中部的东南、西南角有两处厅堂小院，因各植枇杷和玉兰树而分别为"枇杷园"和"玉兰堂"。网师园（苏州园林）水池北岸有一处厅堂，堂前有两棵苍劲古松，南望景色如画，因而取名为"看松读画轩"。

造园者通过对园林的合理规划，对景点的精心设置，以及对自然山水的刻意模仿，对建筑、山石、植物的细致处理等一系列的手段，构成一个人工的山水园林环境。

第四节　南北方的私家园林

一、江南私家园林

中国的私人园林主要集中在物资丰盛、文化发达的地方。江南自宋、元及明以来，一直都是经济繁荣、人文荟萃的地反。私家园林建设继承上代势头，普遍兴旺发达，明代除极少数被保存下来之外，绝大多数都是在明代旧园基础上进行了改建或者完全新建，其数量之多、质量之高均为全国之冠。明代苏州的私家园林达200多所，到了清代，仍有130余所。江南私家园林一直保持着在中国后期古典园林发展史上与北方皇家园林并峙的地位。

中国古代著名的私家园林主要在南方，其中以苏州、扬州、南京、无锡、上海、杭州、湖州、绍兴最多，但造园活动的主流仍然像明代和清初一样，集中于扬州和苏州两地。大体说来，乾、嘉年间的中心在扬州，稍后的同治、光绪年间则逐渐转移到苏州。因而这两地的园林，可视为江南园林的代表作品，他的造园的意境最高。

（一）苏州私家园林

在江南私家园林中，苏州的私家园林最多，也最有名气，"江南园林甲天下，苏州园林甲江南"，就是对苏州园林的赞美。

苏州地处江南水乡，气候适宜，物产丰富，并且中国园林常用的太湖石也产自苏州，因此，在长达几百年的时间里，历史上官僚地主争相在苏州造园。据史书记载，苏州园林有数百处之多，分布在苏州的大街小巷。苏州的私家园林大多与住宅相连，占地少，善于在有限的空间里，创造出千变万化的景观。苏州园林中最有特色的要算宋代的"沧浪亭"，元代的"狮子林"和明代的"拙政园"、"留园"。

1. 沧浪亭园

沧浪亭园位于苏州南三元坊附近，是苏州现存古典园林中历史最悠久的园林。这里原为五代吴越广陵王钱元璙的花园，后被北宋诗人苏舜钦买下筑亭。庆历四年（公元1044年），苏舜钦因谗言被罢官后，买舟南游，第二年在此修园，并在小山上建亭，名为沧浪亭。全园面积约16亩，以山为主，建筑均环山而筑，沧浪亭翘立于山顶。

沧浪亭园的入口在西北角，当人还在园外时，就已经能够感受到园林的景色。沧浪之水萦回围绕，亭台水榭，倒影历历。江南的园林中有许多水岸，但只有沧浪亭园的水岸最为壮观。它是模拟太湖水岸修建的，湖石应用得最恰当，与湖水相得益彰，既保护了水岸，又引出了景致，所以从园外看沧浪亭是最得宜的。沧浪亭园门前经过曲桥，由刻有"沧浪胜迹"的石坊进入，园门厅屋的东西两壁间嵌有石刻，石刻上记载这座园林的历史。

沧浪亭全园几乎都被游廊环绕，这些游廊将一处处景观串联在一起。而园中各种窗的应用更是十分绝妙。仅仅走廊上就有108种图案精美、式样各异的花窗，漏窗、盲窗的应用更是巧妙。

园内主景沧浪亭呈正方形，石柱石梁，歇山卷棚顶，方楹四柱上设有斗拱，四角高翘。石柱上刻有"清风明月本无价，近水远山皆有情"的楹联。亭在园内山上的最高处，也是山上的唯一建筑物，地位显要，形制古朴。亭前山下有一道沿河复廊，透过廊上的漏窗，园外水景依稀可见，若在园外隔水相望，沧浪亭高耸出园，掩映在林木丛中，幽雅壮观。

沧浪亭园内的假山分为东西两部分，沧浪亭坐落在东部以黄土堆就的假山上，相传是宋代遗物。土石相间，颇有自然山体之趣。西部则以湖石堆砌，玲珑剔透，岸上立有雕刻"流玉"大石。假山东南，建有御碑亭、闻妙香室、明道堂、瑶华境界、看山楼等厅堂亭阁。看山楼以北，建有翠玲珑、仰止亭、五百名贤祠、清香馆、步琦亭等建筑，错落有致。

2. 狮子林

狮子林位于苏州城北园林路上，占地面积17亩。狮子林始建于元至正二年（公元1342年），在六百五十年的漫长岁月中，它曾因为高僧住持、名家绘图而甲领江南；也因康熙乾隆多次临幸、两度仿造于北京承德而名闻天下；在近代经贝氏重建后又曾以楼台金碧、陈设精美而称冠苏城。

狮子林是座前祠堂、后住宅、西部花园的私人宅园。1986年，狮子林原来的祠堂部分建成苏州民俗博物馆。

狮子林大门设在原祠堂南部，大门正面有一座高大的八字形照墙与大门对峙，十分古朴。进入大门，与天井相对是座朝南的宽敞大厅。大厅西侧一廊相隔是燕誉堂与小方厅庭院。燕誉堂为鸳鸯厅式建筑，过去是园主宴客的场所，前后有庭院。南半厅庭院方整，出庭院西行是雪兰堂庭院，其间经过一个小天井，天井内栽植数竿翠竹，在厅堂侧面的漏窗中即可赏观此景。北半厅与小方厅相对，庭院三面回廊，西面出庭院即是园林部分。堂的布局作为入口和园林主空间的过渡，在气氛上作收敛的处理，起着承前启后的衔接作用。小方厅北部也是庭院，在矮墙下偏南处筑有一处花坛，其上以太湖石叠成一座石峰，峰体多孔洞，上面有如九只形态不同的小狮子，因而得名"九狮峰"。九狮峰背面以院墙对北面的景物进行分隔，院墙上开有四个漏窗，分别用琴、棋、书、画四种图案，使平板的墙面富于变化。小院西部有一海棠形洞门，上面镶嵌砖刻"涉趣"、"探幽"四字，从这里正式进入了花园。

进入洞门，南面假山上奇峰秀石，古柏苍劲，山下池塘上架有小桥。北面是主体建筑指柏轩，轩前的宽敞平地上植有玉兰，轩西侧植有翠竹，整体布局围绕假山、峰石设置。

3. 拙政园

拙政园位于苏州城内东北街，初为唐代诗人陆龟蒙的住宅，元时为大宏寺。明正德年间御史王献臣辞职回乡，买下寺产，改建此园，并借用晋代潘岳《闲居赋》中"拙者之为政也"取此名。拙政园占地60多亩，是江南四大园林之首，它集中体现了中国古代私家园林的造园艺术，是中国的四大古典名园之一。

拙政园分东、中、西三部分，面积18亩半，水面约占1/3，总体布局以水池为中心，临水建有亭、槛、台、榭等高低错落的建筑物，富有江南水乡特色。远香堂、玉兰堂、香洲、小沧浪、海棠春坞等比较集中地分布在南侧靠近住宅的一面，实际上它们是住宅的延伸。园北侧山池树木并重，以小亭小桥建筑点缀，显出生机勃勃的自然韵律。拙政园中部基本保留着明代的风貌，是全园精华所在。

"远香堂"是园中的主要建筑，园中的一切景点，都围绕远香堂而设。其特点是庭柱为"抹角梁"，并巧妙地分设在四周廊下，因而室内没有一根阻碍视线和行动的柱子。四周都嵌了玲珑剔透的长玻璃窗，可环视周围不同的景色，犹如观赏长幅画卷，所以又称"四面厅"。

远香堂南侧的另外几组建筑有玉兰堂、小沧浪、枇杷园、海棠春坞、嘉实亭、玲珑馆等。远香堂北面，池水清澈，水面宽广，临水设一宽敞平台。水池中垒土石成东西两座小山，其间以小溪相隔，西边山上修建一座长方形平面的雪香云蔚亭，东山上则是六角形的待霜亭，两者相对而富于变化。这两山都是以土为主，以石相辅，向阳的一面黄石池岸起伏错落，背面则是土坡苇丛，景色自然。

远香堂西接倚玉轩，池水从此分出一支流向墙边，这一带的水面以幽曲取胜，廊桥小飞虹和水阁小沧浪东西跨越水面，两侧亭廊棋布，组成一个水院，从小沧浪北望，透过小飞虹，可以遥见荷风四面亭，加上见山楼作远景，空间层次深远。

远香堂东面有一座土山，上叠置黄石，山上修建绣绮亭。站在山上可以俯视欣赏山南、东两侧的景观。山南是枇杷园，与远香堂南面的黄石假山以石壁和石坡穿插延伸，利用枇杷园的云墙使两座黄石假山在构图上组成一个有机体，山东侧海棠春坞中有海棠数棵、榆树一棵、绿竹一丛，重点突出且配置得宜。

总之，拙政园的特点是园林的分割和布局非常巧妙，把有限的空间进行分割，将造园五大要素有机组合，并充分采用了借景和对景等多种造园手法，营造出诗情画意的艺术空间，是中国古典私家园林的代表。

4. 留园

留园位于苏州市阊门外，面积为 30 亩，始建于明嘉靖年间，是太仆徐时泰的私园，称东园，后几易其主并改为现名。

进入留园大门，是一处宽敞的前厅。从厅的右侧进入狭长曲折的过道，可进入一个面向天井的敞厅，随后，游人将进入一个半遮半敞的小空间—古木交柯。这才算真正进入园林部分。

留园内的主要景观有涵碧山房、闻香轩、五峰仙馆等。园林的中部，以"涵碧山房"为主体，前面有荷花池，另三面都有重叠的假山。东有"观鱼处"，西有"闻木樨香轩"，北有"自在处"、"明瑟楼"，假山高处还有"半亭"。这一带有山有水，有树龄数百年的古树，是一副绝妙的山水画。

在留园出口处是五峰仙馆，此馆又称"楠木厅"，厅内富丽堂皇，中间的隔扇和家具陈设都是由楠木精制而成的。这在江南园林中是不多见的。

留园有一村，栽植桃、李、杏、梅、葡萄等果树，具有浓郁的江南乡村风情。西部以假山为主，土石相间，一片枫树林，颇有野趣，至乐亭、舒啸亭是西部山丘的点睛之作。

留园集园林之大成，巧妙地运用了分合、富高、曲直、虚实、明暗等对比手法，是将中国古代建筑与山水花木融为一体的代表作，位居中国四大古典名园之列。

（二）扬州私家园林

"扬州以名园胜，名园以叠石胜"，这是在《扬州画舫录》卷二中对扬州园林的评价。扬州园林在明末清初已十分兴旺，到清乾隆年间更是臻于鼎盛，获得了"扬州园林甲天下"的盛誉。

扬州地处京杭大运河和长江的交汇点，自隋唐以来，就是东西南北的交通枢纽，又是食盐的集散地。清初，扬州既是经济中心，又是文化中心。富有的盐商们为迎接乾隆南巡，在扬州北门外瘦西湖两岸直至平山堂山下，大造园林，形成"两岸花柳全依水，一路楼台直到山"的景象。

扬州的园林保存较为完整，到解放前，扬州大大小小的园林共有 20 多处，其中最负盛名的，就是位于城东北的个园。

个园是清嘉庆、道光年间盐商黄应泰所筑的私园。因为园主喜竹，在园内的植物中以竹多为胜，这在江南园林中也可称为一绝。由于竹叶形似个字，所以园以"个"字命名。个园位于扬州东关城，占地面积 40 亩，现在开放面积为 20 亩。

个园的建筑不多，有桂花厅、长廊、六角亭、七间楼和透风漏月厅等古建筑。全园以桂花厅为中心，入口位于桂花厅的南面。

园内的一道漏窗花墙将住宅和园林分成南北两部分。花墙正中辟有一个月洞门，两侧对称分布了左右花坛。花坛丛植修竹，随风摇曳，其间立有石笋，有如春雨后破土而出的竹笋，呈现勃勃生机。门内西侧也丛植千竿翠竹，东侧栽植桂树，映衬出居中的桂花厅。厅后有一片水面，池西是一座湖石假山。一直向北延伸为驳岸、花台，然后与池东的黄石假山相接。黄石假山由大块黄石叠成，拔池而起，时谷时峰时洞，气势磅礴。全山面积不过一百数十平方米，却有峰有麓，有涧有谷，有洞有屋，磴道盘旋，洞窟奇谲，极尽变化之能事。山巅有亭，登高可北望绿杨城廓、瘦西湖和蜀冈景色。当夕阳西下，山体隐约于绿树丛中，耀人眼目，恰似黄山秋色，故名称秋山。

假山山麓西临水池，突进水中的小亭，由曲桥与池北相连，七间长楼横在池北东西。长楼上下游廊与两座假山上下连接，黄石假山上下又.与东南小院的透风漏月厅相连。

小院南墙前是一座用宣石贴壁叠砌的小山。宣石中的石英颗粒在阳光下闪烁，犹如晶莹的雪花，仿佛小山已被雪封。墙上开有24个圆洞，上下四排，将墙外窄巷中的穿堂风巧妙地引进园中，呼啸不断，给人带来了风雪交加的感受，再加上院中以冰裂纹的白矾石铺地，点种了腊梅、南天竺之类的冬季花木。从黄石假山到宣石假山，有如从秋天来到冬季，而院西墙上的漏窗，又将春景借入院内。

个园以实实在在的石头，结合水池、花木、建筑等构景的要素，经过巧夺天工的叠造，写实地模拟出自然界的四季山林。个园的四季假山是江南园林现有遗存中最具特色的，是我国古典园林中的孤例。四季假山是指春山淡冶而如笑，夏山苍翠而如滴，秋山明净而如妆，冬山惨淡而如睡的中国画意境。

个园的建造，不仅重塑了山水审美的形象，也将扬州园林特色和风格体现出来，在有限的空间内，塑造众多的山水景观，给人们无限遐思。

二、北方私家园林

相比南方，特别是江南，北方的私家园林稍有逊色。但北京作为全国政治、经济和文化中心，其园林不但翘楚于北方大小城市，且可与江南竞胜。北京是北方造园活动的中心，也是私家园林精华荟萃之地。其数量之多，质量之高，都足以作为北方私园的典型。

北京作为一个政治、文化城市，其性质与苏州、扬州有所不同，因此，民间的私家造园活动亦相应地以官僚、贵戚、文人的园林为主流。园林的内容，有的保持着士流园林的传统特色，有的则更多地着以显宦、贵族的华靡色彩。造园叠山一般都使用北京附近出产的北太湖石和青石，前者偏于圆润，后者偏于刚健，但都具有北方的沉雄意味。由于气候寒冷，建筑物封闭多于空透，形象凝重。植物也多用北方的乡土花木。所有这些人文因素和自然条件，形成了北京园林不同于江南的地方风格特色。

北京城内的私家园林，绝大多数为宅园，分布在内城各居民区内。外城的北半部繁荣，南半部较荒僻，当时汉人做京官的多建邸宅于宣武门外，崇文门外则多为商人聚居之地，故俗有“东富西贵”之谚，外城私家园林虽不如内城多，但会馆园林几乎全部集中在外城。

分布在内外城的私家园林，一部分是承袭明代和清初之旧，再经新主人修葺改建的，大部分则为新建。其中具备一定规模并有文献记载的估计约有一百五六十处，保存到20世纪50年代尚有五六十处。以后，迭经历年的城市建设、危房改造，几乎拆毁殆尽，得以保存至今的，已属凤毛麟角了。

北京的王府很多，因而王府花园是北京私家园林的一个特殊类别。王府有满、蒙亲王府、贝子府、贝勒府，按照不同的品级建置相应的附园。它们的规模比一般宅园大，规制也稍有不同。北京为五方杂处之地，全国各地、各行业的会馆达五六百处之多，其中以园林而知名者大约三十余处，会馆园林的性质和内容与私家园林并无差别，可归属于私家园林。

因北京城内地下水位低，水源较缺，而御河之水非奉旨不得引用。因此，民间宅园多有不用水景而采"旱园"的做法。即便有水池，面积也都较小。凡属这类园林的供水，一般采用由远处运水灌注甚至蓄积雨水的办法来解决。如清末民初著名学者、藏书家傅增湘先生利用住宅东面的两跨四合院落的基址改建而成的藏园，是典型的旱园和小水池园林，以游廊、厅堂分隔为四个庭园。北面的庭园最大，为假山旱园；东南面紧接园门的两个庭园则以小型水池点缀。假山与水池分开，假山的占地要比水池大得多。这是由于取水困难而形成的格局，在北京城内相当普遍。

北京的西北郊，湖泊罗布，泉水丰沛，水源条件好。因为皇帝园居成为惯例，因而在皇家园林附近陆续建成许多皇室成员和元老重臣的赐园。到乾隆时，赐园之多达到空前规模，它们几经兴废，一直存在至清末。其中有的是清初旧园的重修或改建，大量的则是乾隆及以后新建的新园。由于供水丰富，这些园林几乎都是以一个大水面为中心，或者以几个水面为主体，洲、岛、桥、堤把水面划分为若干水域，从而形成水景园，它们的园林景观与城内一般宅园因缺水而缺乏水景的园林大相径庭。

北方私家园林，除北京之外，华北各省如山西、山东、陕西、河北、河南等经济文化比较发达的地方，也有私家园林的建置，但保存下来的已是寥寥无几。

清乾隆以后，山西省中部的榆次、太谷、祁县、灵石、平遥一带为晋商的集中地。晋商经营商业、外贸和金融业，大多富甲一方。由于儒、商合一，当地文风亦较盛，士子通过科举而入仕的也不少。他们在外经商、为官，回乡后修建豪宅，聚族而居。这类住宅往往连宇成片，形成多进、多跨院落的庞大建筑群，建筑质量很高，装修、装饰非常考究。它们分布在晋中一带的城乡，为数甚多，乃是山西现存古民居中的精粹和代表作品，它们一般都有附属的园林建置，包括庭院、宅园以及别墅园等。

北方私家园林虽不及南方私家园林，但是仍是中国古代园林体系中的一个重要组成部分，涌现出很多名园胜景。

第十章 古代园林的造园理念与影响

第一节 古代园林造园的理论与要素

一、古代园林造园的理论

（一）虽由人作，宛自天开

中国从老庄崇尚自然到以表现自然美为主旨的山水诗、山水画和山水园林的出现、发展，都贯穿了人与自然和谐统一的哲学观念。这个观念深刻影响了中国传统艺术的创作，表现在山水诗画和园林艺术的创作上，强调了"法天贵真"，"天趣自然"，反对成法和违背自然的人工雕琢。"率意天成"和"自然"成为评价作品的主要标准。计成在《园冶》中论及叠山时，提出"虽由人作，宛自天开"。

中国古代园林创作的最高境界，就是"虽由人作，宛自天开"，源于自然山水，又高于自然山水。通过艺术加工过的高山流水、清风明月、鸟语花香、亭台楼榭来激发人对美的感情、美的抱负、美的品格的向往与追求，达到了寓情于景、情景交融的效果。

中国古代园林在造园过程中追求"自然"这一原则，这一原则包含两个层次的内容：一是总体景象的布局、组合要合乎自然。换句话讲，就是山与水的相互关系以及假山的各景象因素如峰、涧、坡、洞之间的组合要符合自然界山水生成的客观规律。山应有脉络走势，峰必然起伏参差。叠山的高手总是细心观察大自然山峦构成的种种形式规律，再加以抽象概括，使所叠的假山峰峦层叠，有主有次，如拱如揖，使各景象要素之间相互呼应。这样才能达到"宛自天开"的境界。自然界中，山和水常是相伴而生的，有山就会有涧谷溪流。因此，园林中的水池常围绕山体展开，既可衬出山之高耸，达到艺术上夸张的效果，又顺乎自然规律，得天然之趣。二是每个山水景象要素的形象组成要合乎自然规律。如假山峰峦总是由许多小的石料拼叠而成，这就要求叠砌时仿天然岩石的纹脉和节理，尽量减少人工拼叠的痕迹。洞壑之内，仿天然喀斯特溶洞的形成肌理，倒垂钟乳。水池的池岸，常常做成曲折自如、高下起伏，或砌以天然形体的块石护坡，或作多层伸入水面的矶石，或者铺以土，种植芦荻。林木花卉的配置疏密相间，形态天然，乔灌木错杂，追求一种天然野趣。

做到以上两点，园林的景观就成"天然图画"，达到"虽由人作，宛自天开"的艺术境界。

（二）相地合宜，构园得体

相地合宜、构园得体最好的例子之一当属无锡寄畅园。

寄畅园位于无锡西郊惠山东麓，是一座建于明代的江南名园。时名"凤谷行窝"，是明代户部尚书秦金的别墅，后经过族裔秦耀的改建，更名成"寄畅园"。清代咸丰十年（公元 1860 年），此园被毁，现在园内的建筑是后来重建的。假山是清初改筑时张鉽所作。

寄畅园的选址非常成功，西靠惠山，东南有锡山，自然环境优美。清代康熙、雍正、乾隆、嘉庆几个皇帝南巡时都曾多次选中这里并留言，对它非常倾心。康熙题过"明月松间照，清泉石上流"的诗句来赞美它。寄畅园在园景的设置上很好地利用了自然环境。在园中的丛树空隙间可以望见锡山上的龙光塔，从水池东面西望可以看到惠山耸立。这样，既将园外的美景引入园中，又增加了园内的深度。同时，园中的池水、假山又是引惠山泉水和用本地的黄石建成，建筑物在总体布局上所占比重较少，而以自然山水为主，加上树木茂盛，布置适宜，园林显得疏朗开阔。

寄畅园西倚惠山，其入口处与众不同，游人进园门即可看到惠山巍然屹立。左右是半封闭的长廊式庭园，过清响月洞门，一座人湖石宛若秋云耸立园中，似障非障，园景依稀可见。沿池畔左折，往前不远，山、水、树、桥、曲径、亭榭尽现眼前。步入知鱼槛，槛下一池清水锦汇漪，池对面是青树翠蔓的土岗，鹤步滩从土岗悬垂入池，滩头种植两棵枫杨树，黄白色的花朵随风起舞。知鱼槛往南，依偎着锦汇漪的是一条长达 20 米的游廊，比园林的廊要高许多，此处的设计虽悖于常例，但当人侧身西望时就会发现，这是为了更好地欣赏惠山风光。作为一座山麓园，寄畅园突出野趣，而且不光在园内做文章，它更多地借助于园外风光，增添了园林的景深。

寄畅园与太湖近在咫尺，取用太湖石是近水楼台，但此园对湖石的应用，却是惜石如金，只是偶有点缀而已，令人感叹。入口处的太湖石就是一例，而东南角倚墙而立的美人石则显示出另一种姿态。这是一块完整的太湖石，玲珑剔透，向来为人珍视。而离此不远则是一块形状鄙陋的顽石，多会被人忽视，可以一经点破主题，往往又会赞叹园艺家以小品补缀、雅中藏俗、丑处见美的绝妙。

由美人石处往北过林荫、越花圃，便可以折回到锦汇漪，站在水池北端的七星桥头下望，似有似无的潺潺流水声带来了丝丝凉意。绕过生根于土岗的山石，便可见到镜石上隶书"八音涧"，这里是园中掇山的组成部分。此处山涧长 36 米，由东北往西南逐渐增高，越走越窄，恍入死径，走到底却豁然开朗，大有绝处逢生之感。水声与足音构成一个清幽的世界。八音涧与锦汇漪长年水流不断，池水因之清澈。寄畅园明是借山，实则引水。由惠山白坞山谷渗流而出的惠泉水，清洌甘醇。引入园中，使园内的景物分外灵秀。

寄畅园内还有九狮台、含贞斋、秉礼堂、贞节祠、佚名山、嘉树堂、涵碧亭等一系列的建筑和景观。

寄畅园给人的印象是简洁明晰，它向大自然借山、借水、借音响，在"借"字上下足功夫，却又不着痕迹。它有伟岸之美，壮健之美，园虽小，但却沉稳古朴。

（三）巧于因借，精在体宜

"巧于因借"、"精在体宜"是在明确了"师法自然，创造意境"的布局指导思想之后必须遵循的基本原则和基本方法。

一个良好的园林布局，应该是从客观的实际出发，因地制宜，扬长避短，发挥优势，顺理成章，而不是凭主观的臆想，人为地去捏合造作。在园林的布局过程中，需要对地段特点及周围环境的深入考察，顺自然之势，经过对自然山水美景的高度提炼和艺术概括的"再创造"，达到"虽由人作，宛自天开"的效果。这就是中国明末著名的造园家计成在《园冶》中所特别强调的"构园无格"。"无格"即没有固定不变的模式，但"无格"却有"法"可循，这个"法"就是"巧于因借"，"精在体宜"这八个字。

"因"就是因地制宜，从客观的实际出发，即"因"者"随基势高下，体形之端正，碍木删桠，泉流石注，互相借资；宜亭斯亭，宜榭斯榭，不妨偏径，顿置婉转，斯谓'精而合宜'者也"（《园冶》）。可见，这个"因"是园林布局中最要紧的，从"因"出发达到"宜"的结果。以颐和园为例，园中谐趣园位于万寿山东麓，北部有土丘与高出地面5米左右的大块岩石，形似万寿山的余脉，这与寄畅园和惠山的关系相似；这里原是地势低洼的池潭，水位与后湖有将近2米的自然落差，经穿山引水疏导可成峡谷与水瀑，类似寄畅园的"八音涧"；在借景方面除西部的万寿山外，还有借颐和园之外的玉泉山、玉泉塔之景，让人在视觉上感到更加深远，层次更加丰富。

在园址选择这个带有全局意义的抉择上，它比同时代的园林高出一筹，表现造园家的艺术素养和眼力。

（四）空间对比，小中见大

把园林空间划分为若干个大小不同、形状不同、性格各异、各有风景主题与特色的小园，并运用对比、衬托、层次、借景、对景等设计手法，把这些小园在园林总的空间范围内很好地搭配起来，形成主次分明又曲折有致的体形环境，使园林景观小中见大并以少胜多，在有限的空间内获得丰富的景色。

所谓对比，有大小的对比和明暗的对比。大和小的概念本身是相对的，只有通过对比，才能具体显示其大小。明暗是光线亮度对比，对空间大小有烘托作用。灰暗会使人觉得空间狭小，明亮则显得空间宽大。人的视觉在大小，明暗反差强烈的对比下会出现错觉。古人正是利用这种错觉造成许多"壶中天地"的境界。如苏州留园就在空间对比手法方面给人留下了深刻印象。特别是它的入口部分，其空间组合异常曲折、狭长、封闭，人处于其内，视野被极度地压缩，甚至有沉闷、压抑的感觉，但当走到尽头而进入园内的主要空间时，便顿时有一种豁然开朗的感觉。

园林中一些独立成景的小景点和小庭院，都具有烘托主景区，使之显得开阔自然的作用。

除了对比烘托，还需要控制园内建筑物、假山和桥的尺度。建筑物在满足使用功能和观赏功能的前提下，应该尽量建得小巧玲珑。假山的真实尺度不能过于高大，桥宜低平，目的都是扩展空间。因为叠石假山的真实尺度不大，所以一般不宜在山巅建亭，以显示峰峦，整体上取得艺术的真实效果。

（五）动静对比，步移景异

中国古典园林游览路线的设计是动中寓静，在动观的线上串联上一个个静观的点。游人必须步游廊，攀假山，穿山洞，过小桥，在动态中欣赏各种景色。而在主要风景点之前，则设计一些亭台轩榭，让人们流连驻足，坐观静赏。大中型园林一般都由几个不同境界的次要景象围绕着主要景象，形成一个主次分明、景色多变的园林景观。每种景象本身又是一幅立体式的空间画面，随着观赏方位和角度的改变，都会使画面变化。在咫尺之地让游人去领会园林空间的层次、对比、虚实、明暗、早晚等多变的艺术效果。中国园林往往是动中有静，静中有动，把构筑物景点按照一定的观赏路线有秩序地排列起来，运用以静观近赏为主的封闭空间与开敞的外向空间的对比，让人步移景异，漫步其中犹如欣赏一幅中国山水画长卷。

为了让游人可以从不同角度观赏到最优美的画面，就必须对景象进行详尽的分析、比较和组合，设计出一条最佳的游览路线。这条路线要把行进中各种最佳动态观赏点和提供人们休息、宴客、活动、居住和观赏的建筑物中的静态观赏点有机串联在一起，使所观赏的景象形成一幅有开合变化、虚实对比和节奏韵律的、统一的连续画面。

游览园林最好是徐步慢行，走走停停，于会心处，不妨细细品赏。在行进的过程中，有时见到的画面是不能直接到达的，反会激励你的游兴，曲折绕道，穷而后快。有时你会无意中发现面对着一幅构图优美的景致，如走廊拐弯处的数块石峰、一簇芭蕉、几竿修竹，或从门洞或窗框望出去一幅幅天然的图画。这类都是造园家有意识安排的，用造园的术语说，就叫对景。对景的设计有显与隐两种。主厅堂面对的山水主景，或道路拐角处的组合景象是显的对景，游人于不经意中发现的，如从枇杷园通过晚翠月洞门望池中假山和雪香云蔚亭，从与谁同坐轩通过门洞北望倒影楼等是隐的对景。隐的对景给人的印象往往更深刻且效果更强烈。

二、中国古代园林的造园要素

造园是在一定地域范围内，利用并改造天然山水地貌，并结合植物和建筑物的布局，创造一个供人们观赏、游憩、居住的环境的过程。它既是一种系统的建筑工程，也是一种"隐现无穷之态，招摇不尽之春"的系统美学工程。造园包括筑山、理水、植物配置、建筑营造和书画墨迹五大造园要素。这五大要素不是孤立地存在于园林空间中，而是彼此照应，彼此依托，相辅相成地构成一种完美和谐的艺术空间。但由于它们各自具有独特的风格与功能，各有相对独立的存在方式和景观特征，因此又可以作为单独的欣赏对象而存在。

（一）筑山

为表现自然，筑山是造园的最主要的因素之一。山是园林的骨架，造园必须有山，无山难以成园。因为"天下之山，得水而悦；天下之水，得山而止"，所以无水，山无生气；无山，水无依存。

秦汉的上林苑，用太液池所挖土堆成岛，象征了东海神山，开创了人为造山的先例。东汉梁冀模仿伊洛二峡，在园中累土构石为山，从而开拓了从对神仙世界向往，转向对自然山水的模仿，标志着造园艺术以现实生活作为创作起点。魏晋南北朝的文人雅士们，采用概括、提炼手法，所造山的真实尺度大大缩小，力求体现自然山峦的形态和神韵。这种写意式的叠山，比自然主义模仿大大前进一步。唐宋以后，叠山艺术更为讲究。最典型的例子便是爱石成癖的宋徽宗，他所筑的艮岳是历史上规模最大、结构最奇巧的以石为主的假山。明代造山艺术更为成熟和普及。明人计成在《园冶》的"掇山"一节中，列举了园山、厅山、楼山、阁山、书房山、池山、内室山、峭壁山、山石池、金鱼缸、峰、峦、岩、洞、涧、曲水、瀑布等17种形式，总结了明代的造山技术。清代造山技术更为发展和普及，现存的苏州拙政园、常熟的燕园、上海的豫园，都是明清时代园林造山的佳作。

山决定了园林的布局与走向，可以将园林分成不同的空间，形成不同景区。例如颐和园中的万寿山，山南有昆明湖，湖水荡漾，游人如织，欢声笑语；山北丛林茂密，溪水绕流，寂静幽雅。山南与山北形成两种境界。园林中的山除了本身有特殊的审美功能外，还可以形成园林中的制高点。登上山顶，可鸟瞰全园景色，举目四望，园外美景亦可尽收眼底。

园林中的山有真有假。皇家园林规模宏大，以真山居多。私家园林因空间有限，以假山为主。筑山常采用堆山叠石的方法。堆山是指挖池堆土而成的假山，例如圆明园引玉泉山和万泉河两水系入园，挖池堆山，形成仿江南水乡景色的复层山水空间。叠石即叠石假山，把天然石块（湖石或黄石等）堆筑为石山。江南园林中的叠石假山最为普遍，著名的有扬州个园、苏州环秀山庄和拙政园、上海豫园的假山等。

点石，是堆山叠石的一种补充。在水际、路边、墙角、草地、树间点上几块石头，只要运用得好，立即会打破呆板平庸的格局，产生了点缀不凡的艺术效果，别有一番情趣。

（二）理水

为表现自然，理水也是造园最主要的因素之一。"名园依绿水"，在中国古代园林中，有山必有水，山水在园林中相互依托，相互映衬，使得"山得水而媚，水得山而活"。园林里的水使一切景观都活了起来。"小荷才露尖尖角，早有蜻蜓立上头"，荷池小景因为有了水而形成一幅生机勃勃的图画。同样，如果没有杭州西湖浩瀚的水域，就不会有"平湖秋月"、"三潭印月"、"花港观鱼"这样的美景。

在中国古代园林中，自然式园林以表现静态的水景为主，以表现水面平静如镜或烟波浩渺的寂静深远的境界取胜；也表现水的动态美，但是不是喷泉和规则式的台阶瀑布，而是自然式的瀑布。园林中的水有的是引自然之水入园，有的是凿池蓄水，如颐和园的昆明湖、杭州西湖都是引河流或湖泊之水入园；而拙政园、留园等则是人工造池。古代园林的理水之法，一般有三种：

1. 掩

用建筑和植物将曲折的池岸加以掩映，或将水的源头或部分水域掩盖。为突出临水建筑的地位，不论亭、廊、阁、榭，其前部若架空挑出水上，水犹似其下流出，用以打破岸边的视线局限；或临水布蒲苇岸、杂木迷离，造成了源远流长、池水无边的视觉印象。

2. 隔

此法指筑堤横断于水面，或隔水净廊可渡，或架曲折的石板小桥，或涉水点以步石。正如计成在《园冶》中所说，"疏水若为无尽，断处通桥"，这样便可增加景深和空间层次，使水面有幽深之感。

3. 破

水面很小时，如曲溪绝涧、清泉小池，可用乱石为岸，并植以细竹野藤、朱鱼翠藻，使一洼水池也具有山野风致的审美感觉。

（三）一植物

如果说山是园林的骨架，水是园林的血液，那么花草树木则是园林的毛发，植物是造山理池不可缺少的因素。花木犹如山峦之发，水景如果离开花木也没有美感。植物可以构成优美的环境，渲染气氛，并且起衬托主景的作用。配置树木花草应按一定方法，如果杂乱无章，则会使山水减色、园林失趣。王维在《山水论》中说："树借山为骨，山借树为衣，树不可繁，方显山之秀丽；山不可乱，方显树之光辉。"

园林中花木的选择是有讲究的，有三大标准：一要姿美，树冠的形态、树枝的疏密曲直、树皮的质感、树叶的形状，都追求自然优美；二要色美，树叶、树干、花都要求有各种自然的色彩美，如红色的枫叶、青翠的竹叶、白皮松、斑驳的粮榆、白色广玉兰、紫色的紫薇等；三要味香，要求自然淡雅和清幽。园中最好四季常有绿，月月有花香，其中尤以腊梅最为淡雅、兰花最为清幽。花木对园林山石景观起衬托作用，往往和园主追求的精神境界有关。如竹子象征人品清逸和气节高尚，松柏象征坚强和长寿，莲花象征洁净无瑕，兰花象征幽居隐士，玉兰、牡丹及桂花象征荣华富贵，石榴象征多子多孙，紫薇象征高官厚禄等。

另外，中国古代园林还重视饲养动物。中国最早的苑囿就把动物作为观赏、娱乐对象。宋徽宗建的艮岳集天下珍禽异兽数以万计，经过训练的鸟兽在徽宗驾到时能乖巧地排立在仪仗队里。园中动物可以隐喻长寿，也可借以扩大和深化自然境界，使人通过视觉、听觉产生审美情趣。

（四）建筑营造

中国古代园林中的建筑斗拱棱柱，飞檐起翘，具有庄严雄伟、舒展大方的特色。它不仅以形体美为游人所欣赏，还与山水林木相配合，共同形成古典园林风格。

园林建筑物常作景点处理，既是景观，又可以用来观景。楼台亭阁、轩馆斋榭，经过建筑师巧妙的构思，运用设计手法和技术处理，把功能、结构、艺术统一于一体，成为古朴典雅的建筑艺术品。园林建筑不像宫殿庙宇那般庄严肃穆，而是采用小体量分散布景。特别是私家庭园里的建筑，更是形式活泼，装饰性强，因地而置，因景而成。

园林中通常以一个主体建筑为主，附以一个或几个副体建筑，中间用廊连接，形成一个建筑组合体。这种手法能够突出主体建筑，强化主建筑的艺术感染力，还有助于造成景观，使用功能和欣赏价值兼而有之，常见的建筑物有殿、阁、楼、厅、堂、馆、轩、斋，它们都可以作为主体建筑布置。

（五）书画墨迹

书画墨迹是中国古典园林造景的独特要素，是园林风景的画龙点睛之笔。"无文景不意，有景景不情"，书画墨迹在造园中有润饰景色、揭示意境的作用。园中必须有书画墨迹并对书画墨迹做出恰到好处的运用，才能"寸山多致，片石生情"，从而把以山水、建筑、树木花草构成的景物形象，升华到更高的艺术境界。

园林中的书画墨迹大都是文人根据园主的立意和园林的景象，给园林和建筑物命的名，或配以匾额题词、楹联诗文，不仅揭示"意境"，同时展现了中国书法艺术的魅力。书画墨迹在园中的主要表现形式有题景、匾额、楹联、题刻、碑记、字画。

题景是对景观的命名，所谓园有园名，景有景名。字数以二字、三字、四字居多。古典园林中的景名典雅、含蓄、贴切、自然，令人读之有声，品之有味。不管是直抒胸怀，还是含蓄藏典，游人都可以从景物的题名领悟它的意境。例如"疏影""暗香""小飞虹"西湖十景的"平湖秋月""断桥残雪""花港观鱼"等，另有"与谁同坐轩"等。

匾额是指悬置于门振之上的题字牌，匾和额本来是两个概念，悬在厅堂上的为匾，嵌在门屏上方的称额，也叫门额。因为它们的形状、性质相似，才习惯合称匾额。

楹联是指门两侧柱上的竖牌，也叫楹贴。园林内的重要建筑物上一般都悬挂匾额和楹联。其文字不仅点出了景观的精粹所在，同时作者的借景抒情也可感染游人，激发游人想象。

刻石指山石上的题诗刻字。园林中的匾额、楹联及刻石的内容，多数是直接引用前人已有的现成诗句，或略作变通。

很多古典园林廊庆的墙壁上，都嵌缀着一块块题刻碑记，内容大体上包括园苑记文、景物题咏、名人轶事、诗赋图画等。它们不仅是一种装饰，更是园林的史料，对于广大游览者，又是很好的向导。

字画，主要是用于厅馆布置。厅堂里张挂几张字画，自有一股清逸高雅、字郁墨香的气氛。而且笔情墨趣与园中景色浑然交融，让造园艺术更加典雅完美。

第二节 南北造园风格的比较

《江南园林志》一书中写道："吾国园林，名义上虽有祠园、墓园、寺园、私园之别，又或属于会馆，或旁于衙署，或附于书院，其布局构造，并不因之而异。仅仅大小之差，初无体式之殊。"意思是说：尽管园林的种类繁多，但从造园艺术的处理手法来看，并没有多大区别。尽管北方园林与南方园林在造园艺术上所遵循的原则是一致的，但它们之间还是有区别的，这种区别主要表现为风格上的差异。

造成园林南北方风格差异的原因主要有两方面：

第一，地理位置的差异。南北两地因地理差异造成气候、温度、湿度、植物及自然风俗等差异。首先建筑形式有"南巢北穴"之分，这是由于两地建筑起源不同造成的。北方建筑造型工整、质朴、粗壮，南方纤细、精致、曲折。北方寒冷，建筑少窗而厚实，南方多雨潮湿，建筑通透、多窗通风。空间尺度上北方内外分明、等级森严，南方层次感强、玲珑通透、变化较多。在色彩方面，北方金碧辉煌、大气磅礴，南方清淡、黑白对比强烈。

第二，文化方面的差异，北方长期作为中国的政治中心，其领导地位也在特定建筑中有表现。北方园林多为皇室园林，奢华大气、金碧辉煌。南方园林大多为官员大贾、文人所占有，因此园林体现出的奢华程度比北方较低，文化气息浓，追求小雅情趣。在宗教方面，北方佛教建筑以石窟著名，而南方以名山、佛堂、道观著名，同时两者都受到本地原著宗教影响，北方盛行萨满教、回教，南方少数民族也有自己的图腾崇拜和信仰。这就造成了两者的一些细微但明显的差别。

正是这两方面的原因，才使得南、北园林各自保持着独特的形式和风格。它们之间的差异主要表现在平面布局，建筑外观，空间处理，尺度大小及色彩处理等五个方面。

从平面布局看，江南园林由于多处于市井，所以常取内向的形式，在指定的空间内尽量多的利用空间价值，曲折婉转，层次感强。这一特点在小园中体现得最明显，大中型园林虽然从局部来看也带有外向的特点，但从整体来看还是以内向为主。这是因为在市井内建园，周围均为他人住宅，一般均不可能获得开阔的视野和良好的借景条件。此外，建筑物的布局多遵循《园冶》所阐明的原则，尽量顺应自然，随高就低，蜿蜒曲折而不拘一格，从而使之与山池、花木巧妙地相结合，并做到"虽由人作，宛自天开"。北方皇家园林则不同，由于所处自然环境既优美，又开阔，所以多数风景点、建筑群均取外向布局或内、外向相结合的布局形式。这样不仅可广为借景，而且本身又具有良好的外观。少数园中园，虽取内向的布局形式而自成一体，但多少还要照顾到与外部环境的有机联系。所以北方皇家园标是不同于江南私家园林那种完全闭关自守的格局的。此外，建筑物的布局虽力图有所变化，但终究还不能彻底摆脱轴线对称和四合院布局的影响，所以多少还有一点严肃及呆板，远不如江南园林曲折而富有变化。

从建筑物的外观、立面造型和细部处理来看，江南园林远比北方皇家苑囿轻巧、纤细、玲珑剔透。这一方面是因为气候条件不同，另外也和习惯、传统有着千丝万缕的联系。如翼角起翘，对于建筑物的形象，特别是轮廓线的影响极大，北方较平缓，南方很跷曲；北方园林建筑的墙面显得十分厚重，江南园林则较轻巧；江南园林在其他细部处理上不仅力求纤细，而且在图案的编织上也相当灵巧，北方园林则比较严谨、粗壮、朴拙。

从空间处理看,北方园林封闭性强,内外区分明显,等级分明。南方园林通透、灵动,层次感强,小巧精致,注重自然景物的融入,这可能是气候条件使然,但也和服务对象的不同以及南、北方生活习惯的不同有着某些联系。

南北园林建筑在尺度方面的差异也是极为悬殊的。北方皇家园林建筑如果与宫殿建筑相比,其尺度已经属于较小的一种,按营造则例规定,后者属于大式做法,前者属于小式做法。因此从整体到细部都不能与宫殿建筑相提并论。例如以北京故宫太和殿与承德离宫澹泊精诚殿做比较,同属封建帝王处理朝政的宫殿建筑,但处于苑囿中的宫殿尺度则小得多。尽管如此,如果拿它和南方私家园林做比较,它的尺度依然要大得多。由此可见,江南园林建筑尺度之小巧,实在到了无以复减的程度。这里不妨以相同类型的建筑做比较,例如厅堂,这是园林中的主体建筑,一般都具有较大的体量,但同是厅堂,处于颐和园中的乐寿堂却比处于拙政园中的远香堂要大很多。留园中的林泉耆硕之馆,又名鸳鸯厅,在江南园林中堪称最大的厅堂,但仍小于乐寿堂。楼阁建筑也是这样,例如以承德离宫中的烟雨楼与拙政园中的见山楼做比较,两者都是二层的楼阁建筑,而烟雨楼几乎比见山楼大一倍。其差别之悬殊,简直使人难以置信。还有亭,其大小变化的幅度是很大的,所以很难从南、北园林中各选出一个来做类比,但若自南、北园林中各选出大小不同的一系列亭子来做比较,就可发现在北方园林中属于较小的亭,也不亚于江南园林中的偏大者。

南北方园林尺度上的差异可以从以下几方面来分析:第一,服务对象不同,北方皇家园林为帝王服务,终究是要讲求气魄的,所以远非庶民可以相比拟。第二,所处的环境不同,同样大小的建筑处于大自然空间之中便显得小,而处于有限的庭院空间便显得大。根据这个道理,若把见山楼放在承德离宫那样的环境之中便显得小。反之,若把烟雨楼放在有限的庭园空间之中,则若似庞然大物。为和各自所处的环境相协调,所以在尺度处理上也应当区别对待。

南、北园林建筑的色彩处理也有极明显的差别,北方园林较富丽,江南园林较淡雅。

北方皇家园林中的建筑,如果与宫殿、寺院建筑相比,其色彩处理还是比较朴素、淡雅的。例如承德离宫中的澹泊敬诚殿,不仅没有运用琉璃瓦作为屋顶装饰,而且木的部分也一律不施油漆,使楠木本色显露于外,从而给人以朴素淡雅的感觉。另外一些北方皇家园林如颐和园、北海等,虽然有不少建筑也采用了青瓦屋顶、苏式彩画、壤绿色立柱等比较调和、稳定的色调来装饰建筑,但其主要部分的建筑群如排云殿、佛香阁、智慧海等,色彩还是十分富丽堂皇的。

与北方皇家园林相比,江南私家园林建筑的色彩处理则比较朴素、淡雅。江南园林建筑最基本的色调不外三种:①以深灰色的小青瓦作为屋顶;②全部木作一律呈栗皮色或深棕色,个别建筑的部分构件施墨绿或黑色;③所有墙垣均为白粉墙。这样的色调极易与自然界中的山、水、树等相调和,而且还能给人以幽雅、宁静的感觉。白粉墙在园林中虽很突出,但本身却很高洁,可借对比而破除沉闷感。

从花木配置来看,北方园林种植在严谨中体现活泼,南方园林种植在变化中寻求统一;北方在园林植物选取上偏向"三季有花、四季常绿"的效果,故而常绿植物在种植中广泛运用,北方的四大家常树种为:杨、柳、榆、槐。以华北地区为例,开花植物以海棠、梅、月季、桃、莺尾、紫薇、杜鹃等居多，常绿植物多用柏类、女贞、黄杨等；南方园林植物选取常以突出地域特色为主，如热带、亚热带植物，其中对棕榈科植物的运用使得南方园林植物风格与北方差异性较大，在景观效果上大体都有观花、观叶、观果、棕榈类、藤蔓类以及各种一年生或者多年生花卉植物可供选用，具体视地域特色而定。

第三节　中国古代园林的影响和发展

一、中国古代园林文化的继承和发展

（一）中国古代园林的继承和保护

中国传统园林在历史上名园迭出，但大多已被时代狂澜席卷而去，明清以前的园林已看不到完整的实物，只剩下几处遗址。我们通过文献记载，约略了解了它们的大致情况。那些幸存的几乎都是明清时期的园林，从全国范围看，数量虽然还不少，但艺术水平高的、称得上有特色的并不多。因为它们代表一个历史时代的艺术，所以有着重要的历史意义和艺术价值。

除一大批明清时期的园林实物之外，还有浩如烟海的文献资料，不仅有专门论述园林的专著、园记、游记和有关的诗文、绘画，更多的是散见于各种正史、方志以及小说、笔记之中有关园林的记载。园记中著名的有唐白居易的《草堂记》、宋苏舜钦的《沧浪亭记》、司马光的《独乐园记》等；记叙苑囿园林比较完整的其他文献如《三辅黄图》，详细记载了秦汉的宫殿苑囿，《洛阳伽蓝记》在记叙北魏洛阳寺庙盛况中，也留下了许多园林的史料，《东京梦华录》对当年北宋都城汴梁的宫殿苑囿和私家园林都有详尽的描绘。记叙明清时期园林的书籍就更多了。历史上，第一次比较系统地论述造园诸项原则和种种因素的理论性专著，应推明末计成的《园冶》，其他还有明末文征亨的《长物志》，清初李渔的《笠翁偶集》，李斗的《扬州画舫录》，陈溟子的《花镜》等都对造园做了各有特色的总结和论述。这种对造园的理论研究和总结实践经验的工作在清中叶以后，随着时代的衰落和园林的式微而逐渐静寂。到近代，社会的巨大变革，使许多园林逐渐荒芜倾塌，传统的园林艺术濒于绝灭的境地。

国家和政府对这些现存的古典园林，根据其保存的情况和历史、艺术价值，分别是确定为国家文物，实行分级保护，并专门拨款维修、整理开放，作为对人民进行传统文化艺术熏陶和爱国主义教育的场所。近年，随着历史文化名城的建设与旅游业的兴起，古典园林的维修与保护问题就更显得重要和迫切。有些城市根据具体情况对一些古典园林进行改建、扩建，如南京的瞻园、上海的秋霞浦和豫园。有的还出于城市建设和旅游业的要求，经过充分的调查与研究，在原遗址上重建历史名园，如绍兴的沈园。对传统园林进行改建、扩建和重建时，首先应该忠实于原来的时代风貌，保持

原有的景观特色，不能任意更改。因此，事先必须严格按科学态度进行规划设计。其次，新建部分在保持传统园林的风格和布局特色的前提下，应该允许有所突破，以满足现代功能的要求。

这些都是历史留给我们的丰硕遗产，它的经历了数千年的漫长过程，有着自己独特的风格，我们应该加以继承和保护。"温故知新"，古代园林是历史的产物，是为古代人服务的。我们承认古代园林的高度成就，它的是先民的创造，是古代劳动人民智慧和血汗的结晶。现代城市容留古代园林的存在，正是没有忽略这一段历史的存在。一个城市像一个国家一样需要传统，需要历史的依托，这便是民族精神的体现。中国古代园林由于本身文化品类的包容性，扮演着其他文化遗存所不能替代的角色。中国正式颁布的历史文化名城，大都有着历史名园和风景名胜的依托，是城市历史风貌的重要组成部分。许多历史园林，被视作城市的名片，它们的保护和利用是延续历史、传承文明的最好载体。

（二）"因时制宜"的中国古代园林

中国传统园林艺术虽然有独特的风格和长处，但是也存在着许多局限性。中国古典园林中的皇家园林比较开阔、壮观，私家园林则偏于封闭、曲折和幽深，所表现的是一种细腻、纤巧、玲珑的阴柔之美，与我们当今时代的风貌和心理特征不尽吻合。因此，我们应该把古典园林放在一个适当的历史地位上来看待。现在国内尚存的许多古典园林都属于中华民族优秀的历史文化遗产，得到国家和各级政府的法律保护。它们不仅为研究和发展中国传统造园艺术提供实物借鉴，而且也是进行爱国主义教育的场所。但是，那毕竟是属于过去时代的艺术，我们现在不应该，也不可能到处去新建古典式的园林。今天我们要建设和发展的是现代化的文化休息公园和其他多种专业性的公园。在全国范围而言，我们要建设的是各种等级的风景名胜区和国家森林公园，包括古代开辟的以及现代新发现的自然风景区。这些公园可以为人民提供广阔的休息娱乐场所和丰富多彩的文化活动。风景名胜区所展现的是大自然的壮美和传统文化的光辉。人们从名山大川中获得对祖国壮丽河山的感性认识，增强对国家及民族的自信心和自豪感。传统造园艺术必须适应时代的要求，在公园和风景名胜区的建设中得到新的发展。

古典园林中某一些引导和深化意境的匾额题词和楹联诗文，往往带有浓厚的士大夫生活情趣和封建思想意识。对此，我们要把它们理解为历史文物，不应该再去仿效。作为新时代的青年人能够懂得鉴别出其中的精华和糟粕，正确地评价它们。

在了解了中国古代园林的局限性后，我们应该知道其适应的范围。随着时代的变迁，传统园林的做法不一定完全适用于现代社会。比如叠假山，这是传统园林的主要造园手段，是表现山水这一主旨所必需的。它在私家园林面积有限而又封闭的空间中是自然山峦的典型化，虽然实际的尺度和体量都不大，却仍然能体现其高峻与幽深的境界，宛若自然。可是，现在有一些城市，堆叠假山成风，无论公园还是空旷的广场都堆，结果是假山的体量很大，却显不出山峦的气势，像一堆乱石头，花了钱，费了人力，效果并不好。当然，也有处理得好的，那是对传统的假山技术进行改造，以现代化材料代替湖石和黄石等价格昂贵的天然石料，强调整体效果，恰当地处理好与周围环境的关系，如广州流花湖旁的山石景色，尚称自然，是对传统假山的继承与创新。另外，古典造园强调景色入画，往往曲桥无槛，径必羊肠，廊必九回。这些也不能到处搬用。

　　古代园林毕竟是古代人的创造，充分体现出了古代人的生活方式和生活情趣，其中虽然有许多方面是值得我们继承的，但是，我们必须看到时代的变化所带来的对古代园林的扬弃。如果说，古代园林是古代城市发展的必然产物，那么现代城市的发展，必将影响现代园林的发展趋势，我们的时代应有新的风貌和相应的手法。它们不是一两天就可以形成的，一定要在传统的基础上进行变革和创新，通过不断的实践，逐步成熟。文化是有继承性的。古典园林提供给我们的不是现成的模式，只是借鉴。传统的手法必须跟随时代的变化而发展。因为时代的进步，带来技术、材料和施工条件的巨大变化，社会的功能要求也更高，层次更多。传统手法只有适应新时代的要求，才会有发展前途。

　　当今我们在城市中大量建设的各类文化休息公园，原先都是由西方传入的，但在强大的传统文化的影响下，经过一段时期的实践，很快就形成了中国自己的民族特色，但又不是传统的园林式样。它们的风格是开朗、明快的，但又无处不透出以自然为意趣的传统影响。近年的公园建设又出现了许多新的专业性园林，如植物园、药物园、盆景园等，南京的药物园、无锡的鹃园和广州的兰圃都属于这些类型。它们从布局到景点设计都运用了对景、借景和障景等传统园林的手法，并且有了新的发展。

　　"现代园林"已不是城市园林最新的追求目标，一个新的提法是"大园林"。大园林的概念应该是园林化的城市，或者是城市园林化。国内高速发展的城市，每天都有高层的建筑在施工，这些混凝土结构的高楼大厦，人们称其为水泥森林。生活在这样空间里的人群，无法实现生态的合理平衡。因此，街头绿地、广场绿地、屋顶花园、凉台花卉、垂直绿化等等为改变"水泥森林"不良效应的绿化手法，就显得格外重要。但是这些只是补救措施，大园林的概念是城市规划的重要前提和主要追求的量化标准。在这一方面，现存的古代园林，不但是大园林中的不可忽略的组成部分，更为重要的是，中国古代园林的造园理论和手法，也会在实现大园林的过程当中发挥作用。

二、中国古代园林的国际影响

　　古往今来，中国与东西方在园林艺术的思想和方法上的交流，随着思想观念、信仰精神的相互交往而相互影响着。西方文化界在自省中认识中国人精神的哲理性、文化的精深、情感的诗意。而中国人重新重视了中西文化艺术之间的关系，尤其对于西方先进国家的科学文明在更高层次上有了本质性的领、悟。世界上已形成两大古代园林体系：中国的自然式山水园林和欧洲大陆的规则几何形园林。对于彼此的园林艺术和园林艺术思想的研究、讨论、借鉴是中西方共同迫切需要的。

　　中国古典园林艺术具有悠久的历史，它以东方文化精神的独特性与辉煌的艺术成就为世界所瞩目，曾对世界造园艺术产生深远的影响，为人类文明的发展做出了重要贡献，以致有"中国是世界园林之母"的美誉。中国园林热（包括建筑形式、装饰手法）

风靡世界，中国的传统园林在历史上曾深刻地影响了朝鲜和日本，共同形成了东方造园系统，17 至 18 世纪又影响了欧洲，出现了所谓"英华庭园"。近年，人们发现西方现代派艺术的崛起曾从东方艺术中得到可贵的启示。中国园林重表现、重意境的特色重新引起西方学术界的注意，许多来华访问的学者对中国传统的园林艺术表现出极大的兴趣。美国、法国、加拿大、德国和澳大利亚等国都相继在一些著名的大城市中建起了一批中国的古典式园林。这是在新的社会形势之下，东西方文化交流的重要组成部分。

（一）世界两大造园系统

由于各个国家和民族都有自己的艺术特色和风格，因此，造园艺术在世界上种类繁多。按园林的布局方式及其审美情趣的不同，可将世界上众多的造园类别划分为两大类，一类是自然式园林，另一类是几何规则式园林。

自然式园林是以表现大自然的天然山水景色为主旨的园林。它布局自由，表现出的是一种人与自然和谐统一的宇宙观。人们可以在这样一个人为创造的自然环境中，或游，或居，怡然自得，享受林泉之乐。属于这一类的主要是东方国家，如中国、日本、朝鲜，可称为东方造园系统。英国在 18 世纪也曾流行过自然式风景园，造景偏于自然主义，后来又受中国影响，但与表现自然的东方园林仍有区别，而且流行时间不长，到 19 世纪又回到欧洲古典主义去了。

几何规则式园林与自然式园林不同，其总体布局往往有强烈的对称轴线，道路多半是直线形的，形成矩形或放射形交叉，草坪和花圃被分划成各种几何形状的块块，一些树木被修剪成球形或圆柱形，处处表现出人对自然的控制与改造，显示人的力量。属于这一类的主要是西方国家，包括西亚和阿拉伯，可称为西方造园系统。主要代表有意大利文艺复兴时期的庄园和法国 17 世纪的古典主义园林，最著名的是巴黎的凡尔赛宫。凡尔赛宫在法王路易十四时期开始营建，至路易十五王朝完成，历时百年，主持园林规划设计的是勒诺特尔。宫殿建在高坡上，东面正对巴黎城市三条放射形林荫大道，西面正对园林中轴线。轴线全长 3 公里，有一半是十字形水渠，两侧布置对称的花坛、喷泉和雕像。路易十四的卧室就在宫殿正中的二楼，他可一边眺望城市，一边观赏园林，全园景色历历在目。园林没有界墙，轴线消失在莽莽林海之中。整个凡尔赛宫园林的布局体现出王权的至高无上，现在的凡尔赛宫殿已辟为博物馆，和园林一起对公众开放，供人参观游览。

以上两大类园林各自根植于自己的民族文化土壤之中，所绽开的人类智慧之花也神采各异，风姿不同，不能做简单的类比，分出孰高孰下。正是由于有众多形式和风格殊异的园林艺术作品，才使世界的园林呈现出丰富多彩、绚丽夺目的景象。

二、对日本造园方面的影响

中国和日本是一衣带水的邻邦，有着共同的肤色和类似的文字，文化上的相互关系更是密切。在中日文化交流过程中，中国文化对日本造园有着深远的影响。

早在隋唐时期，中国的园林艺术随佛教经朝鲜传入日本。当时日本正值推古女皇时期，有一个名叫苏我马子的大臣，从朝鲜学到中国的造园法，在日本建造了第一座庭园。园中仿照中国自秦汉以来在苑囿和园林中流行的模式，挖水池，池中筑岛，象征海中的须弥山，其间架设富有中国特色的吴桥，当时从事建造园林的匠师和工人都是从中国和朝鲜渡海过去的。

　　中国园林艺术思潮，历来影响着日本园林的创作。在历史上，中国社会思想的流变，也都对其创作起着作用。中国园林艺术中的佛教思想，虽然感染了日本平安朝的创作，然而对于其园林意境更为深刻的触动，却是在镰仓时代，禅宗及宋儒理学思想传入以后。禅宗及理学思想为日本当时的统治者——"武家"所利用，由于政治上的推崇与奖励，一时得到极快的发展。禅宗及义理的哲学思想在日本普遍流传，深入民间而成为左右社会风尚的主导，是在1334～1573年间（室町时代），这也正是日本造园史上的黄金时代。镰仓、室町时代日本禅僧最喜欢传诵苏东坡的"溪声便是广长舌，山色岂非清净身"的带有浓厚禅味的自然观的诗句。这也可以看出中国宋、明儒家思想对其影响之深。当时日本的禅僧在学术界占有统治地位，禅宗及宋、明儒家思想也就成为当时日本文学艺术的主导思想。这反映在造园艺术上，不独是园林意境，甚至在具体意境上都有显著的表现。诸如渲染深山幽谷隐居环境的松风、竹籁、流瀑等声响的借用处理，象征观音、罗汉的石峰点置，效仿摩崖造像的点景处理，及普遍使用的三尊一组的构图章法等等，比比皆是。

　　随着中日两国使节、僧侣、商人、学者逐渐频繁的来往，两国文化得到进一步的交流。中国造园技艺得以直接、及时地介绍到日本。

　　如镰仓时代（中国南宋时期），日本禅僧荣西再度入宋，留学四年，回国的时候，将茶及啜茗这一林泉生活习尚带回日本，这可以说是孕育后来室町时代（约明朝中业）茶道之风及从而产生的一次园林创作的巨大变革（"茶庭"等类的出现）的胚胎。明代末年，中国有一位进步思想家朱舜水流亡到日本，对中日文化的交流作出过重大的贡献。他擅长于建筑与造园。明亡之后，他积极参与复明抗清活动，曾随南明的著名将领郑成功北伐。北伐失败后，他看到复明的希望已成泡影，不愿屈节降清，遂流亡日本，先在长崎讲学，后来受水户藩主德川光国的聘请，移居江户（今东京）。光国尊朱舜水为师，经常请教有关国家施政大计、礼乐典章制度与文化学术问题。在营建后乐园时，因慕其博学多才，特请他参与后乐园的设计与施工指导。后乐园是水户藩主的邸苑，也是江户时代有名的回游式筑山泉水园，经过水户藩主德川赖彦和光国两代的努力才完成，总面积约100余亩。朱舜水把中国明代流行的文人园布局与风格引入后乐园，结合大片水面和起伏的地形，仿西湖和庐山的风景，在园中建造了一个西湖堤、圆月桥。书院前面还用类似太湖石的奇岩怪石叠成双剑峰和炼岩。据朱舜水《春游小石川邸后乐园记》的记载，园内"有崇山层峰，有奇树怪石，有石堤长流，有深渊平渚。""高楼傍山，茶店临水，檐宇翠飞，轮奂尽美。"后乐园的设计曾对当时栗林庄、偕乐园等回游式园林的建设产生过很大的影响。

　　日本造园在其发展过程中，在不断借鉴外国，特别是借鉴中国的同时，仍保持了自身风格的独立完整。现代日本园林，无论是其经营艺术还是工程技术，在传统的基础上都取得了很大的发展，达到了世界公认的高水平，这对于近代以来已落后了的中国造园来说，是值得学习和借鉴的。

三、对欧洲造园方面的影响

中国园林艺术对欧洲的影响，最早出现在 16 世纪的法国。当时法国园林中有仿造中国的假山，后来，路易十四于公园 1670 年在凡尔赛宫建瓷特里阿农，在卧室内用瓷砖贴面，仿造中国的琉璃建筑。它在形式上虽属不伦不类的假想，但却足以说明路易十四时代对中国宫苑的憧憬。这种仿造表现出法国人对中国文化的浓厚兴趣，也还多少带有猎奇的心理因素。17 世纪中叶以后，中国的园林通过商人和传教士的宣传介绍，逐渐为欧洲所了解，18 世纪后半叶，在浪漫主义文艺思潮的冲击下，这种园林又进一步发展而形成"图画式园"。"图画式园"以新贵们的庄园、府邸园林为代表。这类自然景象园林的出现，就外因而论，主要是受到中国造园艺术的影响。

英国的贵族们在 17 世纪末期对传统规则式园林逐渐感到单调而生厌，认为山林中的怪石断涧、野穴苍岩比权门富室古典庭院中的方蹊直径更为活泼。当时的一些文学家纷纷歌颂自然，赞美自然风景。英国的造园终于在 18 世纪发生变革，出现自然风景园。在造园家布朗的作品中，已把成行的林木分成若干堆，把方整池泉改为湖沼，广阔水面，林谷交织，排除花卉雕像，于是一幅天然图画呈现在人们眼前。一英国建筑师钱伯斯曾两次到中国，他在著作里赞扬中国园林说"中国人设计园林的艺术确是无与伦比的，欧洲人在艺术方面无法和东方灿烂的成就相提并论，只能像对太阳一样，尽量吸收它的光辉而已。"他于 1750 年为肯特公爵建成丘园。这是一座中国式的园林：园内有湖，湖中有亭，湖旁有耸高 163 尺的 10 层四角形塔，角端悬以口含银铃的龙。塔旁更有孔子楼，图绘孔子事迹，这种受中国影响的风景园在英国日趋完善，传到法国，被称作"英华庭园"。

德国、荷兰也都逐渐受到中国古典园林的影响。德国在威廉索痕筑木兰村，村旁小溪起名吴江，村中一切情景都模仿中国，俨然中国江南园林。当时，德国还出现了以龙宫，宝塔、水阁等点缀的园林。这种"英华庭园"又通过德国传到匈牙利、沙俄以及瑞典，一直延续到 19 世纪 30 年代。

欧洲造园，在中国影响的冲击下所出现的上述造园思潮虽然风靡一时，遍及欧洲，但这种自然风景园和中国传统的园林在意趣上仍是有区别的，而且其中建造的许多园林只停留在形式模仿的阶段，有的只是出于猎奇，赶时髦。民族的心理特征和审美情趣的巨大差距不是轻易可以改变的。所以"英华庭园"在欧洲风行了近一个世纪之后，终于衰落下去，成为历史上中西文化撞击所留下的印记。但是那种在中国影响下，按照欧洲自己对自然的理解和趣味，不断提高而形成的"风景式"或曰"自然式"流派，得到了健康的发展。就这类作品而言，无论是主题构思还是景象意境的创造，都有可以与中国古典园林媲美的独到成就。

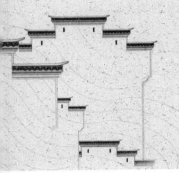

参考文献

[1] 肖国栋，刘婷，王翠 . 园林建筑与景观设计 [M]. 长春：吉林美术出版社 .2019.

[2] 郭二莹，姜华 . 建筑英语 [M]. 北京：北京理工大学出版社 .2019.

[3] 王耘 . 中国建筑美学史 [M]. 太原：山西教育出版社 .2019.

[4] 王渝生；张邻 . 建筑史话 [M]. 上海：上海科学技术文献出版社 .2019.

[5] 张新沂 . 中外建筑史 [M]. 北京：中国轻工业出版社 .2019.

[6] 阎根齐 . 海南建筑发展史 [M]. 北京：海洋出版社 .2019.

[7] 郭黛姮 . 远逝的辉煌 圆明园建筑园林研究与保护 第 2 版 [M]. 上海：上海科学技术出版社 .2018.

[8] 柳肃 . 古建筑设计 第 2 版 [M]. 武汉：华中科技大学出版社 .2018.

[9] 李龙，颜勤 . 中外建筑史 [M]. 北京：科学技术文献出版社 .2018.

[10] 许浩著；韩丛耀 . 中华图像文化史 园林图像卷 [M]. 北京：中国摄影出版社 .2018.

[11] 沈福煦 . 中国建筑史 升级版 [M]. 上海：上海人民美术出版社 .2018.

[12] 刘大平，孙志敏 . 渤海国建筑形制与上京城宫殿建筑复原研究 [M]. 哈尔滨：哈尔滨工业大学出版社 .2018.

[13] 张建编；赵维民主编 . 老建筑 [M]. 天津：天津古籍出版社 .2018.

[14] 陈教斌 . 中外园林史 [M]. 北京：中国农业大学出版社 .2018.

[15] 林山主 . 园林建筑 [M]. 长春：北方妇女儿童出版社 .2017.

[16] 楼庆西 . 极简中国古代建筑史 [M]. 北京：人民美术出版社 .2017.

[17] 陈鹭 . 简论园林艺术 [M]. 北京：北京交通大学出版社 .2017.

[18] 顾小玲，尹文 . 风景园林设计 [M]. 上海：上海人民美术出版社 .2017.

[19] 沈福煦 . 中国高等院校建筑学科精品教材 建筑学概论 升级版 [M]. 上海：上海人民美术出版社 .2017.

[20] 熊璐，危杰丞，彭一鸣 . 中外建筑史 [M]. 合肥：合肥工业大学出版社 .2017.

[21] 李锦林，狄红霞，吴胜泽 . 中外建筑史 [M]. 北京：北京工艺美术出版社 .2017.

[22] 陈孟琰，马倩倩，强晓倩 . 建筑艺术赏析 [M]. 镇江：江苏大学出版社 .2017.

[23] 倪鑫，塔怀红，骆琼 . 中外建筑史 [M]. 石家庄：河北美术出版社 .2017.

[24] 罗剑平 . 建筑与园林 [M]. 哈尔滨：黑龙江美术出版社 .2016.

[25] 张岚岚，翟美珠 . 园林设计 [M]. 长春：吉林大学出版社 .2016.

[26] 郭莉梅；李荣华副主编；高杰，牟杨，李沁媛参编 . 建筑装饰史 [M]. 北京：中国轻工业出版社 .2016.

[27] 彭军等 . 中国古建筑 建筑画选录 [M]. 天津：天津大学出版社 .2016.

[28] 贺楠，赵宇 . 中外建筑史 [M]. 长春：吉林大学出版社 .2016.

[29] 王河 . 中国岭南建筑文化源流 [M]. 武汉：湖北教育出版社 .2016.

[30] 唐鸣镝，黄震宇，潘晓岚 . 中国古代建筑与园林 第 3 版 [M]. 北京：旅游教育出版社 .2015.

[30] 乔志霞 . 中国古代宫殿 [M]. 北京：中国商业出版社 .2015.

[31] 王烨编 . 中国古代园艺 [M]. 北京：中国商业出版社 .2015.

[32] 伍英编 . 中国古代艺术 [M]. 北京：中国商业出版社 .2015.

[33] 荆其敏，张丽安 . 建筑学之外 [M]. 南京：东南大学出版社 .2015.

[34] 沈福煦 . 中国建筑史 [M]. 上海：上海人民美术出版社 .2015.

[35] 李凯玲；陈新建，许锐副主编；翟越主审 . 建筑工程概论 [M]. 北京：冶金工业出版社 .2015

[36] 赵利民，龙梅 . 中国古代建筑与园林 [M]. 长春：东北师范大学出版社 .2014.

[37] 徐潜；张克，崔博华 . 中国古代江南园林 [M]. 长春：吉林文史出版社 .2014.

[38] 徐潜，张克，崔博华副 . 中国古代皇家园林 [M]. 长春：吉林文史出版社 .2014.